Springer-Lehrbuch

Springer
Berlin
Heidelberg
New York
Barcelona
Budapest
Hongkong
London
Mailand
Paris
Santa Clara
Singapur
Tokio

Christian Blatter

Ingenieur Analysis 1

Zweite Auflage

Mit 190 Abbildungen und 137 Aufgaben

Springer

Professor Dr. Christian Blatter
ETH Zürich
Departement Mathematik
CH-8092 Zürich
Schweiz
e-mail: blatter@math.ethz.ch

Die Deutsche Bibliothek – CIP-Einheitsaufnahme

Blatter, Christian:
Ingenieur-Analysis / Christian Blatter. - Berlin ; Heidelberg ;
New York ; Barcelona ; Budapest ; Hongkong ; London ;
Mailand ; Paris ; Santa Clara ; Singapur ; Tokio : Springer.
 Früher im Verl. der Fachvereine, Zürich
1. - 2. Aufl. - 1996
 ISBN 3-540-60438-3

Mathematics Subject Classification (1991): 00A05, 00-01, 00A06, 26-01, 26A06, 26B15, 26B20

ISBN-13: 978-3-540-60439-6   e-ISBN-13: 978-3-642-61056-1
DOI: 10.1007/978-3-642-61056-1
1. Auflage vdf Verlag, Zürich

Satz: Reproduktionsfertige Vorlage vom Autor
SPIN 10519572   44/3143-5 4 3 2 1 0 – Gedruckt auf säurefreiem Papier

Vorwort

Was bewegt einen Autor dazu, den unzähligen Analysiskursen für angehende Ingenieure einen weiteren hinzuzufügen? Die zu behandelnden Themen sind ja gegeben: Funktionenlehre, Differential- und Integralrechnung in einer und in mehreren Variablen, Differentialgleichungen, Vektoranalysis — und die Kollegen von den Fachdisziplinen können sich darauf verlassen, daß alles da ist.

Die Vorstellung war lange verbreitet, Ingenieur-Analysis sei im wesentlichen eine Sammlung von Rezepten zur Lösung von gewissen Standardaufgaben, und dem Dozenten obliege es in erster Linie, seinen Studenten diese Rezepte auf möglichst schonende Art beizubringen. Die betreffenden Skripten wurden dann von den Studenten als "Kochbücher" bezeichnet. Demgegenüber wird hier das didaktische Konzept vertreten und durchgezogen, daß die Ingenieur-Analysis in erster Linie einen ungeheuren Vorrat von kraftvollen Begriffen zur Verfügung stellt, die zur Modellierung und nachfolgenden Analyse von realen (physikalischen, technischen, biologischen, ...) Situationen herangezogen werden können. Dem Leser muß dabei jederzeit bewußt sein, daß das mathematische Universum in der Tiefe offen ist: Die hier behandelten Formeln, Sätze und Beispiele sind nicht der abschließende Analysisbericht, sondern das Ergebnis eines ersten Ausflugs.

Welchen Niederschlag hat nun die Ankunft von Systemen wie Maple oder Mathematica in diesem Buch gefunden? Es ist wahr: Diese Systeme haben unseren mathematischen Alltag grundlegend verändert; wir benutzen sie mit Selbstverständlichkeit fürs numerische Rechnen und zum Rechnen mit Formeln, zum Disponieren und zum Experimentieren. Mit dem Begreifen ist es aber eine andere Sache; hier helfen nur treffende Begründungen und Bilder, zum andern sorgfältig gewählte Bezeichnungen und suggestive Formeln. Was nun den vorliegenden Analysiskurs betrifft, so steht eben das Geometrisch-Begriffliche im Vordergrund (nein, nicht ε und δ); und gerade, weil uns der Computer langweilige Rechenarbeit abnimmt, haben wir nun mehr Zeit dafür. Zum Lösen der eingestreuten Aufgaben aber soll der Student mit Lust den Computer verwenden — sofern natürlich die betreffende Ausrüstung zur Verfügung steht. Aufgaben, die sich zur Behandlung mit Maple oder mit Mathematica eignen, sind mit dem Zeichen Ⓜ markiert; Tutorials für diese Systeme werden allerdings nicht mitgeliefert. Es genügt, hier festzuhalten, daß Aufgaben, wie sie in dieser Analysis vorkommen, sowohl für Maple wie für Mathematica ein leichtes sein sollten.

Nocheinmal von vorn: Dieser Text handelt im wesentlichen von den Methoden und Möglichkeiten der Differential- und Integralrechnung auf der reellen Achse, in der Ebene und im dreidimensionalen Raum. Dabei geht es weniger um Mathematik "an sich" als darum, einen Apparat bereitzustellen, mit dem sich Zustände und Vorgänge in der Außenwelt, speziell in der Mechanik, in der Technik, aber auch in der Ökonomie, rational beschreiben oder, modern ausgedrückt: modellieren lassen. Hierzu benötigen wir unter anderem

— einen reichhaltigen Begriffsvorrat,

— geometrisches Vorstellungsvermögen,

— einen Strauß von Sätzen,

— Sicherheit im Rechnen mit Formeln,

— Gewandtheit im Herbeiziehen und Anpassen von gelernten Methoden und Beispielen,

— das Gespür für die im Einzelfall erforderliche mathematische Präzision: welche Effekte ohne Schaden vernachläßigt werden können,

— die Bereitschaft, im Prinzip irgendeine Sache auf neue Weise zu betrachten und ehrlich zuende zu denken.

Im Zentrum unserer Bemühungen stehen also nicht Beweise, sondern Vorlagen zur mathematischen Beschreibung von Situationen, die sich letzten Endes (und damit kommen wir auf die Analysis) mit Hilfe von reellen Funktionen begreifen lassen, sowie Lösungsstrategien für die Probleme, die dabei zum Vorschein kommen.

Zürich, im Oktober 1995

Christian Blatter

Hinweise zum Gebrauch dieses Buches

Das ganze Werk (zwei Bände) ist eingeteilt in sechs Kapitel, und jedes Kapitel ist weiter unterteilt in Abschnitte. Formeln, die später nocheinmal benötigt werden, sind abschnittweise mit mageren Ziffern numeriert. Innerhalb eines Abschnitts wird ohne Angabe der Abschnittnummer auf Formel (1) zurückverwiesen; 3.4.(2) hingegen bezeichnet die Formel (2) des Abschnitts 3.4.

Neu eingeführte Begriffe sind am Ort ihrer Definition **halbfett** gesetzt; eine weitergehende Warnung ("Achtung, jetzt kommt eine Definition") erfolgt nicht. Definitionen lassen sich vom Sachverzeichnis her jederzeit wieder auffinden.

Sätze (Theoreme) sind kapitelweise numeriert; die halbfette Signatur **(4.3)** bezeichnet den dritten Satz in Kapitel 4. Sätze werden im allgemeinen angesagt; jedenfalls sind sie erkenntlich an der vorangestellten Signatur und am durchlaufenden *Schrägdruck* des Textes. Die beiden Winkel $\ulcorner$ und $\lrcorner$ bezeichnen den Beginn und das Ende eines Beweises.

Eingekreiste Ziffern numerieren abschnittweise die erläuternden Beispiele und Anwendungen. Der Kreis $\bigcirc$ markiert das Ende eines Beispiels.

Jeder Abschnitt wird abgeschlossen durch eine Serie von Übungsaufgaben. Aufgaben, die zu einem wesentlichen Teil mit einem System wie Maple oder Mathematica behandelt werden können (und sollen!), sind mit dem Zeichen $\textcircled{M}$ versehen.

Von Anfang an bezeichnen:

$\mathbb{N}$ die (Menge der) natürlichen Zahlen $0, 1, 2, 3, \ldots$,
$\mathbb{Z}$ die ganzen Zahlen,
$\mathbb{Q}$ die rationalen Zahlen,
$\mathbb{R}$ die reellen Zahlen,
$\mathbb{C}$ die komplexen Zahlen,
$\mathbb{B}$ (für "Bits") die Menge $\{0, 1\}$.

Von diesen Zahlensystemen wird im Text noch ausführlich die Rede sein.

Inhaltsverzeichnis Ingenieur-Analysis 1

Inhaltsverzeichnis Ingenieur-Analysis 2

1. Grundstrukturen

1.1. Logik

Die sogenannte mathematische Logik ist ein **Kalkül**, d.h. ein Gebäude von
Rechenregeln, dessen Variable $\mathcal{A}$ bzw. $\mathcal{A}(x)$ nicht Zahlen, sondern Aussagen
bzw. Aussageformen (zum Beispiel über reelle Zahlen x) sind. Eine **Aussage**
ist eine Behauptung oder eine Formel, die so, wie sie da steht, entweder wahr
ist oder falsch.

Bsp: "Die Basiswinkel von gleichschenkligen Dreiecken sind gleich", "$10^{100}+1$
ist eine Primzahl", "Camel ist eine Automarke".

Gegebene Aussagen $\mathcal{A}$, $\mathcal{B}$ können durch

$\Longrightarrow$	hat zur Folge
$\Longleftrightarrow$	gilt genau dann, wenn
$\vee$	oder (gemeint ist: oder/und)
$\wedge$	und
$\neg$	nicht

zu komplizierteren Aussagen verbunden werden. Es geht dann zum Beispiel
darum, den "Wahrheitswert" eines so erhaltenen Ausdrucks zu berechnen,
wenn die Wahrheitswerte der darin auftretenden Variablen gegeben sind. Ein
derartiger logischer Kalkül wird zum Beispiel beim Aufbau eines Systems, das
komplizierte mathematische Sachverhalte verarbeiten soll, dringend benötigt.

Eine **Aussageform** ist ein Text oder eine Formel mit einer freien Variablen x,
die für jeden Wert x eines vereinbarten Grundbereichs in eine wahre oder in
eine falsche Aussage übergeht.

Bsp: Die folgenden Aussageformen beziehen sich auf reelle Zahlen x, y und
natürliche Zahlen n:

$$x^2 - 5x + 6 = 0\,,$$
$$x^2 + y^2 < 1\,,$$
$$1 + x + x^2 + \ldots + x^{n-1} = \frac{1 - x^n}{1 - x}\,.$$

Im Zusammenhang mit Aussageformen benötigt man die folgenden Zeichen:

$\forall$	für alle
$\exists$	es gibt
$\exists!$	es gibt genau ein
$\nexists$	es gibt kein

Diese sogenannten **Quantoren** erlauben Aussagen der folgenden Art:

$$\textit{Bsp:} \qquad \forall n \geq 1: \qquad 1 + 2 + \ldots + n = \frac{n(n+1)}{2} \, ,$$

$$\exists! \, t \in [0,2]: \qquad \cos t = 0 \, ,$$

$$\forall x \, \forall y: \qquad x\,y = 0 \quad \Leftrightarrow \quad (x = 0) \vee (y = 0) \, .$$

Anstelle des $\forall$-Zeichens verwenden wir auch die folgende Klammerschreibweise, um den Geltungsbereich einer Formel anzugeben:

$$x^2 \geq 0 \qquad (x \in \mathbb{R}).$$

Ist aus dem Zusammenhang klar, daß eine Formel "für alle betrachteten x" gilt, so kann das $\forall$-Zeichen oder die Angabe des Geltungsbereichs auch weggelassen werden.

$$\textit{Bsp:} \qquad x > y > 0 \quad \Rightarrow \quad 0 < \frac{1}{x} < \frac{1}{y} \, .$$

Für unsere Zwecke brauchen wir von der mathematischen Logik nur die angegebenen Zeichen als praktische Abkürzungen sowie vor allem Klarheit über einige wenige Grunderfahrungen (s.u.).

Zum Gebrauch des Gleichheitszeichens: Wird einer noch freien Variablen ein bestimmter Wert zugewiesen oder wird für ein umständlich dargestelltes Objekt (das Definiens) ein bestimmter Bezeichner (Definiendum) vereinbart, so benutzen wir in der Regel das Zeichen := bzw. =: . Der Doppelpunkt steht dabei auf der Seite des Definiendums. Diese Schreibweise wurde für das Programmieren erfunden und hat sich auch im mathematischen Gebrauch als äußerst praktisch erwiesen.

$$\textit{Bsp:} \qquad x := 3 \, ,$$

$$f(t) := \frac{t^2 - 1}{t^2 + 1} \, ,$$

$$\sum_{k=0}^{\infty} \frac{1}{k!} =: e \, .$$

Im zweiten Beispiel wird nicht etwa der Variablen t, sondern der Funktionsvariablen f ein bestimmter "Wert" erteilt: f ist jetzt nicht mehr irgendeine Funktion, sondern die bestimmte, durch den angeschriebenen Ausdruck definierte Funktion (wobei sich der Definitionsbereich aus dem Zusammenhang ergeben sollte).

Gilt eine Gleichung für alle Werte der darin auftretenden Variablen, so benutzen wir gelegentlich das Zeichen $\equiv$.

Bsp:
$$\cos^2 t + \sin^2 t \equiv 1 \ .$$

Das Zeichen $\doteq$ schließlich steht für die Vorstellung "ist angenähert gleich" (wobei dieser Sachverhalt im Einzelfall zu präzisieren wäre, was aber unterbleibt).

Bsp:
$$\frac{1}{1+x} \doteq 1 - x \qquad (x \doteq 0) \ ,$$
$$n! \doteq \sqrt{2\pi n}\left(\frac{n}{e}\right)^n \qquad (n \to \infty) \ .$$

Nun zu den angekündigten Grunderfahrungen!

Ein mathematischer Sachverhalt kann typischerweise die Gestalt

$$\mathcal{A}$$

annehmen; dabei ist $\mathcal{A}$ eine Aussage.

Bsp:
$$\mathcal{A}_1 := \text{``Die Winkelsumme im Dreieck beträgt } 180°.\text{''}$$
$$\mathcal{A}_2 := \text{``}\sqrt{2}\text{ ist irrational.''}$$

Unter einem **direkten Beweis** der Aussage $\mathcal{A}$ versteht man folgendes: Ausgehend von einer Liste (stillschweigend oder ausdrücklich) vereinbarter Axiome wird nach bestimmten Schlußweisen eine Kette von richtigen Aussagen aufgeschrieben, deren letztes Glied die Behauptung darstellt.

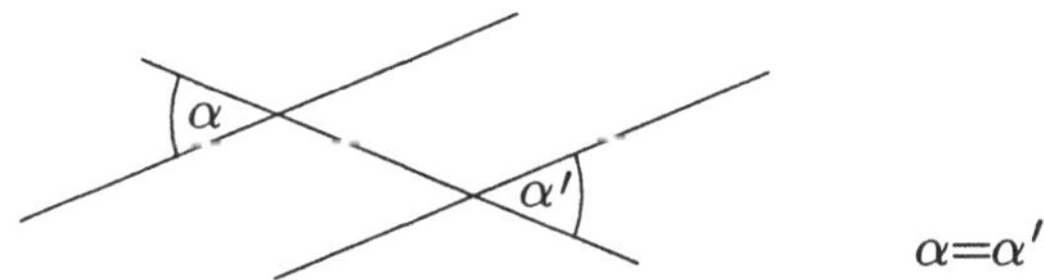

Fig. 1.1.1

① Zum Beweis der Aussage $\mathcal{A}_1$ benötigen wir das folgende Axiom: Wechselwinkel an Parallelen sind gleich (Fig. 1.1.1). $\mathcal{A}_1$ ergibt sich dann unmittelbar aus der Figur 1.1.2. Der Leser ist aufgefordert, die einzelnen Sätze der Schlußkette selber zu formulieren.   ○

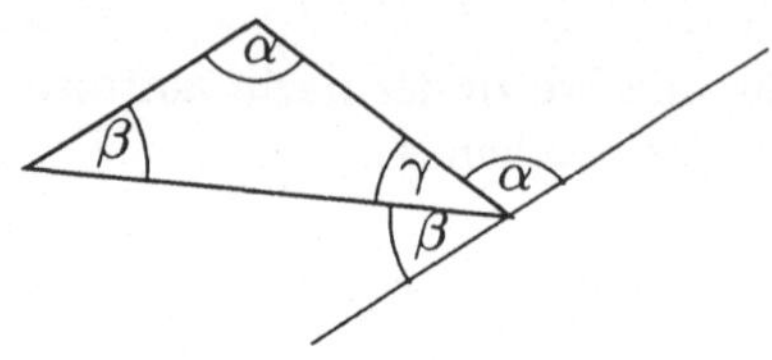

Fig. 1.1.2

Bei einem **indirekten Beweis** der Aussage $\mathcal{A}$ nimmt man außer den vereinbarten Axiomen zusätzlich an, $\mathcal{A}$ sei falsch — in anderen Worten: Man fügt $\neg\mathcal{A}$ als Axiom hinzu und kommt nach einer Kette von erlaubten Schlüssen zu einer offensichtlich falschen Aussage, etwa zu "$1 = 0$". Hieraus schließt man, daß das gegebene (als widerspruchsfrei angenommene) Axiomensystem durch das offenbar falsche Axiom $\neg\mathcal{A}$ verschmutzt wurde. In Wirklichkeit muß daher $\mathcal{A}$ zutreffen.

② Wir nehmen zusätzlich zu den Regeln der Arithmetik an, $\mathcal{A}_2$ sei falsch. Es gibt dann zwei ganze Zahlen p und q mit $\sqrt{2} = p/q$, wobei wir nach Kürzen annehmen dürfen, p und q seien nicht beide gerade. Es folgt $p^2 = 2q^2$, somit ist jedenfalls p gerade: $p = 2r$, und folglich q ungerade. Wir haben jetzt $4r^2 = 2q^2$ bzw. $2r^2 = q^2$. Hier ist die linke Seite gerade, die rechte ungerade — ein Widerspruch.   ○

Mathematische Sachverhalte kommen zweitens in der Form einer sogenannten **Implikation**:
$$\mathcal{A} \implies \mathcal{B} ; \tag{1}$$
dabei sind $\mathcal{A}$ und $\mathcal{B}$ Aussagen. Interpretation: Vielleicht trifft $\mathcal{A}$ zu, vielleicht nicht. Bewiesen ist nur: Falls $\mathcal{A}$ zutrifft, so trifft auch $\mathcal{B}$ zu. $\mathcal{B}$ kann aber ohne weiteres wahr sein und $\mathcal{A}$ gleichzeitig falsch. In anderen Worten: Die **Umkehrung** von (1), also die Implikation

$$\mathcal{B} \implies \mathcal{A},$$

ist mitnichten bewiesen und auch im allgemeinen falsch.

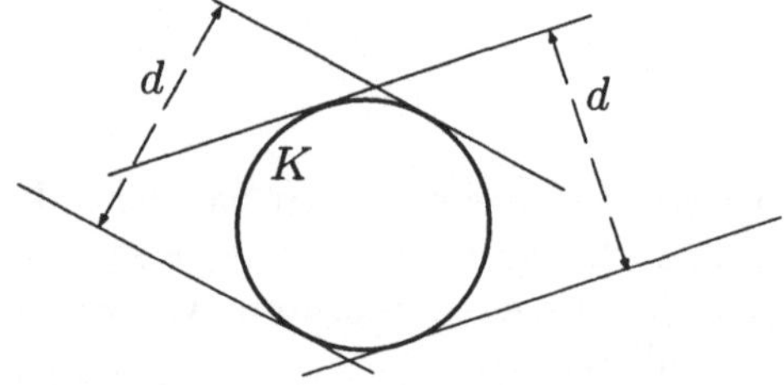

Fig. 1.1.3

③ Es geht um konvexe ebene Bereiche K. Ein derartiger Bereich besitzt in jedem Randpunkt eine sogenannte **Stützgerade**; das ist eine Gerade, die K trifft, aber nicht zerlegt. Betrachte die beiden folgenden Aussagen:

$\mathcal{A}$: K ist eine Kreisscheibe.

$\mathcal{B}$:   Der Abstand zwischen parallelen Stützgeraden von K ist konstant.

Offensichtlich gilt $\mathcal{A} \Rightarrow \mathcal{B}$. Die Umkehrung $\mathcal{B} \Rightarrow \mathcal{A}$ ist aber falsch, denn es gibt **Bereiche konstanter Breite**, die nicht Kreise sind, zum Beispiel das sogenannte **Reuleaux-Dreieck** (Fig. 1.1.4).   ○

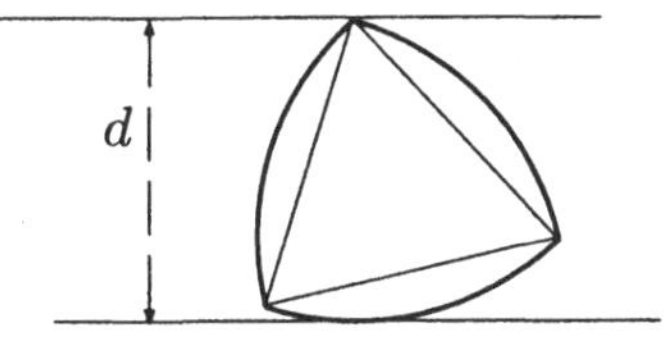

Fig. 1.1.4

Logisch äquivalent zur Implikation $\mathcal{A} \Rightarrow \mathcal{B}$ ist deren sogenannte **Kontraposition**

$$\neg\mathcal{B} \implies \neg\mathcal{A} . \tag{2}$$

Interpretation: Wenn $\mathcal{B}$ nicht zutrifft, dann sicher auch $\mathcal{A}$ nicht. Der Leser ist aufgefordert, hier einen Moment innezuhalten und sich durch Nachdenken davon zu überzeugen, daß (1) und (2) gleichwertig sind. Oft ist $\mathcal{A} \Rightarrow \mathcal{B}$ der interessierende und nützliche Sachverhalt, aber die Kontraposition ist leichter zu beweisen.

④   Gegeben sind ein gleichseitiges Dreieck D der Seitenlänge 2 in der Ebene sowie ein Vorrat an beweglichen Dreiecken der Seitenlänge $a < 2$. Es geht darum, das große Dreieck mit Hilfe von kleinen zu überdecken. (Überlappungen sind ausdrücklich zugelassen, siehe die Fig. 1.1.5) Betrachte die beiden folgenden Aussagen:

$\mathcal{A}$: D läßt sich mit 5 kleinen Dreiecken überdecken.

$\mathcal{B}$: D läßt sich mit 4 kleinen Dreiecken überdecken.

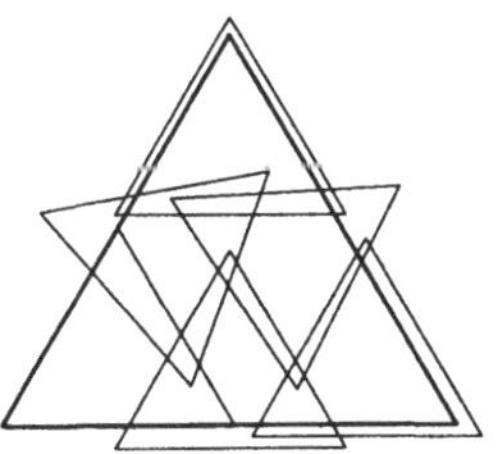

Fig. 1.1.5

Wir behaupten, es gilt

$$\mathcal{A} \implies \mathcal{B} \, ,$$

und beweisen dies "durch Kontraposition", das heißt: Wir beweisen $\neg\mathcal{B} \Rightarrow \neg\mathcal{A}$.

Angenommen, 4 kleine Dreiecke reichen nicht aus. Ein Blick auf die Fig. 1.1.6 zeigt, daß dann notwendigerweise $a < 1$ ist . Ein gleichseitiges Dreieck der Seitenlänge < 1 kann aber höchstens einen der in Fig. 1.1.6 markierten Punkte überdecken, und da es sechs derartige Punkte hat, reichen 5 Dreiecke nicht aus für eine vollständige Überdeckung von D. ◯

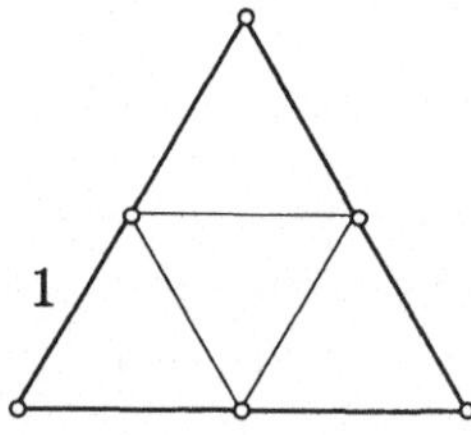

Fig. 1.1.6

Noch ein Wort zum Gebrauch der Quantoren $\forall$ und $\exists$. Viele mathematische Sachverhalte haben ja die Form

$$\forall x : \ \mathcal{A}(x) \qquad \text{bzw.} \qquad \exists x : \ \mathcal{A}(x) \, .$$

$Bsp:$ $\qquad \forall x > 0 \ \ \forall y > 0 : \qquad \sqrt{x\,y} \leq \dfrac{x + y}{2} \, ,$

$$\exists c(\cdot) \ \ \exists s(\cdot) : \qquad c'(t) \equiv -s(t) \quad \wedge \quad s'(t) \equiv c(t) \, .$$

Zwei *gleiche* Quantoren dürfen vertauscht werden:

⑤ Werden in der Aussage

$$\forall c \geq 0 \ \ \forall n \geq 1 \ \ \exists! \, \xi \geq 0 : \qquad \xi^n = c$$

(dieses ξ ist die n-**te Wurzel** aus c) die beiden $\forall$-Quantoren vertauscht, so resultiert die gleichbedeutende Aussage

$$\forall n \geq 1 \ \ \forall c \geq 0 \ \ \exists! \, \xi \geq 0 : \qquad \xi^n = c \, .$$

◯

Verschiedene Quantoren dürfen hingegen auf keinen Fall vertauscht werden:

⑥ Der bekannte **Fundamentalsatz der Algebra** lautet: Jedes Polynom

$$p(z) := z^n + a_{n-1}z^{n-1} + \ldots + a_1 z + a_0$$

mit komplexen Koeffizienten a_k besitzt wenigstens eine Nullstelle $\zeta \in \mathbb{C}$. In Zeichen:

$$\forall p(\cdot) \quad \exists \zeta : \qquad p(\zeta) = 0 \,.$$

Werden hier die Quantoren vertauscht, so kommt offensichtlicher Unsinn heraus:

$$\exists \zeta \quad \forall p(\cdot) : \qquad p(\zeta) = 0 \,.$$

("Es gibt eine komplexe Zahl ζ, so daß jedes Polynom mit komplexen Koeffizienten an der Stelle ζ den Wert 0 hat.") ○

Bei abstrakteren Situationen ist es schon schwieriger, die Reihenfolge der Quantoren im Griff zu behalten:

⑦ Die Definition der Konvergenz von Folgen lautet (wir werden später in aller Ruhe darauf eingehen): Eine Zahlfolge $x.$ konvergiert gegen die Zahl ξ, wenn es für jede vorgegebene Toleranz $\varepsilon > 0$ ein n_0 gibt, so daß alle x_n mit Nummer $n > n_0$ innerhalb der Toleranz ε um ξ liegen (siehe die Fig. 1.1.7) — in Zeichen:

$$\forall \varepsilon > 0 \quad \exists n_0 \quad \forall n > n_0 : \qquad |x_n - \xi| < \varepsilon \,.$$

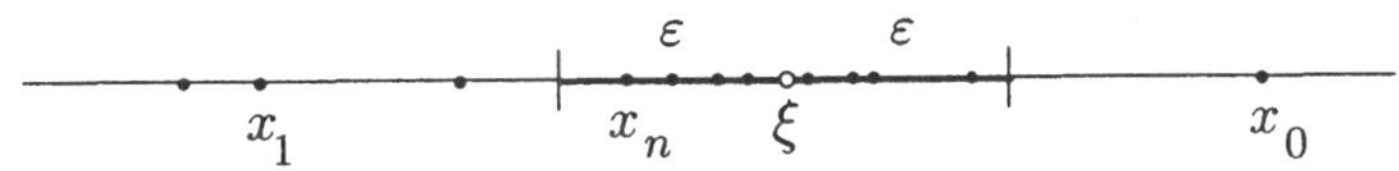

Fig. 1.1.7

Unsinnig ist hingegen die nach Vertauschen der ersten beiden Quantoren resultierende Konvergenzbedingung

$$\exists n_0 \quad \forall \varepsilon > 0 \quad \forall n > n_0 : \qquad |x_n - \xi| < \varepsilon \,,$$

denn das hieße ja: Es gibt ein n_0, so daß alle x_n mit Nummer $n > n_0$ jede noch so scharfe Toleranzbedingung erfüllen, und das ist natürlich nur möglich, wenn alle diese x_n gleich ξ sind — eine höchst uninteressante Art von "Konvergenz". ○

Aufgaben

1. Aus einem Zoologiebuch: "Jede ungebrochselte Kalupe ist dorig und jede foberante Kalupe ist dorig. In Quasiland gibt es sowohl dorige wie undorige Kalupen." — Welche der nachstehenden Schlüsse über die Fauna von Quasiland sind zuläßig?

   (a) Es gibt sowohl gebrochselte wie ungebrochselte Kalupen.

   (b) Es gibt gebrochselte Kalupen.

   (c) Alle undorigen Kalupen sind gebrochselt.

   (d) Einige gebrochselte Kalupen sind unfoberant.

   (e) Alle gebrochselten Kalupen sind unfoberant.

2. Hier ist eine Aussage über Quorge:

   (a) Ist ein Quorg glavul, so ropanzt er.

   Formuliere (b) die Negation, (c) die Umkehrung, (d) die Kontraposition der Aussage (a). Welche Implikationen bestehen zwischen (a), (b), (c) und (d)?

3. Welche der folgenden Aussagen sind gültige Einwände gegen das Sprichwort "Alles verstehen heißt alles verzeihen"?

   (a) Niemand versteht alles.

   (b) Ich verstehe die Eifersucht, aber ich kann sie nicht verzeihen.

   (c) Ich verstehe alles, aber die Eifersucht kann ich nicht verzeihen.

   (d) Niemand würde alles verzeihen.

   (e) Ich verzeihe die Eifersucht, obwohl ich sie nicht verstehe.

4. Welche der in Fig. 1.1.8 abgebildeten Spielkarten muß man mindestens umdrehen, um mit Sicherheit die folgende Frage (∗) beantworten zu können?

   (∗) "Sind alle Karten mit schraffierter Rückseite Asse?"

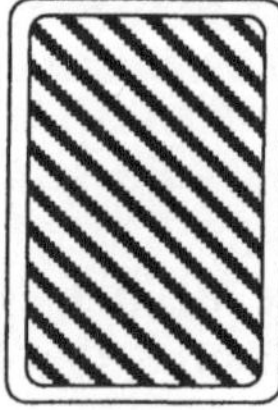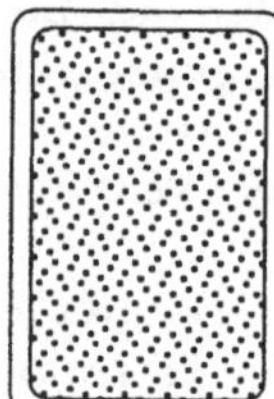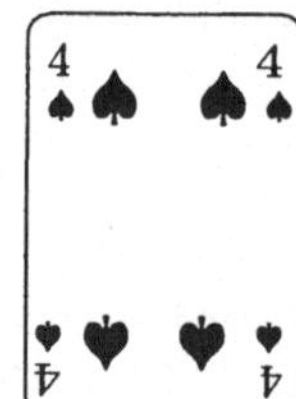

Fig. 1.1.8

5. Von den folgenden Aussagen ist genau eine richtig:

   (a) Fritz hat mehr als tausend Bücher.

   (b) Fritz hat weniger als tausend Bücher.

   (c) Fritz hat mindestens ein Buch.

   Wieviele Bücher hat Fritz?

6. Gegeben sind eine kreisrunde Bisquitdose sowie ein Vorrat von gleich-
   großen kreisrunden Plätzchen. Zeige: Lassen sich 6 Plätzchen nebeneinan-
   der in die Dose legen, so auch deren 7. (*Hinweis:* Beweise die Kontraposition; vgl. Beispiel ④.)

1.2. Mengen

Wir versuchen nicht zu erklären, was eine Menge ist, und wir werden auch keine "Mengenlehre" betreiben. In diesem Abschnitt geht es nur darum, die auf Mengen bezüglichen Schreibweisen und Bezeichnungen festzulegen. Alles beginnt natürlich mit der Relation

$$x \in A \; : \quad \text{"} x \text{ ist \textbf{Element} (\textbf{Punkt}) der \textbf{Menge} } A \text{"} ,$$
$$\text{"} x \text{ in } A \text{"}$$

und ihrer Negation $x \notin A$, sprich: "x nicht in A". Davon zu unterscheiden ist die **Inklusion**, eine Relation zwischen zwei Mengen:

$$A \subset B \; : \quad \text{"Die Menge } A \text{ ist \textbf{Teilmenge} der Menge } B \text{"} ,$$

will sagen: Jedes Element von A ist auch Element von B, in Zeichen:

$$\forall x : \quad x \in A \implies x \in B .$$

Bsp: $\qquad 4 \in \mathbb{Q}, \; \pi \notin \mathbb{Q}, \; \sqrt{2}i \in \mathbb{C}, \; \mathbb{R} \subset \mathbb{C} .$

Sind $a, b, c, \ldots, p, q$ gegebene Objekte, so bezeichnet zum Beispiel $\{a, b, p\}$ die Menge, die genau die Objekte a, b und p enthält, und $\{a, b, \ldots, q\}$ die Menge, die genau die sämtlichen Objekte $a, b, \ldots, q$ enthält. Mit dem Symbol $\emptyset$ ist die **leere Menge** gemeint.

Ist X eine vereinbarte Grundmenge (zum Beispiel $X := \mathbb{R}$) und $\mathcal{A}(x)$ eine Aussageform, die für jedes einzelne $x \in X$ entweder zutrifft oder eben nicht, so bezeichnet

$$\{ x \in X \mid \mathcal{A}(x) \} \quad \text{bzw.} \quad \{ x \mid \mathcal{A}(x) \}$$

die Menge aller derjenigen $x \in X$, für die $\mathcal{A}(x)$ zutrifft.

Bsp: $\{ x \in \mathbb{R} \mid x^4 - 2x^2 = 0 \} = \{0, \sqrt{2}, -\sqrt{2}\} ,$
$\qquad \{ x \in \mathbb{Q} \mid x^4 - 2x^2 = 0 \} = \{0\} ,$
$\qquad \{ z \in \mathbb{C} \mid z = \bar{z} \wedge z^2 = -4 \} = \emptyset \qquad (z = \bar{z}$ bedeutet: z ist reell$).$

Zwei Mengen A und B sind **gleich**, in Zeichen: $A = B$, wenn jede eine Teilmenge der andern ist. Die Gleichheit von zwei Mengen läßt sich in einfachen Fällen durch eine Schlußkette der Gestalt

$$x \in A \iff \ldots \iff \ldots \qquad \ldots \iff x \in B$$

beweisen; in schwierigeren Fällen braucht es zwei über verschiedene Wege
laufende Ketten

$$ x \in A \implies \ldots \implies \ldots \qquad \ldots \implies x \in B $$

und

$$ x \in B \implies \ldots \implies \ldots \qquad \ldots \implies x \in A \,. $$

① Die folgende Situation kommt immer wieder vor: Wir sollen eine Gleichung oder ein Gleichungssystem auflösen. Was ist damit gemeint? Die
gegebene Gleichung,

$$ Bsp: \qquad \sqrt{2x - 1} = x - 2 \,, $$

definiert eine Lösungsmenge L. Anstelle dieser "impliziten" Darstellung von
L ist eine "explizite" Darstellung in der Form einer Liste verlangt. Typischerweise wird man nun mit Hilfe von geeigneten algebraischen Operationen aus
den gegebenen Gleichungen neue, einfachere Gleichungen herleiten, an denen
die gewünschte Liste unmittelbar abgelesen werden kann. In unserem Beispiel
erhält man so nacheinander folgendes:

$$ \sqrt{2x - 1} = x - 2 \quad \implies \quad 2x - 1 = x^2 - 4x + 4 \quad \implies $$
$$ x^2 - 6x + 5 = 0 \quad \implies \quad x = \frac{6 \pm \sqrt{36 - 20}}{2} \quad \implies \quad x = 5 \ \vee \ x = 1 \,, $$

worauf man die Liste $L' := \{5, 1\}$ als Lösungsmenge präsentieren wird. In
Wirklichkeit hat man aber nur $L \subset L'$ bewiesen und muß nun durch Einsetzen
verifizieren, daß die umgekehrte Inklusion $L' \subset L$ ebenfalls zutrifft. Dabei
stellt man fest, daß die Zahl 5 die gegebene Gleichung erfüllt, die Zahl 1 aber
nicht. — Zum Spaß lassen wir auch Maple (Version V.2) diese Gleichung
lösen:

```
•  solve(sqrt(2*x - 1) = x - 2, x);
                        1, 5                                    ○
```

Verschiedene Verknüpfungen erlauben, aus gegebenen Mengen neue Mengen
zu bilden. Wir benötigen:

Vereinigungsmenge $A \cup B$:

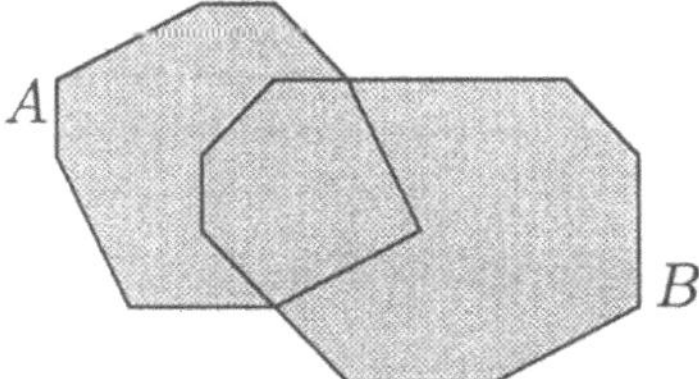

Fig. 1.2.1a

Durchschnitt $A \cap B$:

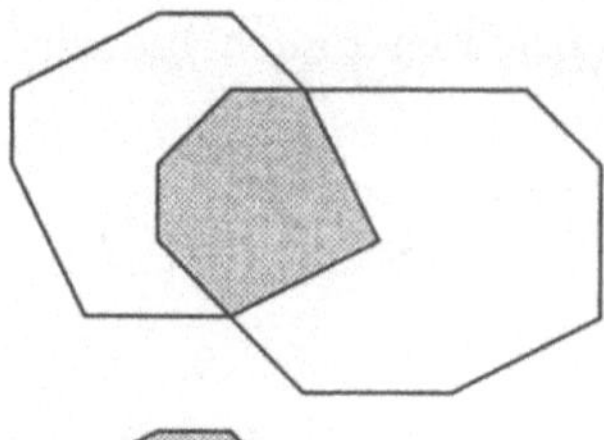

Fig. 1.2.1b

Differenzmenge $A \setminus B$:

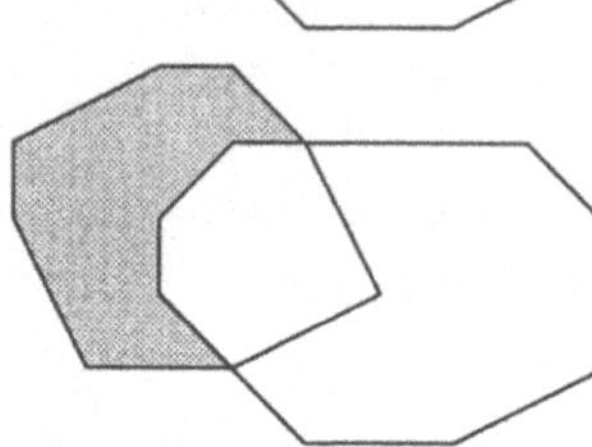

Fig. 1.2.1c

Die neuen Zeichen sind eingeführt worden, da die Schreibweisen $A+B$, $A \cdot B$, $A-B$ für Konstrukte reserviert bleiben sollten, bei denen tatsächlich "gerechnet" wird: Sind A und B Teilmengen von $\mathbb{R}$, so definiert man

$$A + B := \{x + y \mid x \in A \ \wedge \ y \in B\}$$

und analog für $-$ und $\cdot$. Derartige Bildungen spielen bei der sogenannten Intervallarithmetik eine Rolle.

Besitzen die Mengen A und B einen leeren Durchschnitt, so heißen sie **disjunkt**, in Zeichen: $A \supset\subset B$. Den gegenteiligen Sachverhalt: $A \cap B \neq \emptyset$, "A und B schneiden sich", bezeichnen wir kurz mit $A \propto B$.

Sind a und b irgendwelche Objekte, so nennt man die Liste

$$(a, b)$$

ein **geordnetes Paar**. Dieses zweikomponentige Objekt ist wohl zu unterscheiden von der Menge $\{a, b\}$, bei der es nicht auf die Reihenfolge der Elemente ankommt.

① Die Lösungen der quadratischen Gleichung $x^2 - 5x + 6 = 0$ bilden die zweielementige Menge $\{2, 3\}$. Die Lösung des Gleichungssystems

$$\left. \begin{array}{l} x + 2y = 5 \\ 4x - y = 2 \end{array} \right\}$$

hingegen ist das geordnete Paar $(x, y) = (1, 2)$.   ○

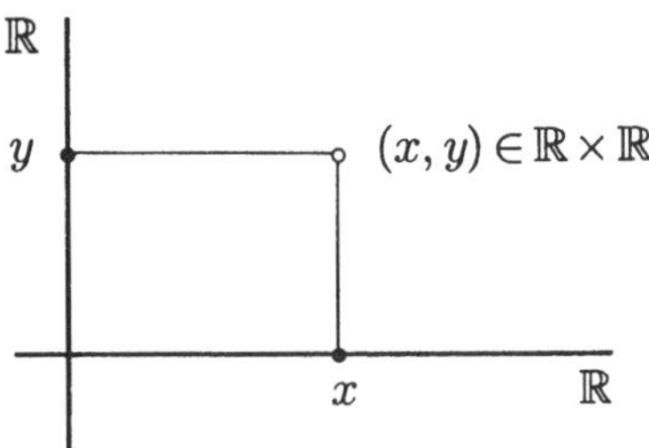

Fig. 1.2.2

A und B seien beliebige Mengen. Dann heißt die Menge

$$A \times B := \big\{ (a,b) \mid a \in A,\ b \in B \big\}$$

aller aus je einem Element von A und von B gebildeten Paare das **kartesische Produkt** von A und B, weil Descartes mit der Erfindung des Koordinatenkreuzes als erster die Ebene als "Produkt" von zwei reellen Achsen aufgefaßt hat (Fig. 1.2.2).

Anstelle von $\mathbb{R} \times \mathbb{R}$ schreibt man natürlich $\mathbb{R}^2$. Analog ist $\mathbb{R}^3$ die Menge

$$\big\{ (x,y,z) \mid x,\, y,\, z \in \mathbb{R} \big\}$$

aller geordneten **Tripel** (x,y,z) von reellen Zahlen und allgemein $\mathbb{R}^n$ die Menge aller sogenannten n-**Tupel** $(x_1, x_2, \ldots, x_n)$.

Ist A eine beliebige endliche Menge, so bezeichnet man die Anzahl ihrer Elemente mit $\#A$ oder auch mit $|A|$.

Bsp: Hier ist ein fundamentales Prinzip der Kombinatorik:

$$\#(A \times B) \;=\; \#A \cdot \#B \,.$$

Aufgaben

1. Stelle die folgenden Mengen in geeigneten Figuren anschaulich dar:

    (a) $\{ t \in \mathbb{R} \mid 4 < t^2 \leq 16 \}$,   (b) $\{ z \in \mathbb{C} \mid |z - 1| + |z + 1| = 8 \}$,

    (c) $\{ (x,y,z) \in \mathbb{R}^3 \mid x \geq 0,\ y \geq 0,\ z \geq 0,\ x + y + z = 1 \}$,

    (d) $\left\{ x \in \mathbb{R} \ \middle|\ \dfrac{1}{1 - x} < 1 - \dfrac{x}{2} \right\}$,

    (e) $\{ (x,y) \in \mathbb{R}^2 \mid 1 \leq |x| + |y| \leq 2 \}$,

    (f) $\{ (x,y) \in \mathbb{R}^2 \mid |x - y| + 2 \leq |x| \}$.

2. Zwei an sich unabhängige reelle Größen x und y sind miteinander verknüpft durch die Einschränkung

$$x^2 + 6x \leq 8y - y^2 \ . \tag{$*$}$$

   (a) Man verschaffe sich eine Übersicht über die Gesamtheit der möglichen "Zustände" (x, y). Gemeint ist: Man zeichne eine Figur.

   (b) Welchen Wert kann die Größe x unter der Bedingung $(*)$ höchstens annehmen, und wie müßte y gewählt werden, damit dieser Maximalwert von x tatsächlich realisiert werden kann?

3. Es bezeichne A das Innere des Oktaeders mit den sechs Ecken $(\pm 1, 0, 0)$, $(0, \pm 1, 0)$, $(0, 0, \pm 1)$. Man stelle diese Menge auf möglichst einfache Weise in der Form $A = \{(x, y, z) \in \mathbb{R}^3 \mid \ \dots \}$ dar.

4. Naef (ein Spielzeugfabrikant) produziert einen kugelförmigen Spielwürfel, auf dem die Zahlen von 1 bis 6 aufgemalt sind. Wenn dieser "Würfel" auf einer horizontalen Ebene zur Ruhe kommt, ist allemal eine Zahl zuoberst. Überlege, wie dieses Objekt funktioniert, und stelle dessen Hauptkomponente in der Form $B = \{(x, y, z) \in \mathbb{R}^3 \mid \ \dots \}$ dar.

5. Es sei S die Menge aller natürlichen Zahlen ohne quadratischen Teiler, T die Menge aller natürlichen Zahlen mit genau drei Primfaktoren (1 ist keine Primzahl) und U die Menge aller natürlichen Zahlen ≤ 200. Bestimme $S \cap T \cap U$.

6. Bestimme die Lösungsmenge $L \subset \mathbb{R}^2$ des folgenden Gleichungssystems:

$$\left. \begin{array}{r} \sqrt{x + 1} + y = 1 \\ 2x - \sqrt{24y + 25} = 5 \end{array} \right\} \ .$$

(*Hinweis:* $\sqrt{c}$ ist nur für $c \geq 0$ definiert und bezeichnet die nichtnegative Lösung t der Gleichung $t^2 = c$.)

1.3. Natürliche Zahlen

Es geht hier um die Verwendung der natürlichen Zahlen zum Zählen und zum Numerieren, weniger ums Rechnen in $\mathbb{N}$. — Im folgenden sind j, k, l, m, n Variable für natürliche oder ganze Zahlen, auch wenn das nicht an jeder Stelle ausdrücklich gesagt wird. Für Mengen von aufeinanderfolgenden ganzen Zahlen verwenden wir die folgende Notation:

$$\{k \in \mathbb{Z} \mid p \le k \le q\} =: [p \mathbin{..} q] \,.$$

Wir beginnen mit der Erklärung des **Summenzeichens** $\sum$: Es seien p und q beliebige ganze Zahlen, und die Objekte a_k (Zahlen, Vektoren, Funktionen, ...) seien für alle $k \in [p \mathbin{..} q]$ definiert. Dann ist

$$\sum_{k=p}^{q} a_k := \begin{cases} 0 & (q < p)\,, \\ a_p + a_{p+1} + a_{p+2} + \ldots + a_q & (q \ge p)\,. \end{cases}$$

Die Anzahl der Summanden ist also $= q - p + 1$. Die Variable k heißt **Summationsvariable**. Der Wert der Summe hängt ab von den Werten der Summanden a_k und von den **Summationsgrenzen** p und q, hingegen nicht davon, welcher Buchstabe als Summationsvariable gewählt wurde.

① Sei etwa

$$a_k := \frac{(k+1)(k+3)}{2k-1} \,.$$

Dann ist

$$\sum_{k=1}^{5} a_k = \sum_{j=1}^{5} a_j = \sum_{j=1}^{5} \frac{(j+1)(j+3)}{2j-1}$$

$$= \underbrace{\frac{2 \cdot 4}{1}}_{j=1} + \frac{3 \cdot 5}{3} + \frac{4 \cdot 6}{5} + \frac{5 \cdot 7}{7} + \underbrace{\frac{6 \cdot 8}{9}}_{j=5} = \frac{422}{15} \,.$$

Die Zuweisungen

$$b_0 := 3, \ b_1 := 5, \ b_2 := 6, \ b_3 := 4, \ b_4 := 2$$

liefern

$$\sum_{k=0}^{4} b_k \cdot 10^k = 24653, \qquad \sum_{k=0}^{4} b_k \cdot 10^{-k} = 3.5642 \,.$$

Mit den doppelt indizierten Summanden $c_{kj} := k/j^2$ lassen sich zum Beispiel die folgenden Summen bilden:

$$\sum_{k=3}^{6} c_{k4} = \frac{3}{16} + \frac{4}{16} + \frac{5}{16} + \frac{6}{16} = \frac{9}{8},$$

$$\sum_{j=1}^{3} c_{2j} = \frac{2}{1} + \frac{2}{4} + \frac{2}{9} = \frac{49}{18}.$$

Gelegentlich ist es nützlich, unter dem Summenzeichen eine Variablentranslation vorzunehmen, zum Beispiel "$k+1$ durch k zu ersetzen". Das geht so vor sich: Im Ausdruck für a_k wird die Summationsvariable k vermöge $k := k' - r$ bzw. $k + r = k'$ durch eine neue Variable k' ausgedrückt, wobei die "Verschiebungszahl" r frei gewählt werden kann. Damit dieselben Dinge wie vorher aufsummiert werden, muß die Variable k' von $p+r$ bis $q+r$ laufen. Am Schluß kann der Strich wieder weggelassen werden. Im ganzen sieht das so aus:

$$\sum_{k=p}^{q} a_k = \sum_{k'=p+r}^{q+r} a_{k'-r} = \sum_{k=p+r}^{q+r} a_{k-r}.$$

② In der Summe

$$S_n := \sum_{k=1}^{n} \frac{1}{k(k+1)} = \frac{1}{1 \cdot 2} + \frac{1}{2 \cdot 3} + \ldots + \frac{1}{n(n+1)} \qquad (1)$$

ist

$$a_k = \frac{1}{k(k+1)} = \frac{1}{k} - \frac{1}{k+1}. \qquad (2)$$

Hieraus folgt

$$S_n = \sum_{k=1}^{n} \left(\frac{1}{k} - \frac{1}{k+1} \right)$$

$$= (1 - \frac{1}{2}) + (\frac{1}{2} - \frac{1}{3}) + (\frac{1}{3} - \frac{1}{4}) + \ldots + (\frac{1}{n} - \frac{1}{n+1})$$

(eine **teleskopierende Summe**)

$$= 1 - \frac{1}{n+1} = \frac{n}{n+1}.$$

Es ist also gelungen, die Reihe (1) zu **summieren**, das heißt: eine $\sum$-freie Darstellung von S_n anzugeben. Wir behandeln nun dieses einfache Beispiel noch einmal mit Hilfe einer Variablentranslation. Aufgrund von (2) ist

$$S_n = \sum_{k=1}^{n} \frac{1}{k} - \sum_{k=1}^{n} \frac{1}{k+1}. \qquad (3)$$

In der zweiten Summe setzen wir $k := k' - 1$ bzw. $k + 1 = k'$; dann geht k' von 2 bis $n + 1$, und wir erhalten

$$\sum_{k=1}^{n} \frac{1}{k + 1} = \sum_{k'=2}^{n+1} \frac{1}{k'} = \sum_{k=2}^{n+1} \frac{1}{k} \,,$$

wobei der Strich zum Schluß wieder weggelassen wurde. Aus (3) ergibt sich nun

$$S_n = \sum_{k=1}^{n} \frac{1}{k} - \sum_{k=2}^{n+1} \frac{1}{k} = 1 - \frac{1}{n + 1} \,,$$

wie oben.

Analog zum Summenzeichen wird das **Produktzeichen** $\prod$ erklärt:

$$\prod_{k=p}^{q} a_k := \begin{cases} 1 & (q < p) \,, \\ a_p \cdot a_{p+1} \cdot \ldots \cdot a_q & (q \geq p) \,. \end{cases}$$

Beachte: Das "leere Produkt" hat definitionsgemäß den Wert 1. Als Beispiel diene die **Fakultät**(funktion)

$$0! := 1 \,, \qquad n! := \prod_{k=1}^{n} k = 1 \cdot 2 \cdot 3 \cdot \ldots \cdot n \qquad (n \geq 1)$$

(gelesen "n-Fakultät"). Bekanntlich zählt $n!$ die Anzahl Arten, n unterscheidbare Objekte in eine Reihe zu legen oder von 1 bis n zu numerieren. Im Gegensatz zur Summe $1 + 2 + 3 + \ldots + n$ läßt sich $n!$ nicht mühelos berechnen. Für große n gibt es die **Stirlingsche Näherungsformel**

$$n! \doteq \sqrt{2\pi n} \left(\frac{n}{e} \right)^n \,.$$

Bsp: $10! = 3\,628\,800$; die Stirlingsche Formel liefert $10! \doteq 3\,598\,695.622$.

Mit Hilfe der Fakultät werden die sogenannten **Binomialkoeffizienten**

$$\binom{n}{k} := \frac{n!}{k!(n - k)!} = \frac{n(n - 1) \cdots (n - k + 1)}{k!}$$

(gelesen "n tief k") gebildet, die ebenfalls in der Kombinatorik eine Rolle spielen. Beispiel: Eine n-elementige Menge besitzt genau $\binom{n}{k}$ verschiedene k-elementige Teilmengen (s.u.). Die Binomialkoeffizienten genügen verschiedenen Identitäten, so zum Beispiel der folgenden, die dem sogenannten **Pascalschen Dreieck** (Tabelle der Binomialkoeffizienten) zugrundeliegt:

$$\binom{n}{k - 1} + \binom{n}{k} = \binom{n + 1}{k} \,. \tag{4}$$

$\lceil$ Indem man auf den Generalnenner bringt, erhält man

$$\frac{n!}{(k-1)!(n-k+1)!} + \frac{n!}{k!(n-k)!} = \frac{n!}{k!(n-k+1)!}\left(k+(n-k+1)\right)$$

$$= \frac{(n+1)!}{k!(n+1-k)!} \; . \qquad\qquad \rfloor$$

Zu den Grundeigenschaften von $\mathbb{N}$ gehört das Prinzip (Axiom) der **vollständigen Induktion**:

Es sei $\mathcal{A}(n)$ eine Aussageform über natürliche Zahlen n. Trifft $\mathcal{A}(0)$ zu und gilt für alle $n \geq 0$ die Implikation $\mathcal{A}(n) \Longrightarrow \mathcal{A}(n+1)$, so trifft $\mathcal{A}(n)$ für alle $n \in \mathbb{N}$ zu.

Um mit Hilfe dieses Prinzips nachzuweisen, daß $\mathcal{A}(n)$ für alle natürlichen n zutrifft, hat man hiernach folgendes zu tun:

1. Man muß verifizieren, daß $\mathcal{A}(0)$ zutrifft. (**Verankerung**)

2. Man muß einen für alle $n \geq 0$ gültigen Beweis liefern, daß die Aussage $\mathcal{A}(n+1)$ zutrifft, wenn man annimmt, daß $\mathcal{A}(n)$ zutrifft. (**Induktionsschritt**)

Wir geben zwei Beispiele.

③ Es soll das folgende Sätzlein bewiesen werden: Ist $n \geq 2$ und $0 < x_k < 1$ für $1 \leq k \leq n$, so gilt

$$\prod_{k=1}^{n}(1-x_k) > 1 - \sum_{k=1}^{n} x_k \; . \tag{5}$$

(Diese Ungleichung ist dann interessant, wenn alle x_k sehr klein sind. Sie besagt: Werden mehrere Rabatte hintereinander abgezogen, so muß man mehr bezahlen, als wenn einfach die Rabattsätze addiert werden.)

$\lceil$ Wir bezeichnen die zu beweisende Formel (5) mit $\mathcal{A}_{>}(n)$. Verankerung: Für $n := 1$ gilt anstelle von $>$ das Gleichheitszeichen, d.h. $\mathcal{A}_{=}(1)$ trifft zu. — Induktionsschritt: Wir zeigen, daß $\mathcal{A}_{>}(n+1)$ schon aus der abgeschwächten Voraussetzung $\mathcal{A}_{\geq}(n)$ folgt:

$$\prod_{k=1}^{n+1}(1-x_k) = \prod_{k=1}^{n}(1-x_k) \cdot (1-x_{n+1})$$

$$\geq \left(1 - \sum_{k=1}^{n} x_k\right) \cdot (1-x_{n+1}) = 1 - \sum_{k=1}^{n} x_k - x_{n+1} + \sum_{k=1}^{n} x_k x_{n+1}$$

$$> 1 - \sum_{k=1}^{n+1} x_k \; . \qquad\qquad \rfloor$$

④ Es bezeichne $T(k,n)$ die Anzahl der verschiedenen k-elementigen Teilmengen der Menge $\{1,2,\ldots,n\}$. Durch Induktion "nach n" beweisen wir:

$$T(k,n) = \binom{n}{k} \qquad (0 \le k \le n) \, .$$

Die Aussage $\mathcal{A}(n)$ hat hier folgende Form: Für alle k zwischen 0 und n trifft ein bestimmter Sachverhalt zu.

⌐ Verankerung: $T(0,0) = 1 = \binom{0}{0}$. — Induktionsschritt: Man erhält eine k-elementige Teilmenge von $\{1,\ldots,n,\,n+1\} = \{1,\ldots,n\} \cup \{n+1\}$, indem man

— *entweder* eine k-elementige Teilmenge von $\{1,\ldots,n\}$ bildet

— *oder* eine $(k-1)$-elementige Menge von $\{1,\ldots,n\}$ bildet und das Element $n+1$ hinzunimmt.

Die Anzahlen der genannten Teilmengen stehen hiernach in der folgenden Beziehung zueinander:

$$T(k,n+1) = T(k,n) + T(k-1,n) \, .$$

Nach Induktionsvoraussetzung und (4) ist folglich

$$T(k,n+1) = \binom{n}{k} + \binom{n}{k-1} = \binom{n+1}{k} \, .$$

⑤ Wir betrachten das Produkt

$$P := \prod_{k=1}^{n} (1+x_k) = (1+x_1)(1+x_2)(1+x_3) \cdots (1+x_n)$$

als Funktion der Variablen $x_1,\ldots,x_n$. Wird rechter Hand tatsächlich ausmultipliziert, so entstehen insgesamt 2^n Summanden. Jeder Summand ist ein Produkt einer gewissen Auswahl von insgesamt n Einsen und Ixen. Ordnet man die Summanden nach steigender Aufladung mit Ixen, so hat man

$$P = 1 + (x_1 + x_2 + \ldots + x_n) + (\underbrace{x_1x_2 + x_1x_3 + \ldots + x_{n-1}x_n}_{\text{alle } \binom{n}{2} \text{ möglichen Produkte von je zwei Ixen}})$$

$$+ (\underbrace{x_1x_2x_3 + x_1x_2x_4 + \ldots + x_{n-2}x_{n-1}x_n}_{\text{alle } \binom{n}{3} \text{ möglichen Produkte von je drei Ixen}}) + \ldots + x_1x_2 \cdots x_n \, .$$

Es sei jetzt x eine fest gegebene reelle (oder komplexe) Zahl. Setzen wir alle $x_k := x$, so hat einerseits P den Wert $(1 + x)^n$, und andererseits hat jedes Produkt von r Ixen den Wert x^r. Wir erhalten daher

$$(1 + x)^n = 1 + \binom{n}{1} x + \binom{n}{2} x^2 + \ldots + \binom{n}{n} x^n$$

$$= \sum_{k=0}^{n} \binom{n}{k} x^k$$

(**Binomischer Lehrsatz**). Wir werden später sehen, daß diese Formel auf beliebige reelle Exponenten α (anstelle von n) umgeschrieben werden kann. Dabei entsteht die sogenannte Binomialreihe. $\bigcirc$

In diesen Zusammenhang gehört das Prinzip der **rekursiven Definition**. Eine Folge $x.$ (zum Beispiel von Näherungswerten für eine gesuchte Größe ξ) läßt sich festlegen durch die Vorgabe von x_0 und eine Vorschrift, die für jedes $n \geq 0$ den Wert x_{n+1} zu berechnen gestattet, wenn alle vorangehenden Werte $x_0, x_1, \ldots, x_n$ bekannt sind. Computer lieben das heiß; besonders, wenn zur Berechnung von x_{n+1} nur die zuletzt gefundenen Werte x_k gebraucht werden. Es ist dann nicht nötig, alle x_k zu speichern, und das Rechenprogramm hat die Struktur einer "Schleife".

⑥ Es sei $c > 1$ eine fest vorgegebene Zahl. Betrachte die durch

$$x_0 := c, \qquad x_{n+1} := \frac{1}{2}\Big(x_n + \frac{c}{x_n}\Big) \qquad (n \geq 0)$$

rekursiv definierte Folge $x.$ von positiven Zahlen. Wir zeigen:

$$\lim_{n \to \infty} x_n = \sqrt{c} \ .$$

⌐ Man hat

$$x_{n+1} - \sqrt{c} = \frac{1}{2x_n}(x_n^2 + c - 2x_n\sqrt{c}) = \frac{(x_n - \sqrt{c})^2}{2x_n} \ ; \tag{6}$$

insbesondere ist $x_n > \sqrt{c} > 1$ für alle $n \geq 0$. Wir schreiben (6) in der Form

$$x_{n+1} - \sqrt{c} = q_n(x_n - \sqrt{c})$$

mit

$$0 < q_n := \frac{x_n - \sqrt{c}}{2x_n} < \frac{1}{2}$$

und schließen daraus, daß nach jedem Rechenschritt der Abstand zwischen x_n und $\sqrt{c}$ höchstens noch halb so groß ist wie vorher. Hieraus folgt schon die Behauptung.   ⌟

In Wirklichkeit ist die Konvergenz noch wesentlich besser, nämlich "quadratisch". Nach einigen Schritten ist bestimmt $x_n - \sqrt{c} < 1$, und von da an sorgt (6) bzw.

$$x_{n+1} - \sqrt{c} < \frac{1}{2}(x_n - \sqrt{c})^2$$

dafür, daß sich die Zahl der richtigen Dezimalstellen mit jedem Schritt im wesentlichen verdoppelt, denn es ist zum Beispiel $0.001^2 = 0.000001$.

Bsp: Für $c := 100$ erhält man nacheinander

$$100.0$$
$$50.5$$
$$26.24$$
$$15.03$$
$$10.84$$
$$10.03$$
$$10.000\,053$$
$$10.000\,000\,00\,.$$

$\bigcirc$

Aufgaben

1. Zeige mit vollständiger Induktion:

   (a) Durch n Geraden "in allgemeiner Lage" wird die Ebene in $\dfrac{n^2 + n + 2}{2}$ Gebiete zerlegt. (*Hinweis:* Jede weitere Gerade zerlegt eine ganz bestimmte Anzahl der schon vorhandenen Gebiete in zwei Teile.)

   (b) Für beliebiges $x > -1$ und für jedes $n \in \mathbb{N}$ gilt

   $$(1 + x)^n \geq 1 + nx \qquad \textbf{(Bernoullische Ungleichung)}\,.$$

   (c) Die Summe aller weder durch 2 noch durch 5 teilbaren natürlichen Zahlen $< 10n$ beträgt $20n^2$.

   (d) $\displaystyle\sum_{k=1}^{n} k^2 = \frac{n(n+1)(2n+1)}{6}\,,$ \qquad (e) $\displaystyle\sum_{k=1}^{n} k^3 = \frac{k^2(k+1)^2}{4}\,.$

2. Ⓜ Bestimme den Koeffizienten beim Term $x^4 y^7$ in der Entwicklung von

$$(3 - 5x + 7y)^{13}\,.$$

1.4. Reelle Zahlen

Nicht ganzzahlige Größen werden bekanntlich mit Hilfe von gemeinen Brüchen oder mit Hilfe von Dezimal- bzw. Dualbrüchen dargestellt oder wenigstens approximiert.

Die **gemeinen Brüche**

$$\frac{p}{q} \qquad (p \in \mathbb{Z},\ q \in \mathbb{N}_{\geq 1})$$

bilden zusammen den Körper $\mathbb{Q}$ der **rationalen Zahlen**. In der Analysis arbeiten wir mit dem umfassenderen Körper $\mathbb{R}$ der reellen Zahlen — davon unten mehr. Der Begriff **Körper** bezeichnet den Sachverhalt, daß in dem betreffenden System die vier Grundrechenarten unbeschränkt ausführbar sind (ausgenommen natürlich die Division durch 0) und daß die üblichen Rechengesetze gelten, zum Beispiel

$$x + y = y + x\ , \qquad (x + y) + z = x + (y + z)$$
$$0 \cdot x = 0\ , \qquad -(-x) = x\ ,$$
$$x \cdot (y + z) = x \cdot y\ +\ x \cdot z,$$

allgemeiner:

$$\sum_{i=1}^{m} x_i\ \cdot\ \sum_{k=1}^{n} y_k\ =\ \sum_{1 \leq i \leq m,\ 1 \leq k \leq n} x_i\, y_k\ ,$$
$$x \cdot y = 0\ \implies\ x = 0 \vee y = 0$$

und weitere dieser Art.

Darüberhinaus sind $\mathbb{Q}$ und $\mathbb{R}$ **geordnet**, das heißt: Für je zwei Zahlen x und y gilt genau eine der Beziehungen

$$x < y\ ,\quad x = y\ ,\quad x > y\ .$$

Bezüglich dieser Ordnung gelten die üblichen Regeln über das Rechnen mit Ungleichungen, zum Beispiel

$$(x < y) \wedge (y < z)\ \implies\ x < z \qquad (\textbf{Transitivität}),$$
$$x < y\ \implies\ x + a < y + a\ ,$$
$$(a > 0) \wedge (x < y)\ \implies\ ax < ay\ ,$$
$$(a < 0) \wedge (x < y)\ \implies\ ax > ay \quad (!)\ ,$$
$$x > y > 0\ \implies\ 0 < \frac{1}{x} < \frac{1}{y}$$

und weitere dieser Art.

Eine Teilmenge von $\mathbb{R}$ der Form

$$\{x \in \mathbb{R} \mid a \le x \le b\} \;=:\; [a,b]$$

heißt ein **abgeschlossenes Intervall**, und

$$\{x \in \mathbb{R} \mid a < x < b\} \;=:\;]a,b[$$

ist ein **offenes Intervall**. Für **unendliche Intervalle** verwenden wir die folgenden Bezeichnungen:

$$\mathbb{R}_{\ge a} := \{x \in \mathbb{R} \mid x \ge a\}\,, \qquad \mathbb{R}_{>a} := \{x \in \mathbb{R} \mid x > a\}\,.$$

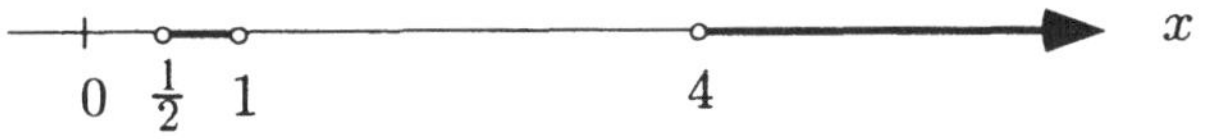

Fig. 1.4.1

(1) Für welche $x \in \mathbb{R}$ gilt

$$\frac{x^2 + 2x}{x - 1} < 3x - 4\ ? \tag{$*$}$$

Da $x - 1$ beiderlei Vorzeichen annehmen kann, darf man nicht einfach heraufmultiplizieren, sondern muß Fallunterscheidungen vornehmen. — Im Fall $x > 1$ ist

$$
\begin{aligned}
(*) \quad &\Longleftrightarrow \quad x^2 + 2x < (x-1)(3x-4) = 3x^2 - 7x + 4 \\
&\Longleftrightarrow \quad 2x^2 - 9x + 4 > 0 \\
&\Longleftrightarrow \quad 2(x-4)\bigl(x - \tfrac{1}{2}\bigr) > 0 \\
&\Longleftrightarrow \quad x > 4
\end{aligned}
$$

$\bigl(x < \tfrac{1}{2}$ ist mit $x > 1$ nicht vereinbar$\bigr)$.

Gilt jedoch von vornherein $x < 1$, so erhält man analog

$$
\begin{aligned}
(*) \quad &\Longleftrightarrow \quad x^2 + 2x > (x-1)(3x-4) \\
&\ \ \vdots \\
&\Longleftrightarrow \quad 2(x-4)\bigl(x - \tfrac{1}{2}\bigr) < 0 \\
&\Longleftrightarrow \quad \tfrac{1}{2} < x < 1\,.
\end{aligned}
$$

Die gesuchte Menge ist somit die Vereinigung der beiden Intervalle $\mathbb{R}_{>4}$ und $]\tfrac{1}{2},1[$, siehe die Fig. 1.4.1. $\bigcirc$

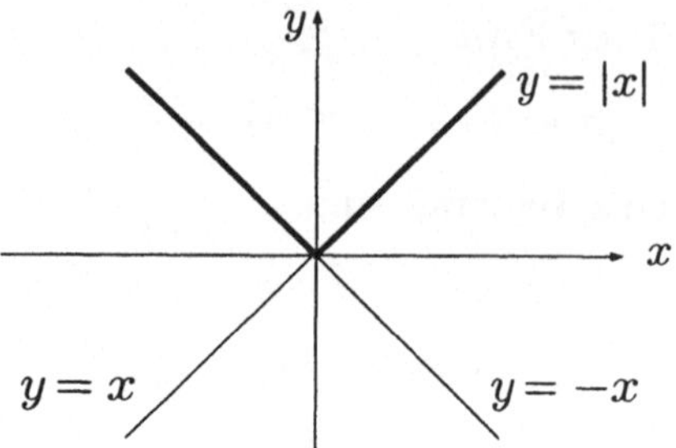

Fig. 1.4.2

Mit Hilfe der Ordnung definiert man die **Betragsfunktion** (Fig. 1.4.2)

$$|x| := \operatorname{abs} x := \begin{cases} x & (x \geq 0), \\ -x & (x \leq 0). \end{cases}$$

Bsp: $\qquad -5 < 0 \quad \Longrightarrow \quad |-5| := -(-5) = 5 \ .$

Die Größe $|x|$ ist immer ≥ 0 und stellt den Abstand des Punktes x vom Ursprung dar. Es gilt (Fig. 1.4.3):

$$|x| < \varepsilon \quad \Longleftrightarrow \quad -\varepsilon < x < \varepsilon \ .$$

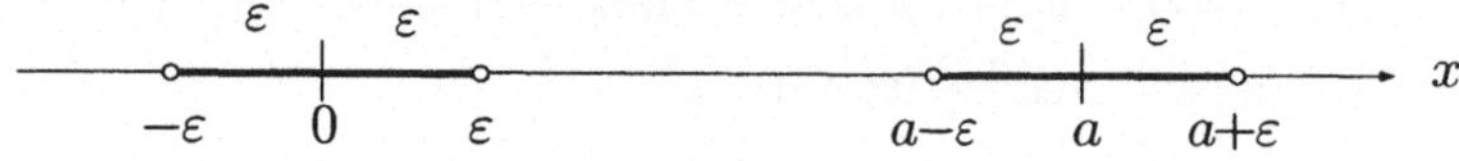

Fig. 1.4.3

Allgemein ist $|x - a|$ der Abstand des Punktes x vom Punkt a auf der Zahlengeraden, und es gilt

$$|x - a| < \varepsilon \quad \Longleftrightarrow \quad a - \varepsilon < x < a + \varepsilon \ .$$

Die Betragsfunktion ist multiplikativ:

$$|x \cdot y| = |x| \cdot |y| \ ,$$

und sie genügt der sogenannten **Dreiecksungleichung**:

$$|x + y| \leq |x| + |y| \ ,$$

die bei Fehlerabschätzungen eine zentrale Rolle spielt.

Tritt die Betragsfunktion in einer definierenden Gleichung auf, so sind im allgemeinen Fallunterscheidungen notwendig.

② Wir behandeln die folgende Aufgabe: Man zeichne den Graphen der Funktion

$$f(x) := \big|2 - |1 - x|\big| - |x| \ .$$

Die Terme $|1 - x|$ und $|x|$ bewirken, daß jedenfalls an den Stellen 0 und 1 "etwas passiert". Wir haben daher vorweg drei Fälle, die sich (wegen der äußeren $|\cdot|$-Klammer) unter Umständen weiter aufteilen.

<u>**1** : $\ x \leq 0$</u> $\ (\Longrightarrow\ 1 - x \geq 0)$

Hier ist

$$f(x) = \big|2 - (1 - x)\big| - (-x) = |1 + x| + x \ .$$

Wir unterscheiden daher weiter: Im Fall

<u>   **1.1** : $\ x \leq -1$</u> $\ (\Longrightarrow\ 1 + x \leq 0)$

gilt

$$f(x) = -(1 + x) - (-x) = -1 \ ,$$

und im Fall

<u>   **1.2** : $\ -1 \leq x \leq 0$</u> $\ (\Longrightarrow\ 1 + x \geq 0)$

hat man

$$f(x) = 1 + x - (-x) = 1 + 2x \ .$$

<u>**2** : $\ 0 \leq x \leq 1$</u> $\ (\Longrightarrow\ 1 \pm x \geq 0) \ .$

Hier ist

$$f(x) = \big|2 - (1 - x)\big| - x = |1 + x| - x = 1 + x - x = 1 \ .$$

<u>**3** : $\ x \geq 1$</u> $\ (\Longrightarrow\ 1 - x \leq 0) \ .$

Man hat

$$f(x) = \big|2 + (1 - x)\big| - x = |3 - x| - x$$

und muß daher weiter unterscheiden: Im Fall

<u>   **3.1** : $\ 1 \leq x \leq 3$</u> $\ (\Longrightarrow\ 3 - x \geq 0)$

gilt

$$f(x) = 3 - x - x = 3 - 2x \ ,$$

und im Fall

<u>   **3.2** : $\ x \geq 3$</u>

schließlich

$$f(x) = -(3 - x) - x = -3 \ .$$

Alles in allem erhalten wir den in Fig. 1.4.4 dargestellten Graphen. ○

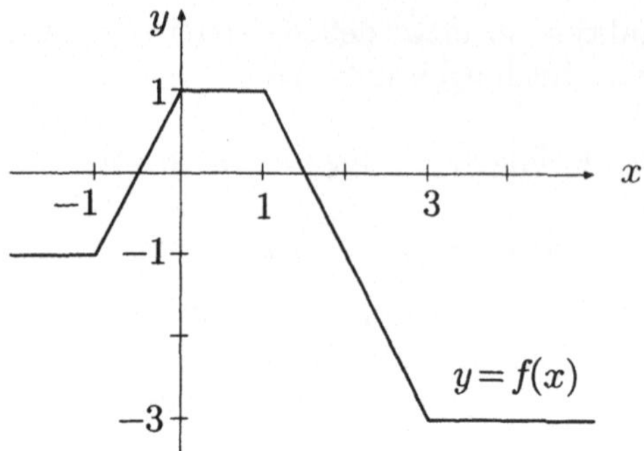

Fig. 1.4.4

Die in der Betragsfunktion verlorengegangene Information über x ist gespeichert in der **Signumfunktion** (Fig. 1.4.5)

$$\operatorname{sgn} x := \begin{cases} 1 & (x > 0) \,, \\ 0 & (x = 0) \,, \\ -1 & (x < 0) \,. \end{cases}$$

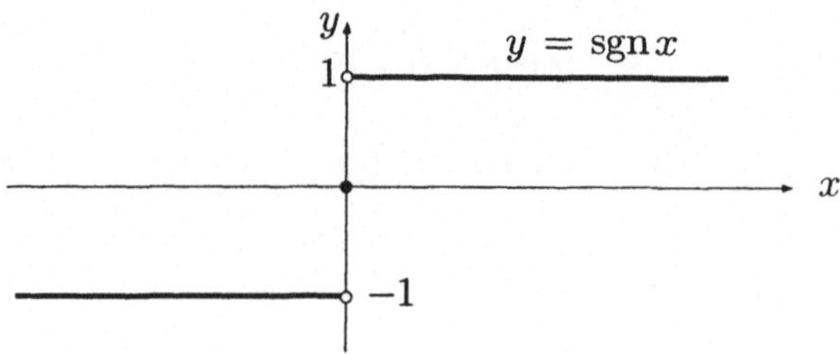

Fig. 1.4.5

Es gelten folgende Identitäten:

$$x = \operatorname{sgn} x \cdot |x| \,, \qquad \operatorname{sgn}(x \cdot y) = \operatorname{sgn} x \cdot \operatorname{sgn} y \,;$$

die Signumfunktion ist also ebenfalls multiplikativ.

Die hier behandelten Rechenregeln gelten zunächst in $\mathbb{Q}$, dann aber auch in $\mathbb{R}$. Was sind denn überhaupt "reelle Zahlen"? Schon die Pythagoräer wußten, daß die rationalen Zahlen für eine befriedigende Theorie des Quadrats nicht ausreichen. Es wird aber berichtet, daß "der Mann, der als erster die Betrachtung der irrationalen Größen aus dem Verborgenen an die Öffentlichkeit brachte, durch einen Schiffbruch umgekommen sei, und zwar deshalb, weil das Unaussprechliche und Bildlose für immer hätte verborgen bleiben sollen."

$\mathbb{R}$ ist also eine Erweiterung, "Vervollständigung" von $\mathbb{Q}$. Um hiervon eine gewisse Vorstellung zu vermitteln, nehmen wir allerdings zuerst eine Ausdünnung von $\mathbb{Q}$ vor, indem wir von den gemeinen Brüchen nur noch die behalten, deren Nenner eine Potenz von 10 bzw. von 2 ist — in anderen Worten: indem wir zu endlichen Dezimal- bzw. Dualbrüchen übergehen. Dies entspricht auch unserem tatsächlichen Umgang mit reellen Zahlen in der Rechenpraxis; denn das numerische Rechnen mit gemeinen Brüchen ist ziemlich umständlich. Es beginnt damit, daß verschiedene Brüche, zum Beispiel $\frac{15}{24}$ und $\frac{20}{32}$, ohne weiteres dieselbe Zahl darstellen können und daß sehr nahe beieinanderliegende Zahlen sehr verschiedene Darstellungen haben:

$$\left| \frac{233}{610} - \frac{377}{987} \right| < 0.0000017 \ .$$

Vor allem aber pflegen die Nenner beim Aufaddieren von Zahlenkolonnen ins Uferlose zu wachsen.

Wir betrachten also für einen Moment nur noch rationale Zahlen a der speziellen Form

$$a = \frac{p}{2^s} \qquad (p \in \mathbb{Z}, s \in \mathbb{N})$$

und bezeichnen die Menge dieser Zahlen mit $\mathbb{D}$. Jedes $a \in \mathbb{D}$ besitzt eine im wesentlichen eindeutig bestimmte Darstellung als (endlicher) **Dualbruch**:

$$a = ' \pm \beta_r \ldots \beta_{-2}\, \beta_{-1}\, \beta_0 . \beta_1\, \beta_2 \ldots \beta_s ', \qquad \beta_k \in \mathbb{B} \quad (r \le k \le s)$$

($r \le 0$ und $s \ge 0$ hängen von a ab). Diese Darstellung codiert den folgenden Sachverhalt:

$$a = \pm \sum_{k=r}^{s} \beta_k\, 2^{-k} \ .$$

Das Rechnen mit Dualbrüchen ist ja genial einfach, und es ist auch von bloßem Auge möglich, eine Liste von Dualbrüchen der Größe nach zu ordnen.

Anmerkung: Anstelle von Dualbrüchen könnte man auch Dezimalbrüche nehmen.

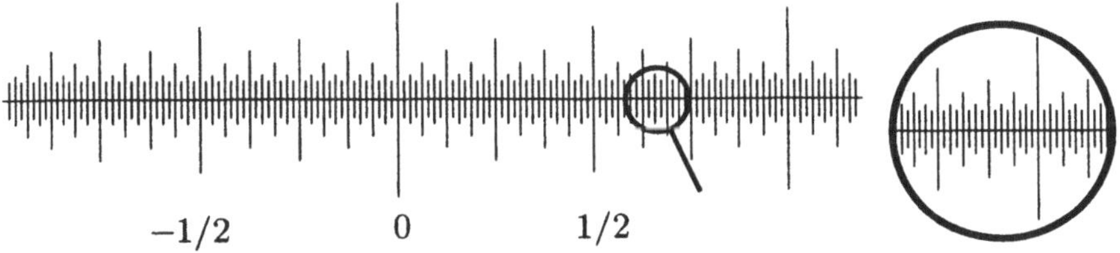

Fig. 1.4.6

In Fig. 1.4.6 wurde versucht, den **kaskadischen**, das heißt: sich in immer kleineren Maßstäben reproduzierenden Charakter der Menge $\mathbb{D}$ zeichnerisch umzusetzen. Algebraisch gesehen ist $\mathbb{D}$ ein **Ring** (das heißt: Addition, Subtraktion und Multiplikation sind in $\mathbb{D}$ unbeschränkt möglich), aber kein Körper mehr, denn die Division von Dualbrüchen geht im allgemeinen nicht auf. Das läßt sich verschmerzen, da $\mathbb{D}$ in der Menge aller reellen Zahlen dicht liegt (siehe die Figur) und man sich in der Praxis mit einer hinreichenden Approximation zufrieden gibt.

So läuft zum Beispiel der in der Schule gelernte Divisionsalgorithmus auf folgendes hinaus: Es seien a und b gegebene Dualbrüche, $b \neq 0$, deren Quotient a/b als Dualbruch dargestellt werden soll, und es sei $\varepsilon > 0$ eine beliebig kleine vorgegebene Toleranz, zum Beispiel $\varepsilon := 2^{-20}$. Dann kann man (durch "Herunterholen von Nullen") immer ein $q \in \mathbb{D}$ finden, so daß gilt:

$$q \leq \frac{a}{b} < q + \varepsilon \ .$$

In anderen Worten: Der vom Divisionsalgorithmus gelieferte Dualbruch q ist weniger als ε von der "gemeinten" Zahl a/b entfernt.

③ Zur Erläuterung rechnen wir im vertrauteren Dezimalsystem. Es soll die Zahl $a/b := 83/19$ in einen Dezimalbruch "entwickelt" werden. Der Divisionsalgorithmus liefert

a	b	q
83 .	: 19	= 4.36842
7 . 0		
1 . 30		
. 160		
80		
40		
2	("Rest") .	

Wird an dieser Stelle abgebrochen, so gilt einerseits $q\,b < a$ (wegen des Restes) und anderseits $(q + 10^{-5})\,b > a$ (sonst wäre die letzte Stelle von q nicht 2 gewesen). Zusammen ergibt sich

$$q < \frac{a}{b} < q + 10^{-5} \ ,$$

wie oben allgemein beschrieben. $\bigcirc$

Für den Rest dieses Abschnitts treffen wir die folgende Vereinbarung: lateinische Buchstaben a, b, x, ... sowie ε bezeichnen Dualbrüche und griechische Buchstaben α, β, ... reelle Zahlen.

Die "reellen Zahlen" sind gewisse ideale Objekte, mit denen wir etwa folgende Vorstellungen verknüpfen:

(a) Die reellen Zahlen bilden einen geordneten Körper.

(b) Jede reelle Zahl α läßt sich beliebig genau durch Dualbrüche von unten annähern. Genau: Zu jeder noch so kleinen Toleranz $\varepsilon > 0$ (zum Beispiel $\varepsilon := 2^{-20}$) gibt es ein $a \in \mathbb{D}$ mit

$$a \leq \alpha < a + \varepsilon \,.$$

④ Die reelle Zahl $\alpha := 4/7$ besitzt die nicht abbrechende Dualbruchentwicklung

$$0.10010010010010\ldots \qquad \left(= \tfrac{1}{2} + \tfrac{1}{16} + \tfrac{1}{128} + \tfrac{1}{1024} + \ldots = \tfrac{4}{7}\right)$$

und läßt sich folglich durch die endlichen Dualbrüche

$$0.1$$
$$0.1001$$
$$0.1001001$$
$$0.1001001001001$$
$$\vdots$$

besser und besser approximieren. $\bigcirc$

(c) Ist $a \doteq \alpha$ und $b \doteq \beta$, so gilt $a + b \doteq \alpha + \beta$ und $a \cdot b \doteq \alpha \cdot \beta$.

Dieser entscheidende Sachverhalt ermöglicht, in Gedanken und Formeln zwei "unendlich genaue" reelle Zahlen exakt miteinander zu multiplizieren und dann dieselbe Rechnung mit endlichen Dualbrüchen numerisch zu simulieren.

(d) Jeder "unendliche Dualbruch" stellt eine reelle Zahl dar, und umgekehrt: Jede reelle Zahl besitzt eine im wesentlichen eindeutige Darstellung als "unendlicher Dualbruch".

(Die Elemente von $\mathbb{D}$ besitzen genau zwei derartige Darstellungen, alle andern reellen Zahlen genau eine. So stellen zum Beispiel $0.1111\ldots$ und $1.0000\ldots$ beide die Zahl $1 \in \mathbb{R}$ dar.)

Daß sich nach diesen vagen Vorstellungen tatsächlich ein logisch konsistentes System $\mathbb{R}$ aus $\mathbb{D}$ (bzw. aus $\mathbb{Q}$) fabrizieren läßt, hat Dedekind 1872 als erster bewiesen. In diesem System sind dann nicht nur so einfache Zahlen wie $\sqrt{2}$ (bzw. $4/7$ wieder) vorhanden, sondern "überabzählbar viele" (s.u.) weitere, darunter natürlich e und π, und alle lassen sich mindestens in Gedanken mit unendlicher Genauigkeit erfassen, addieren und multiplizieren.

Der geometrische Gehalt dieser Erweiterung ist folgender: Die zu $\mathbb{D}$ hinzugefügten Zahlen bilden sozusagen den "Leim", der die in Fig. 1.4.6 dargestellte kaskadische Struktur zu einem vollständig homogenen Kontinuum macht. So ist es zum Beispiel möglich, $\mathbb{D}$ mit einer Axt in eine Untermenge A und eine Obermenge B zu spalten, ohne dabei eine einzige Zahl zu berühren,

$$Bsp: \qquad A := \left\{ x \in \mathbb{D} \mid x < \sqrt{2} \right\}, \qquad B := \left\{ x \in \mathbb{D} \mid x > \sqrt{2} \right\}.$$

(Zwischen jedem einzelnen $x \in A$ und $\sqrt{2}$ hat es unendlich viele weitere Zahlen von A.) Eine derartige Zerlegung von $\mathbb{R}$ ist jedoch nicht möglich: Wird $\mathbb{R}$ auf irgendeine Weise in eine Untermenge A und eine Obermenge B gespalten, so hat *entweder* A ein maximales Element *oder* B ein minimales Element. Jedenfalls berührt die Axt eine wohlbestimmte reelle Zahl α.

Die Reichhaltigkeit von $\mathbb{R}$ läßt sich auf verschiedene Weise analytisch charakterisieren. Vom konstruktiven Standpunkt aus, das heißt: für das Definieren und das konkrete Berechnen von reellen Größen (z.B. e oder π), ist folgende Fassung am zweckmäßigsten:

(1.1) *Jede monoton wachsende und beschränkte Folge $(\alpha_k)_{k \in \mathbb{N}}$ von reellen Zahlen ist konvergent gegen eine wohlbestimmte reelle Zahl α.*

$\ulcorner$ Für den Beweis benötigt man natürlich den genauen Konvergenzbegriff. — Wir spalten $\mathbb{R}$ in die Untermenge A derjenigen ξ, die von wenigstens einem α_k übertroffen werden, und in die Obermenge B derjenigen ξ, die von keinem α_k übertroffen werden. Weder A noch B sind leer. Die Axt trifft eine wohlbestimmte Zahl $\alpha \in \mathbb{R}$, und dieses α ist der behauptete Grenzwert: Ist ein (beliebig kleines) $\varepsilon > 0$ vorgegeben, so liegt $\alpha - \varepsilon$ in A, es gibt also ein n mit $\alpha_n > \alpha - \varepsilon$. Wegen der Monotonie liegen daher alle α_k mit Nummer $k \geq n$ im Intervall $]\alpha - \varepsilon, \alpha]$. $\lrcorner$

Die obige Vorstellung (d) läßt sich nunmehr folgendermaßen konkretisieren: Ein "unendlicher Dualbruch", zum Beispiel

$$1.10110011101\ldots,$$

besitzt Anfangsstücke

$$a_0 := 1, \quad a_1 := 1.1, \quad a_2 := 1.1, \quad a_3 := 1.101, \quad a_4 := 1.011, \quad \ldots \; .$$

Die a_k bilden eine monoton wachsende Folge von reellen Zahlen, und diese Folge ist natürlich beschränkt: Da alle Ziffern β_k gleich 0 oder 1 sind, gilt

$$a_n = a_0 + \sum_{k=1}^{n} \beta_k \, 2^{-k} \leq a_0 + \sum_{k=1}^{n} 2^{-k} < a_0 + 1$$

für alle n. Somit besitzt die Folge $a.$ nach **(1.1)** einen wohlbestimmten Grenzwert $\alpha \in \mathbb{R}$, und dieses α ist die von dem betreffenden "unendlichen Dualbruch" repräsentierte reelle Zahl.

Aufgaben

1. Stelle die folgenden rationalen Zahlen im Dualsystem dar:
   (a) 6423,   (b) 643/7,   (c) 324/761.

2. Bestimme die ersten 15 Stellen der Dualbruchentwicklung von π.

3. Die Funktion f sei definiert durch

$$f(x) := \begin{cases} x + 2 & (x < -1) \\ -x & (-1 \le x \le 1) \\ x - 2 & (x > 1) \end{cases} \quad .$$

Stelle f mit Hilfe der Betragsfunktion durch einen einzigen, für alle $x \in \mathbb{R}$ gültigen Ausdruck dar.

4. Beim Stand 165.50 seines Tageskilometerzählers passiert ein Automobilist eine Tafel "Landesgrenze 29 km" und beim Stand 173.20 die Tafel "Landesgrenze 22 km". Beim Stand 179.45 kommt er zu einer Tankstelle. Wie weit ist es jetzt noch zur Landesgrenze (auf 150 m genau)? — Hierzu soll man annehmen, daß die Angaben auf den Tafeln nach der nächsten ganzen Zahl gerundet sind.

5. Die Funktionen $f_n \colon \mathbb{R} \to \mathbb{R}$ seien rerkursiv definiert durch

$$f_0(x) := |x|, \qquad f_{n+1}(x) := |1 - f_n(x)| \quad (n \ge 0) .$$

Zeichne den Graphen von f_{100}.

6. Bestimme die Menge der $x \in \mathbb{R}$, welche die folgende Ungleichung erfüllen:

$$\frac{x + 3}{x - 1} > |x| .$$

1.5. Koordinaten in der Ebene und im Raum

In diesem Abschnitt werden nur Bezeichnungen festgelegt.

Wir beziehen uns zunächst auf die Fig. 1.5.1. Die im folgenden angebotenen Bezeichnungen werden wir in freier Weise abwechselnd benutzen:

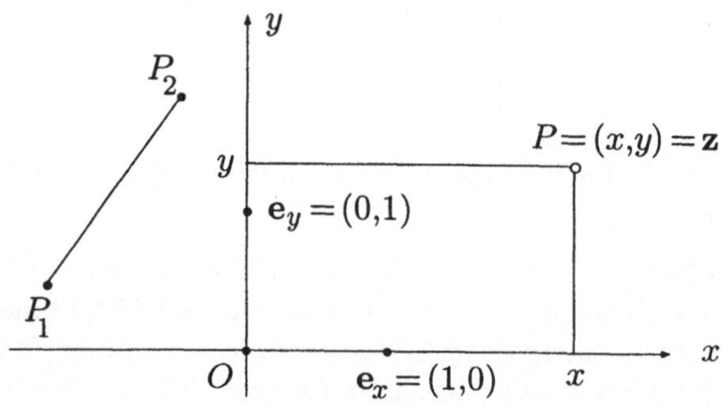

Fig. 1.5.1

Allgemeiner Punkt: $P = (x, y) = \mathbf{z}$;

spezielle Punkte: $O = (0,0) = \mathbf{0}, \quad \mathbf{e}_x = (1,0), \quad \mathbf{e}_y = (0,1)$;

Abstand vom Ursprung: $|OP| = \sqrt{x^2 + y^2} = |\mathbf{z}| = r$;

Abstand zweier Punkte: $|P_1 P_2| = \sqrt{(x_2 - x_1)^2 + (y_2 - y_1)^2} = |\mathbf{z}_2 - \mathbf{z}_1|$.

Sind $\mathbf{z}_1$ und $\mathbf{z}_2$ beide $\neq \mathbf{0}$, so bezeichnet $\angle(\mathbf{z}_1, \mathbf{z}_2)$ den **nichtorientierten Winkel** zwischen den von $\mathbf{0}$ ausgehenden Strahlen durch $\mathbf{z}_1$ und durch $\mathbf{z}_2$. Hierunter versteht man die Länge ω des kürzeren von den beiden Bögen, die die zwei Strahlen aus dem Einheitskreis herausschneiden (siehe die Fig. 1.5.2). Es ist immer $0 \leq \omega \leq \pi$.

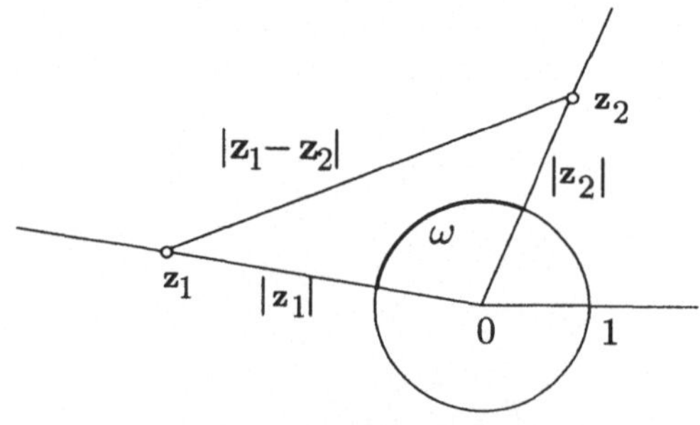

Fig. 1.5.2

Nach dem Cosinussatz ist

$$|\mathbf{z}_2 - \mathbf{z}_1|^2 = |\mathbf{z}_1|^2 + |\mathbf{z}_2|^2 - 2|\mathbf{z}_1|\,|\mathbf{z}_2|\,\cos\omega$$

und somit

$$(x_2 - x_1)^2 + (y_2 - y_1)^2 = x_1^2 + y_1^2 + x_2^2 + y_2^2 - 2|\mathbf{z}_1|\,|\mathbf{z}_2|\,\cos\omega\ .$$

Es folgt

$$\cos\omega = \frac{x_1 x_2 + y_1 y_2}{\sqrt{x_1^2 + y_1^2}\,\sqrt{x_2^2 + y_2^2}}\ .$$

Durch diese Gleichung ist $\omega \in [0, \pi]$ eindeutig bestimmt.

Der Gegenuhrzeigersinn wird als **positiver Drehsinn** angesehen. Mit dem Symbol $\measuredangle\,(\mathbf{z}_1, \mathbf{z}_2)$ bezeichnen wir den **orientierten Winkel** zwischen den beiden Strahlen $\mathbf{0z}_1$ und $\mathbf{0z}_2$. Hierunter versteht man den erforderlichen Drehwinkel, wenn der Strahl $\mathbf{0z}_1$ in positivem Sinn in den Strahl $\mathbf{0z}_2$ gedreht werden soll. Dieser orientierte Winkel ist nur bis auf additive Vielfache von 2π bestimmt (Fig. 1.5.3).

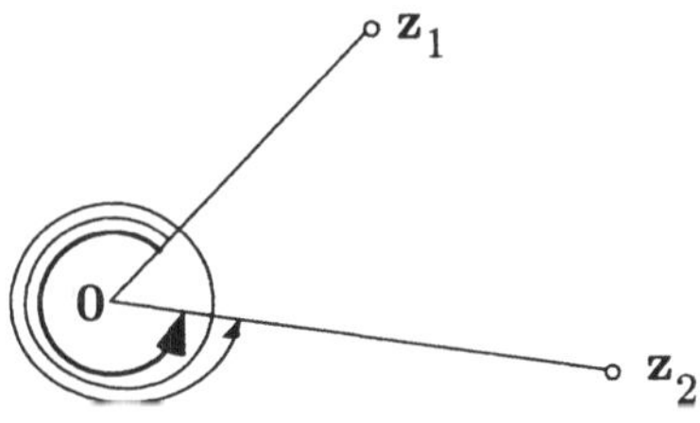

Fig. 1.5.3

Ob in einer gegebenen Situation mit orientierten oder besser mit nichtorientierten Winkeln gearbeitet werden soll, muß im Einzelfall entschieden werden. Nichtorientierte Winkel haben auch im dreidimensionalen Raum einen Sinn, orientierte nicht von vorneherein.

Ist $\mathbf{z} = (x, y) \neq \mathbf{0}$, so heißt

$$\measuredangle(\mathbf{e}_x, \mathbf{z}) =: \arg(x, y) =: \phi$$

das **Argument** oder der **Polarwinkel** des Punktes $\mathbf{z}$. Der Figur 1.5.4 entnimmt man die Identität

$$\arg(x, y) = \begin{cases} \arctan \dfrac{y}{x} & (x > 0) \\[2mm] \arctan \dfrac{y}{x} + \pi & (x < 0)\ . \end{cases}$$

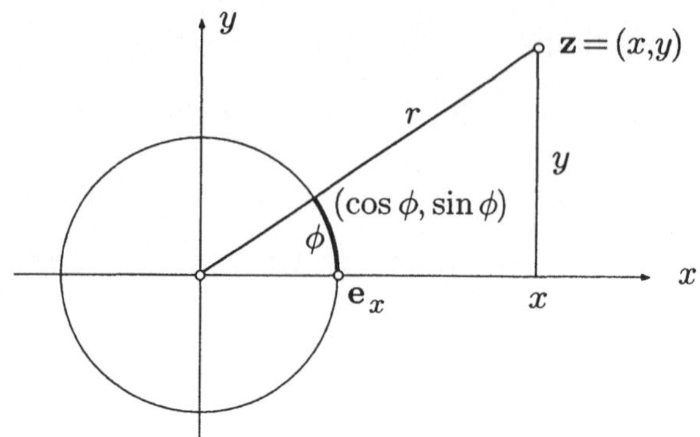

Fig. 1.5.4

Ohne weitergehende Verabredungen ist das Argument ϕ eines Punktes (x, y) nur bis auf additive Vielfache von 2π, oder, wie man auch sagt: **modulo** 2π bestimmt. Hierauf braucht man aber in vielen Fällen keine Rücksicht zu nehmen, und man kann ϕ wie eine gewöhnliche reelle Variable behandeln.

Die Größen r und ϕ heißen die **Polarkoordinaten** des Punktes (x, y). Es gelten die folgenden Umrechnungsformeln, die man ohne weiteres an der Figur 1.5.4 verifiziert:

$$\begin{cases} x = r \cos \phi \\ y = r \sin \phi \end{cases} \quad \text{bzw.} \quad \begin{cases} r = \sqrt{x^2 + y^2} \\ \phi = \arg(x, y) \end{cases} .$$

Ist $f : [a, b] \to \mathbb{R}$ eine (stetige) Funktion der Variablen x, so beschreibt die Gleichung $y = f(x)$ bekanntlich eine (im folgenden mit $\mathcal{G}(f)$ bezeichnete) Kurve in der (x, y)-Ebene, den sogenannten **Graphen** von f:

$$\mathcal{G}(f) := \left\{ (x, y) \in \mathbb{R}^2 \mid a \leq x \leq b \ \wedge \ y = f(x) \right\} .$$

Ist weiter $h > 0$ fest, so ist der Graph der Funktion $f_h : x \mapsto f(x - h)$ zum Graphen von f kongruent, aber gegenüber $\mathcal{G}(f)$ um h nach rechts verschoben (Fig. 1.5.6).

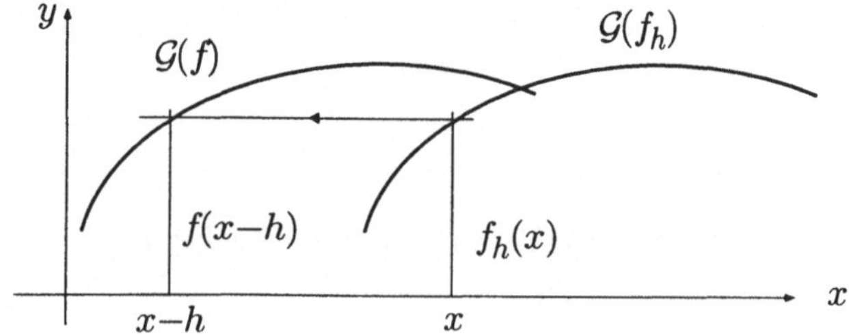

Fig. 1.5.5

Es sei jetzt $f\colon [\alpha, \beta] \to \mathbb{R}_{\geq 0}$ eine nichtnegative (stetige) Funktion der Variablen ϕ. Die Gleichung

$$r = f(\phi) \qquad (\alpha \leq \phi \leq \beta)\,, \tag{1}$$

zwischen den Polarkoordinaten r und ϕ der Punkte $(x, y) \in \mathbb{R}^2$ läßt sich ebenfalls als Gleichung einer Kurve γ auffassen. Man nennt (1) die **Polardarstellung** dieser Kurve. Die einzelnen Punkte von γ werden erhalten, indem man für jedes $\phi \in [\alpha, \beta]$ auf dem Strahl $\arg(x, y) = \phi$ von O aus die Länge $r := f(\phi)$ abträgt (Fig. 1.5.6). Weiter: Ist $\delta > 0$ fest, so ist die Kurve γ' mit der Polardarstellung

$$r = f(\phi - \delta) \qquad (\alpha + \delta \leq \phi \leq \beta + \delta)$$

zu γ kongruent, aber gegenüber γ um den Winkel δ in positivem Sinn gedreht.

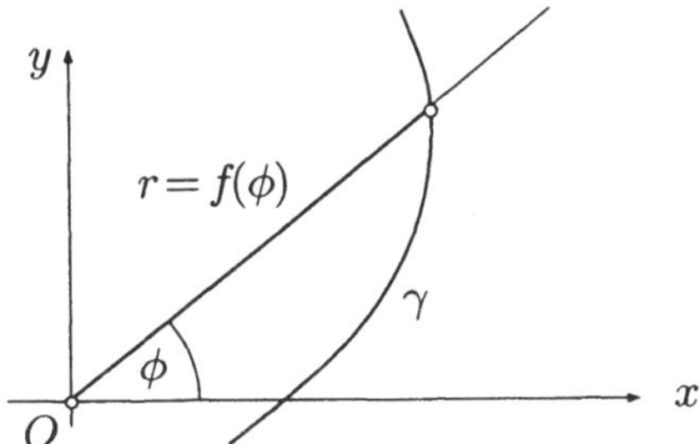

Fig. 1.5.6

① Es seien $a > 0$, $q \neq 0$ fest gegeben. Dann ist

$$\gamma\colon \quad r = ae^{q\phi} \quad (=: f(\phi)) \qquad (-\infty < \phi < \infty)$$

die Polardarstellung einer **logarithmischen Spirale** (Fig. 1.5.7). Wird γ von O aus um den Faktor $c > 0$ gestreckt, so besitzt die resultierende Kurve γ_c die Polardarstellung

$$\gamma_c\colon \quad r = c\,ae^{q\phi} \quad (=: f_c(\phi))\,.$$

Nun gilt (identisch in ϕ)

$$f_c(\phi) = ae^{q\phi + \log c} = ae^{q(\phi - \delta)} = f(\phi - \delta)\,;$$

dabei wurde zur Abkürzung $-\log c / q =: \delta$ gesetzt. Hieraus folgt: γ_c ist *kongruent* zu γ (und nicht etwa "größer"), aber um den Winkel δ gegenüber γ

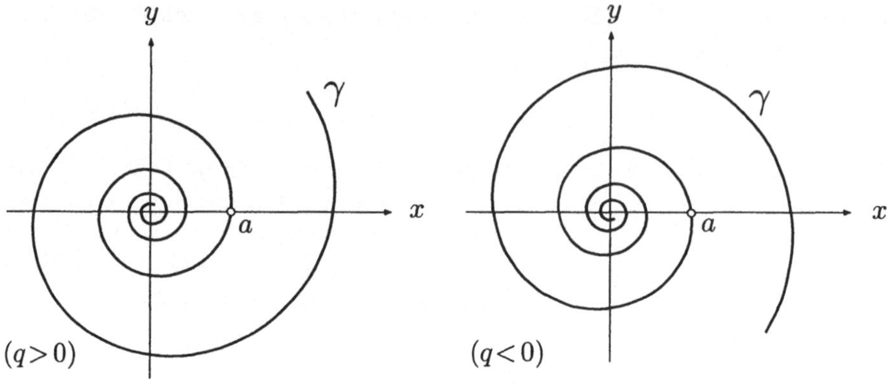

Fig. 1.5.7

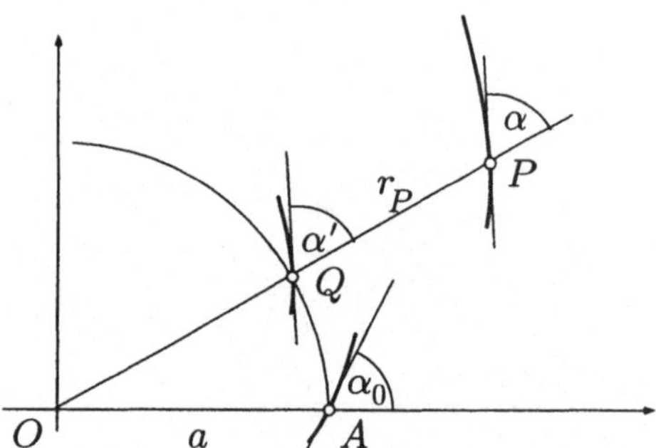

Fig. 1.5.8

gedreht. Auf dem Grabstein von Johann Bernoulli, der als erster die logarithmische Spirale untersucht hat, steht die Inschrift: *"Eadem mutata resurgo"*.

Wir zeigen weiter: γ schneidet jeden von O ausgehenden Strahl unter demselben (nur von q abhängigen) Winkel α_0.

⌐ Es sei P ein Spiralenpunkt im Abstand r_P vom Ursprung und α der fragliche Winkel bei P (Fig. 1.5.8). Wird die Spirale γ im Verhältnis $c :=$ a/r_P von O aus gestreckt, so resultiert eine neue Spirale γ_c. Der Punkt P geht dabei über in den Punkt Q im Abstand a vom Ursprung, und γ_c schneidet dort den Strahl OP unter dem Winkel $\alpha' = \alpha$. Andererseits können wir nach dem Vorangehenden die Spirale γ_c auch erhalten, indem wir γ um den Winkel $\delta = -\log c/q$ drehen. Dabei geht der Punkt A in Q über, und es ist $\alpha' = \alpha_0$. Da $P \in \gamma$ beliebig war, folgt die Behauptung.

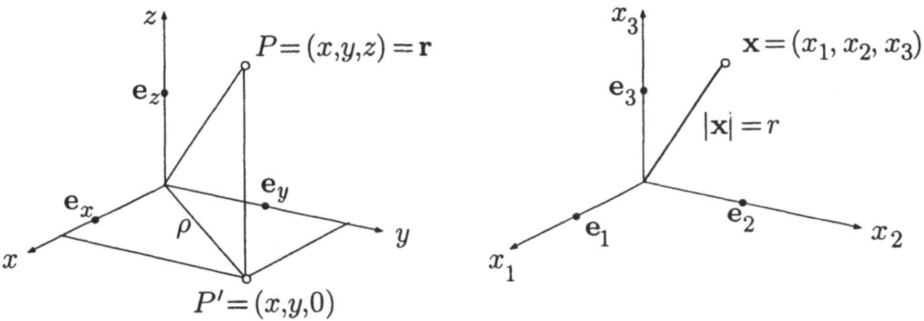

Fig. 1.5.9

Im dreidimensionalen Raum werden die kartesischen Koordinaten entweder
mit x, y, z oder mit x_1, x_2, x_3 bezeichnet. Für die Behandlung von konkreten
Beispielen, etwa eines Ellipsoids mit gegebenen Halbachsen a, b, c, sind x, y,
z handlicher; bei allgemeinen Erörterungen aber sind x_1, x_2, x_3 unbedingt
vorzuziehen. Die beiden Bezeichnungsweisen sind in der Figur 1.5.9 und in
den folgenden Formeln festgehalten.

$$\mathbf{e}_x = (1,0,0) = \mathbf{e}_1 , \quad \mathbf{e}_y = (0,1,0) = \mathbf{e}_2 , \quad \mathbf{e}_z = (0,0,1) = \mathbf{e}_3 ;$$

$$|OP| = \sqrt{x^2 + y^2 + z^2} = |\mathbf{r}| = r \quad \text{bzw.} \quad \sqrt{x_1^2 + x_2^2 + x_3^2} = |\mathbf{x}| = r ;$$

$$|OP'| = \sqrt{x^2 + y^2} = \rho .$$

Werden dreidimensionale Situationen betrachtet, so ist es üblich, die Polarkoordinaten in der (x,y)-Ebene mit ρ, ϕ (anstelle von r, ϕ) zu bezeichnen. —
Man beachte, daß wir in jedem Fall ein **Rechtssystem** zugrundelegen: Wird
der Vektor $\mathbf{e}_x$ um $\pi/2$ in die Richtung von $\mathbf{e}_y$ gedreht, so rückt ein mitge-
drehter Korkzieher in die Richtung von $\mathbf{e}_z$ vor (Fig. 1.5.10).

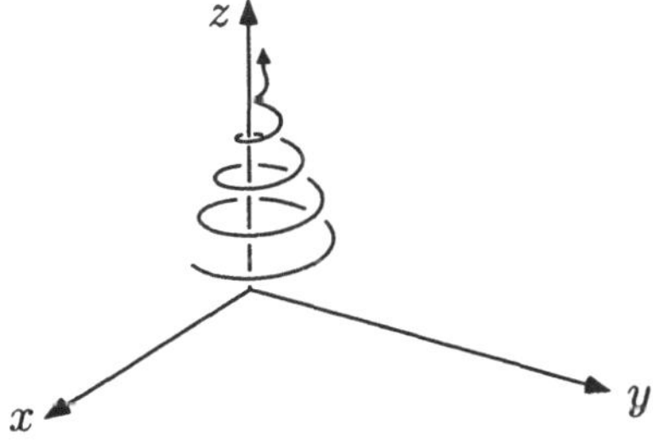

Fig. 1.5.10

Die durch $\arg(x,y) = \text{const.}$ charakterisierten Halbebenen M im (x,y,z)-
Raum heißen **Meridianebenen**. Die Meridianebenen werden "numeriert"

durch die Argumentvariable ϕ, die laufenden kartesischen Koordinaten in einer Meridianebene sind ρ (≥ 0) und z (Fig. 1.5.11). Ist eine Situation rotationssymmetrisch bezüglich der z-Achse, so bietet sie in allen Meridianebenen denselben Aspekt, und dieser Aspekt läßt sich vollständig mit Hilfe der Variablen ρ und z beschreiben.

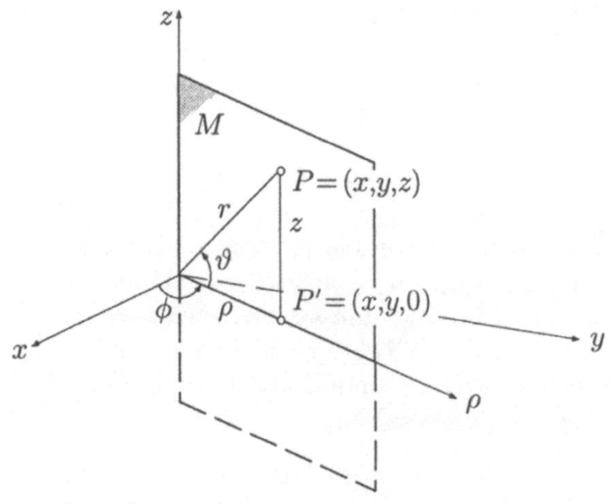

Fig. 1.5.11

Bsp: Eine Drehfläche S ist vollständig bestimmt durch ihre in der (ρ, z)-Halbebene liegende **Meridiankurve** γ_M (Fig. 1.5.12).

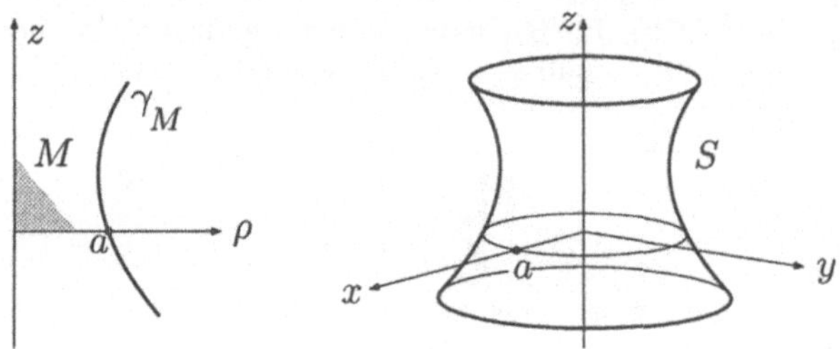

Fig. 1.5.12

Die angemessenen Koordinaten zur Behandlung einer derartigen Situation sind die **Zylinderkoordinaten** ρ, ϕ, z. Hier sind ρ und z die wesentlichen Variablen; die Variable ϕ ist von diesen **separiert** und fällt in vielen Fällen aus der Rechnung heraus.

Um die Zylinderkoordinaten in kartesische Koordinaten umzurechnen, muß man sich nur vergegenwärtigen, daß ρ, ϕ gerade Polarkoordinaten in der

(x, y)-Ebene sind (Fig. 1.5.11):

$$\begin{cases} x = \rho\cos\phi \\ y = \rho\sin\phi \\ z = z \end{cases} \quad \text{bzw.} \quad \begin{cases} \rho = \sqrt{x^2 + y^2} \\ \phi = \arg(x, y) \\ z = z \end{cases} \quad . \tag{2}$$

② Rotiert ein in der (ρ, z)-Halbebene gezeichneter Kreis um die z-Achse, so entsteht ein sogenannter **Torus**, genau: eine Torusfläche T (Fig. 1.5.13). Analytisch tritt T auf folgende Weisen in Erscheinung:

— Gleichung der Meridiankurve γ_M:

$$(\rho - a)^2 + z^2 = b^2 \,,$$

— Gleichung des Torus in Zylinderkoordinaten (die Variable ϕ fällt heraus!):

$$(\rho - a)^2 + z^2 = b^2 \,,$$

— Gleichung des Torus in kartesischen Koordinaten:

$$\left(\sqrt{x^2 + y^2} - a\right)^2 + z^2 = b^2 \,,$$

— Parameterdarstellung der Meridiankurve:

$$\gamma_M : \quad \begin{cases} \rho = a + b\cos\psi \\ z = b\sin\psi \end{cases} \quad (0 \le \psi \le 2\pi) \,,$$

— Parameterdarstellung des Torus:

$$T: \quad \begin{cases} x = (a + b\cos\psi)\cos\phi \\ y = (a + b\cos\psi)\sin\phi \\ z = b\sin\psi \end{cases} \quad (0 \le \psi \le 2\pi \,,\ 0 \le \phi \le 2\pi) \,.$$

(Der Begriff der Parameterdarstellung wird erst in Abschnitt 2.1 offiziell eingeführt.) ◯

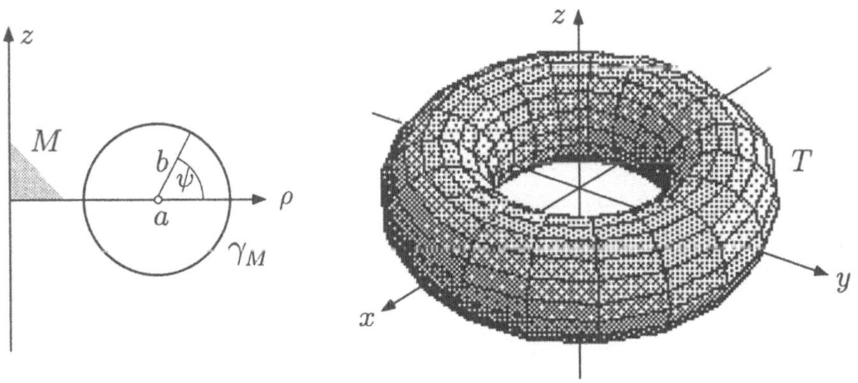

Fig. 1.5.13

Ersetzt man in den Meridianebenen M die (für M) kartesischen Koordinaten ρ, z durch Polarkoordinaten r, θ, so gelangt man zu den **Kugelkoordinaten** r, ϕ, θ; dabei kann die Variable θ nur Werte im Intervall $\left[-\frac{\pi}{2}, \frac{\pi}{2}\right]$ annehmen. Die Ortsbestimmung auf der Erdkugel erfolgt mit Kugelkoordinaten: ϕ ist die **geographische Länge**, θ die **geographische Breite**. (*Anmerkung:* Verschiedene Autoren messen den Winkel θ von der positiven z-Achse aus; θ variiert dann im Intervall $[0, \pi]$, und die nachstehenden Formeln sind geringfügig zu modifizieren.)

Aus der Figur 1.5.11 ergeben sich die Formeln

$$\begin{cases} \rho = r\cos\theta \\ z = r\sin\theta \end{cases} \quad \text{bzw.} \quad \begin{cases} r = \sqrt{\rho^2 + z^2} \\ \theta = \arg(\rho, z) \end{cases},$$

und mit (2) folgt

$$\begin{cases} x = r\cos\theta\cos\phi \\ y = r\cos\theta\sin\phi \\ z = r\sin\theta \end{cases} \quad \text{bzw.} \quad \begin{cases} r = \sqrt{x^2 + y^2 + z^2} \\ \phi = \arg(x, y) \\ \theta = \arg(\sqrt{x^2 + y^2}, z) \end{cases}. \qquad (3)$$

Hier ist vor allem der Formelsatz links von Bedeutung. Man benötigt ihn, um gegebene Gleichungen und Funktionsausdrücke von kartesischen auf Kugelkoordinaten umzuschreiben.

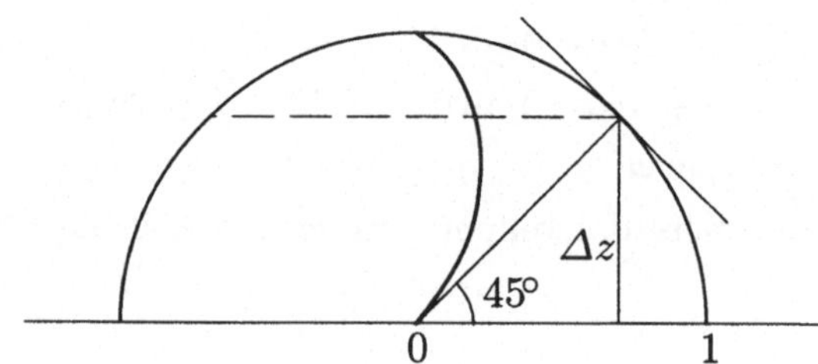

Fig. 1.5.14

③ Eine Fliege besteigt einen halbkugelförmigen Pudding vom Radius 1; sie kann aber nicht steiler als 45° gehen (Fig. 1.5.14). Aufgabe: Die sich ergebende Kurve und deren Länge zu bestimmen.

Im (ϕ, θ)-Gradnetz sieht die Kurve etwa so aus, wie in Fig. 1.5.15 gezeichnet, denn am Anfang ($\theta = 0$) ist die Wand vertikal, und für $\theta \geq \frac{\pi}{4}$ kann die Fliege direkt auf ihr Ziel lossteuern. Man hat daher

$$\phi = \begin{cases} u(\theta) & \left(0 \leq \theta \leq \frac{\pi}{4}\right) \\ \phi_0 & \left(\frac{\pi}{4} \leq \theta \leq \frac{\pi}{2}\right) \end{cases}$$

mit einer unbekannten Funktion $u(\theta)$ und $u\left(\frac{\pi}{4}\right) =: \phi_0$.

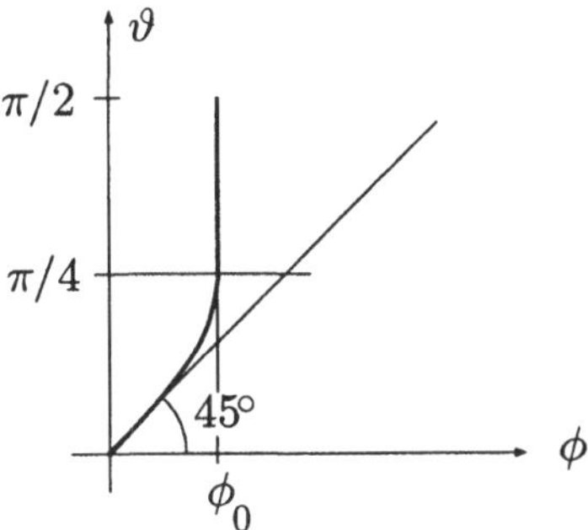

Fig. 1.5.15

Nach (3) besitzt die gesuchte Raumkurve in der ersten Phase folgende Parameterdarstellung:

$$\left.\begin{aligned} x(\theta) &= \cos\theta\cos u(\theta) \\ y(\theta) &= \cos\theta\sin u(\theta) \\ z(\theta) &= \sin\theta \end{aligned}\right\} \qquad \left(0 \le \theta \le \frac{\pi}{4}\right). \tag{4}$$

Die 45°-Bedingung läuft darauf hinaus, daß

$$dz = \sqrt{dx^2 + dy^2}$$

ist (Fig. 1.5.16), und führt damit auf die Differentialgleichung

$$z'^2(\theta) = x'^2(\theta) + y'^2(\theta).$$

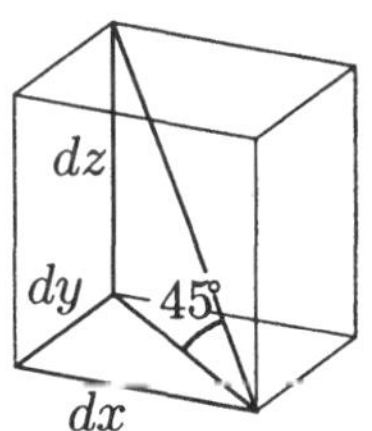

Fig. 1.5.16

Die nach Einsetzen von (4) resultierende Differentialgleichung für die unbekannte Funktion $u(\theta)$ können wir hier nicht behandeln. Hingegen können wir die Länge der gesuchten Kurve berechnen: In der ersten Phase ist die reale Steigung stets 45°. Da dabei die Höhe $\Delta z = \sqrt{2}/2$ gewonnen wird (Fig. 1.5.15), beträgt die Länge des zugehörigen Kurvenstücks $\sqrt{2}\,\Delta z = 1$. Die Gesamtlänge der Kurve ist daher $1 + \frac{\pi}{4}$.

Aufgaben

1. Die z-Achse sei Achse eines Rotationskegels bzw. -doppelkegels vom halben Öffnungswinkel $\frac{\pi}{6}$. Man gebe die Gleichung dieses Kegels

   (a) in kartesischen Koordinaten,

   (b) in Zylinderkoordinaten,

   (c) in Kugelkoordinaten.

2. Es sei P ein Punkt einer logarithmischen Spirale im Abstand r vom Zentrum. Die Spirale schneide den Strahl OP unter dem Winkel α. Stelle Überlegungen an über die von P aus bis zum inneren "Ende" gemessene Länge der Spirale.

3. Zeige: Wird die Kurve $y = ce^{\lambda x}$ $(-\infty < x < \infty)$ in y-Richtung affin gestreckt, so ist die resultierende Kurve zur Ausgangskurve kongruent.

4. Eine Fliege möchte möglichst schnell zur Spitze eines aufrechten Kreiskegels (Höhe h, halber Öffnungswinkel α) gelangen. Sie kann aber nicht steiler als $45°$ gehen. An welches "Bewegungsgesetz" soll sie sich halten? Wie sieht die entstehende Kurve γ von oben aus? Wie lang ist γ? (*Hinweis:* Startet die Fliege im Punkt $(h \tan \alpha, 0, 0)$, so ist die Startrichtung eine Linearkombination der Vektoren $\mathbf{m} := (-\tan \alpha, 0, 1)$ und $\mathbf{e}_2$.)

5. Die Funktion $f \colon \mathbb{R}^3 \to \mathbb{R}$ sei in Kugelkoordinaten durch folgenden Ausdruck gegeben:

$$\tilde{f}(r, \theta, \phi) := r^2 \big(\sin(2\phi) \cos^2 \theta + (\sin \phi + \cos \phi) \sin(2\theta) \big) \, .$$

Bestimme den Ausdruck für f in kartesischen Koordinaten.

1.6. Vektoralgebra

Aus der Physik ist bekannt, daß gewisse Größen (zum Beispiel Kräfte, elektrische Feldstärke, Geschwindigkeiten) am besten als Pfeile oder eben als "Vektoren" dargestellt werden, die an einem bestimmten Raumpunkt "angreifen" oder in anderen Fällen frei parallel verschiebbar sind. Die "Vektorrechnung" handelt vom praktischen Umgang mit derartigen Größen; sie wurde in erster Linie im Hinblick auf physikalische Anwendungen ersonnen und funktioniert so nur im $\mathbb{R}^3$.

Mathematisch treten die Vektoren auf verschiedene Arten in Erscheinung:

— als gerichtete Strecken $\underline{AB}$, dargestellt als "Pfeil von A nach B",

— als Ortsvektoren von Punkten,

— als "Äquivalenzklassen von gerichteten Strecken"

— als halbfette oder mit einem Pfeil versehene kleine Buchstaben: $\mathbf{a}$, $\vec{x}$,

— als Zahlentripel (a_1, a_2, a_3), oft als Kolonnenvektoren $\begin{bmatrix} a_1 \\ a_2 \\ a_3 \end{bmatrix}$ und selten als Zeilenvektoren $[\, a_1 \ a_2 \ a_3 \,]$.

Diese Vielfalt der Auffassungen und Darstellungen hat zur Folge, daß man sich erst nach einiger Übung in der Welt der Vektoren zurechtfindet.

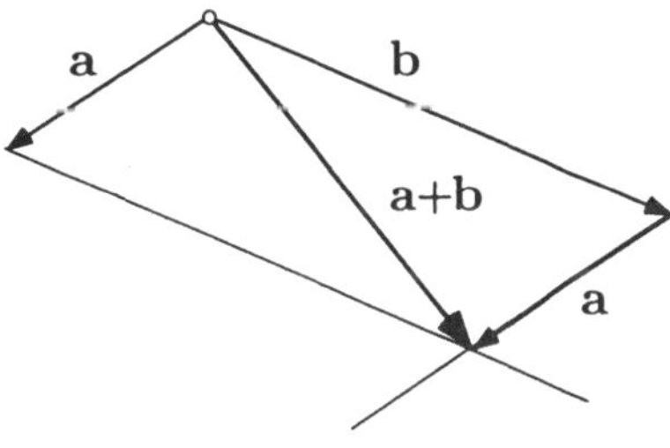

Fig. 1.6.1

Zur Einführung der Vektoren bedienen wir uns der Sprache der Elementargeometrie. So wird die Summe $\mathbf{a} + \mathbf{b}$ von zwei Vektoren $\mathbf{a}$ und $\mathbf{b}$ anhand der Figur 1.6.1 ("Parallelogramm der Kräfte") definiert und ähnlich für jeden Vektor $\mathbf{a}$ und eine beliebige Zahl $\lambda \in \mathbb{R}$ das λ-fache des Vektors $\mathbf{a}$ geometrisch erklärt (s.u.). Im einzelnen sieht das etwa folgendermaßen aus (wir verzichten natürlich auf einen strengen Aufbau):

Ein geordnetes Paar von Punkten A, $B \in \mathbb{R}^3$ bezeichnen wir im jetzigen Zusammenhang mit $\underline{AB}$ und nennnen $\underline{AB}$ einen **im Punkt A angreifenden Vektor** oder, etwas ungenau, einen **Vektor**. Wir zeichnen dafür einen Pfeil

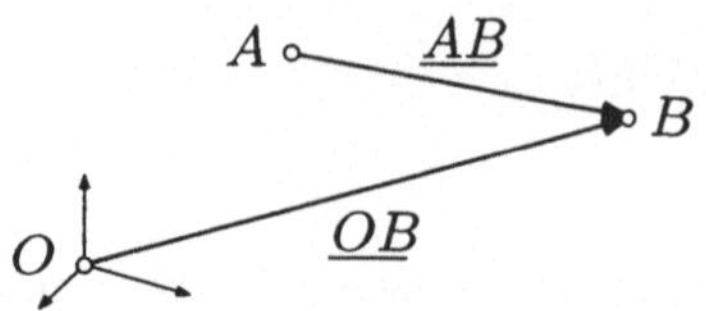

Fig. 1.6.2

mit Anfangspunkt A und Spitze in B. Der Vektor $\underline{OB}$ heißt **Ortsvektor** des
Punktes B (siehe die Fig. 1.6.2).
Sind die Strecken AB und CD gleich lang und gleichsinnig parallel, das heißt:
Gibt es eine Translation $\tau : \mathbb{R}^3 \to \mathbb{R}^3$ mit $\tau(A) = C$ und $\tau(B) = D$, so
werden $\underline{AB}$ und $\underline{CD}$ für die Zwecke der Vektorrechnung als **äquivalent**, d.h.
als Repräsentanten desselben **Vektors v** angesehen (Fig. 1.6.3). Man schreibt
(unter Mißbrauch des Gleichheitszeichens) $\underline{AB} = \underline{CD} =: \mathbf{v}$, wobei eben in $\mathbf{v}$
keine Information mehr über den Angriffspunkt vorhanden ist. Für Vektoren
verwenden wir wenn immer möglich halbfette lateinische Buchstaben.

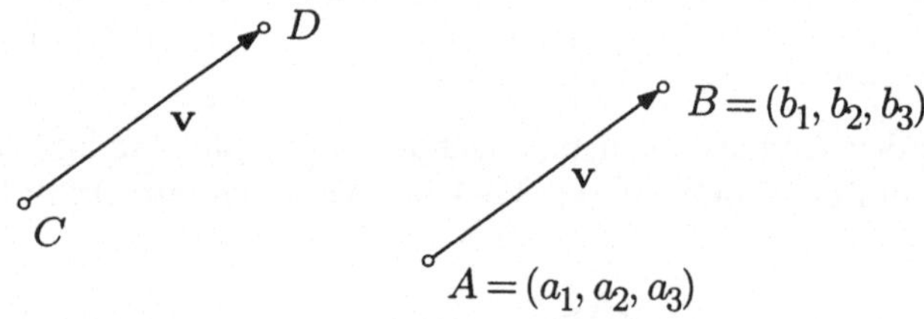

Fig. 1.6.3

Der **Betrag** oder die **Länge** eines Vektors $\mathbf{v}$ ist gleich der Länge jeder repräsen-
tierenden Strecke:
$$|\mathbf{v}| := |AB| .$$

Die **Koordinaten** des Vektors $\mathbf{v} := \underline{AB}$ sind die drei Zahlen

$$(v_1, v_2, v_3) := (b_1 - a_1, b_2 - a_2, b_3 - a_3) .$$

Ist $\underline{AB} = \underline{CD}$, so liefert das Paar $\underline{CD}$ dieselben Koordinatendifferenzen
wie $\underline{AB}$; die Koordinaten (v_1, v_2, v_3) eines Vektors $\mathbf{v}$ sind also wohldefiniert.
Insbesondere ist, unter Mißbrauch des Gleichheitszeichens,

$$\underline{OB} = (b_1, b_2, b_3) =: \mathbf{b} ,$$

was zum Ausdruck bringt, daß ein Punkt und sein Ortsvektor als dasselbe
Ding angesehen werden können. Der Buchstabe $\mathbf{b}$ bezeichnet also (Fig. 1.6.4):

— den Punkt B,

— das Tripel (b_1, b_2, b_3),

— den Ortsvektor $\underline{OB}$,

— irgendeinen zu $\underline{OB}$ äquivalenten Vektor.

Daran muß man sich gewöhnen.

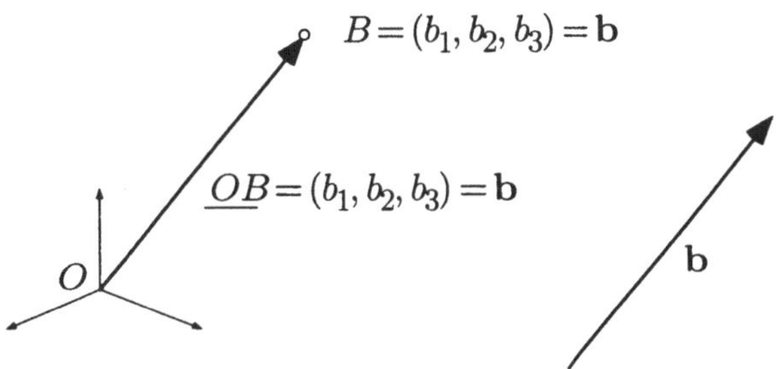

Fig. 1.6.4

Die **Summe** $\mathbf{a} + \mathbf{b}$ zweier Vektoren ist geometrisch durch die bekannte Figur 1.6.1 erklärt, in Koordinaten ist

$$\mathbf{a} + \mathbf{b} = (a_1 + b_1, a_2 + b_2, a_3 + b_3) \,,$$

wobei man beweisen müßte, daß diese "analytische Definition" auf dasselbe hinausläuft wie die geometrische. Die Addition von Vektoren ist kommutativ und assoziativ:

$$\mathbf{a} + \mathbf{b} = \mathbf{b} + \mathbf{a} \,, \qquad \mathbf{a} + (\mathbf{b} + \mathbf{c}) = (\mathbf{a} + \mathbf{b}) + \mathbf{c} \,.$$

Ferner gibt es zu jedem Vektor $\underline{AB} =: \mathbf{v}$ den **entgegengesetzten Vektor** $-\mathbf{v} :=$ $\underline{BA}$ (siehe die Fig. 1.6.5); es ist

$$-\mathbf{v} = (-v_1, -v_2, -v_3) \,, \qquad \mathbf{v} + (-\mathbf{v}) = \mathbf{0} \quad (\textbf{Nullvektor}) \,.$$

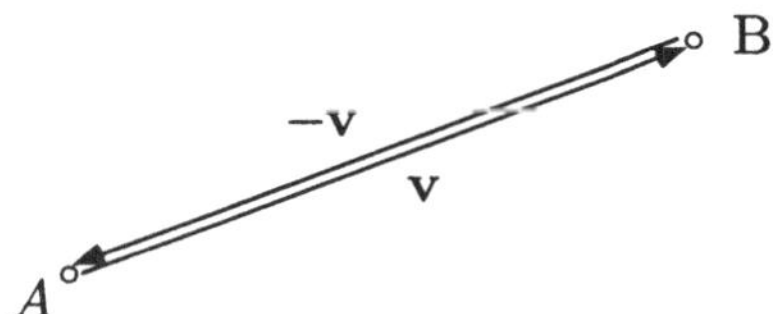

Fig. 1.6.5

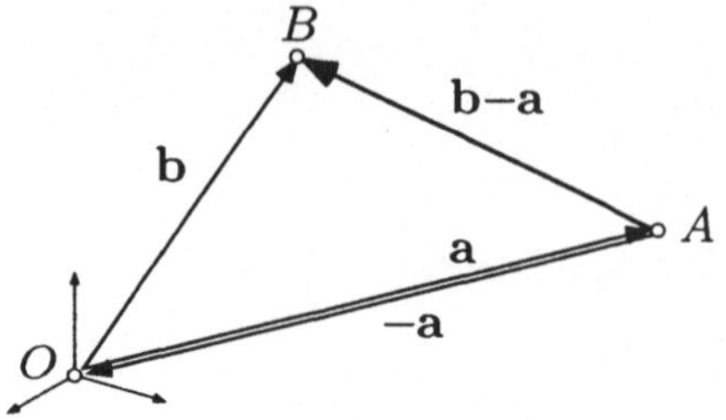

Fig. 1.6.6

Durch

$$\mathbf{b} - \mathbf{a} := \mathbf{b} + (-\mathbf{a})$$

ist dann auch die Subtraktion definiert, und es gelten die üblichen Rechen-regeln. Insbesondere ist (Fig. 1.6.6)

$$\underline{AB} = \mathbf{b} - \mathbf{a} .$$

Ist weiter $\lambda \in \mathbb{R}$ eine beliebige Zahl (in diesem Zusammenhang als **Skalar** bezeichnet), so ist $\lambda\mathbf{a}$ erklärt durch die Figur 1.6.7 und die Festsetzung

$$|\lambda\mathbf{a}| := |\lambda|\,|\mathbf{a}| .$$

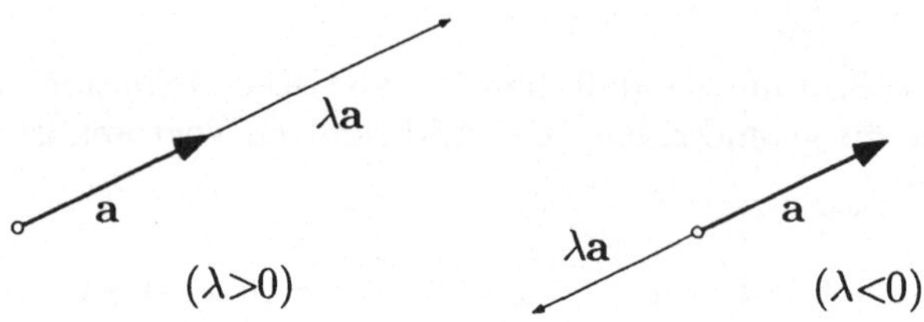

Fig. 1.6.7

Wie erwartet, gilt dann in Koordinaten

$$\lambda\mathbf{a} = (\lambda a_1, \lambda a_2, \lambda a_3) ;$$

ferner hat man die plausiblen Rechenregeln

$$0\,\mathbf{a} = \mathbf{0}, \qquad 1\,\mathbf{a} = \mathbf{a}, \qquad (-1)\mathbf{a} = -\mathbf{a},$$
$$\lambda(\mathbf{a} + \mathbf{b}) = \lambda\mathbf{a} + \lambda\mathbf{b}, \qquad (\lambda + \mu)\,\mathbf{a} = \lambda\mathbf{a} + \mu\mathbf{a}$$

und andere.

Ein Vektor **e** der Länge 1 ist ein **Einheitsvektor**. Die Spitzen der in O angehefteten Einheitsvektoren bilden zusammen die (zweidimensionale) **Einheitssphäre**

$$S^2 := \left\{ \mathbf{e} \in \mathbb{R}^3 \mid |\mathbf{e}| = 1 \right\} .$$

Zu jedem Vektor $\mathbf{a} \neq \mathbf{0}$ erhält man durch **Normierung** einen Einheitsvektor **e**, der in dieselbe Richtung zeigt wie **a**, und zwar ist **e** gegeben durch (Fig. 1.6.8)

$$\mathbf{e} := \frac{1}{|\mathbf{a}|}\, \mathbf{a} .$$

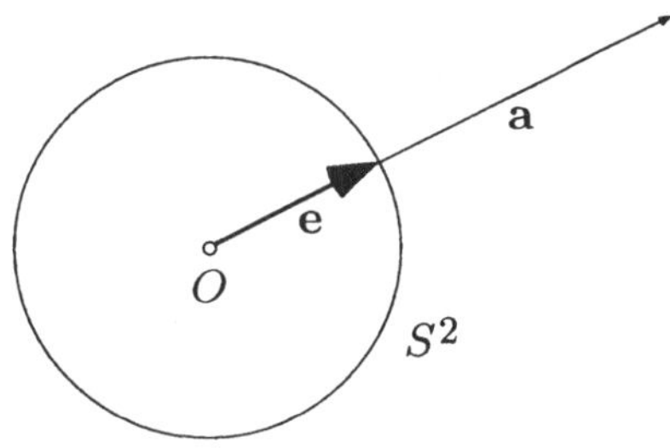

Fig. 1.6.8

Jeder Vektor **x** läßt sich (in eindeutiger Weise) als **Linearkombination** der drei **Basisvektoren** $\mathbf{e}_1$, $\mathbf{e}_2$, $\mathbf{e}_3$ darstellen (Fig. 1.6.9):

$$\mathbf{x} = x_1 \mathbf{e}_1 + x_2 \mathbf{e}_2 + x_3 \mathbf{e}_3 = \sum_{k=1}^{3} x_k \mathbf{e}_k .$$

Die drei Vektoren $x_k \mathbf{e}_k$ $(1 \leq k \leq 3)$ sind die **Komponenten** von **x** in den drei Achsenrichtungen.

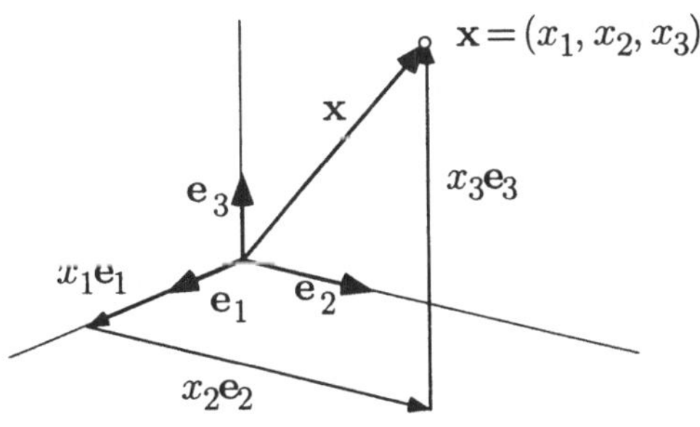

Fig. 1.6.9

Bemerkung: Der dreidimensionale Raum, versehen mit der hier behandelten additiven Struktur, ist dem allgemeinen Begriff des **Vektorraums** Pate gestanden. Hierunter versteht man ein System von irgendwelchen Objekten, genannt **Vektoren**, die unter sich addiert und mit Skalaren $\lambda \in \mathbb{R}$ gestreckt werden können, so daß die "üblichen Rechenregeln" gelten.

① Die Lösungsmenge $\mathcal{L}$ der Differentialgleichung

$$y'''' = 0$$

ist nicht eine Menge von Zahlen (oder von Punkten (x, y)), sondern eine Menge von Funktionen: Gesucht sind diejenigen Funktionen $t \mapsto y(t)$, für die $y''''(t) \equiv 0$ ist. Wie man sich leicht überlegt, besteht $\mathcal{L}$ aus den sämtlichen Polynomen

$$p(t) := \alpha_0 + \alpha_1 t + \alpha_2 t^2 + \alpha_3 t^3 \qquad (\alpha_0, \alpha_1, \alpha_2, \alpha_3 \in \mathbb{R}) \ .$$

Die Menge $\mathcal{L}$ ist somit nicht einfach "ein Sack voll Funktionen", sondern besitzt eine bestimmte algebraische Struktur: $\mathcal{L}$ ist ein vierdimensionaler Vektorraum. Die vier Monome

$$e_k(\cdot): \quad t \mapsto t^k \ (0 \le k \le 3)$$

bilden eine Basis dieses Vektorraums, und jedes $p(\cdot) \in \mathcal{L}$ ist eine wohlbestimmte Linearkombination der $e_k(\cdot)$. Für das angeschriebne $p(\cdot)$ sieht das folgendermaßen aus:

$$p(\cdot) = \sum_{k=0}^{3} \alpha_k e_k(\cdot) \ . \qquad\qquad \bigcirc$$

② Gegeben sind N Punktmassen m_i in den Punkten A_i $(1 \le i \le N)$. Gesucht ist der sogenannte Schwerpunkt dieses Systems (Fig. 1.6.10). — Beachte: Der Index i numeriert die Punkte, nicht die Koordinatenvariablen, die wir hier übungshalber mit x, y, z bezeichnen.

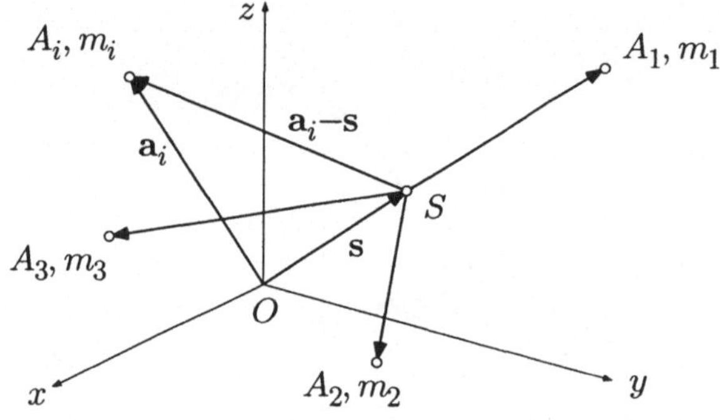

Fig. 1.6.10

Der **Schwerpunkt** S ist definiert durch die sogenannte **Momentenbedingung**

$$\sum_{i=1}^{N} m_i \, \underline{SA_i} = \mathbf{0} \; .$$

Wegen $\underline{SA_i} = \mathbf{a}_i - \mathbf{s}$ folgt

$$\mathbf{0} = \sum_{i=1}^{N} m_i(\mathbf{a}_i - \mathbf{s}) = \sum_{i=1}^{N} m_i\mathbf{a}_i - \left(\sum_{i=1}^{N} m_i\right)\mathbf{s}$$

und somit

$$\mathbf{s} = \sum_{i=1}^{N} m_i\mathbf{a}_i \Big/ \sum_{i=1}^{N} m_i \; ; \tag{1}$$

in Worten: $\mathbf{s}$ ist das gewichtete Mittel der $\mathbf{a}_i$. Sind alle Massen m_i gleich, so hebt sich der gemeinsame Wert heraus, und man hat

$$\mathbf{s} = \frac{1}{N} \sum_{i=1}^{N} \mathbf{a}_i \; .$$

In Koordinaten sieht das folgendermaßen aus: Es sei

$$\mathbf{a}_i = (x_i, y_i, z_i) \qquad (1 \le i \le N)$$

und $\mathbf{s} = (\xi, \eta, \zeta)$. Die Formel (1) gilt dann auch "koordinatenweise":

$$\xi = \frac{\sum m_i x_i}{\sum m_i}, \qquad \eta = \frac{\sum m_i y_i}{\sum m_i}, \qquad \zeta = \frac{\sum m_i z_i}{\sum m_i} \; . \qquad \bigcirc$$

③   Gegeben sind ein Punkt A mit Ortsvektor $\mathbf{a}$ und ein Vektor $\mathbf{p} \ne \mathbf{0}$. Die Gerade g durch A in Richtung $\mathbf{p}$ hat folgende Parameterdarstellung, wobei $\mathbf{x}$ den Ortsvektor des laufenden Punktes $X \in g$ bezeichnet:

$$g: \qquad \mathbf{x}(t) = \mathbf{a} + t\mathbf{p} \qquad (-\infty < t < \infty) \; .$$

Insbesondere ist $\mathbf{x}(0) = A$, $\mathbf{x}(1) = B$ (Fig. 1.6.11). Beachte: Dieselbe Gerade kann verschiedene derartige Parameterdarstellungen haben, da zum Beispiel der "Anfangspunkt" A durch g nicht vorbestimmt ist.

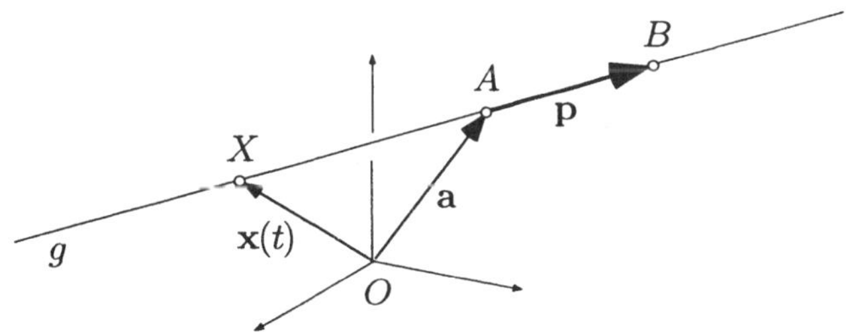

Fig. 1.6.11

Bsp: Gegeben seien $A := (2,1,7)$ und $\mathbf{p} := \frac{1}{3}(2,-2,1)$. Der Vektor $\mathbf{p}$ ist ein Einheitsvektor. Verwenden wir Koordinaten x, y, z, so haben wir

$$g: \qquad \mathbf{r}(t) = (2,1,7) + \frac{t}{3}(2,-2,1) \qquad (-\infty < t < \infty)$$

bzw.

$$\left.\begin{aligned} x(t) &= 2 + \frac{2}{3}t \\[2mm] y(t) &= 1 - \frac{2}{3}t \\[2mm] z(t) &= 7 + \frac{1}{3}t \end{aligned}\right\} \qquad (-\infty < t < \infty)\,.$$

Eine Parameterdarstellung der Ebene Σ durch drei gegebene Punkte A, B, C erhält man folgendermaßen (Fig. 1.6.12): Setze $\mathbf{p} := \underline{AB}$, $\mathbf{q} := \underline{AC}$. Dann wird Σ produziert durch

$$\Sigma: \qquad \mathbf{x}(u,v) = \mathbf{a} + u\mathbf{p} + v\mathbf{q} \qquad (-\infty < u < \infty,\ -\infty < v < \infty)\,.$$

Man beachte, daß wir zur Parameterdarstellung einer sogenannten "zweidimensionalen Mannigfaltigkeit", *vulgo:* Fläche, zwei Parameter u, v benötigen.

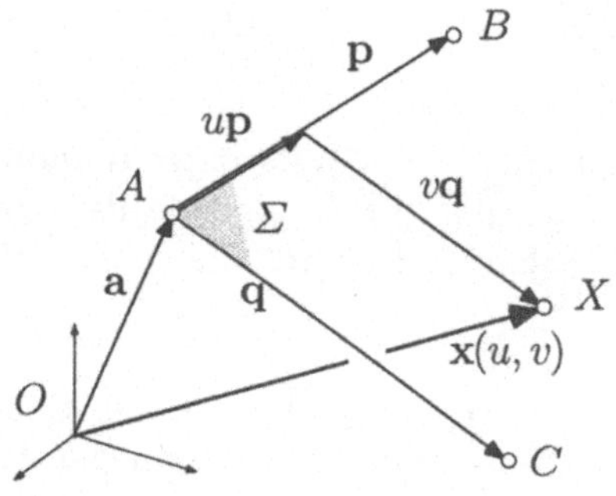

Fig. 1.6.12

Je zwei Vektoren $\mathbf{a}$, $\mathbf{b}$ lassen sich auf zwei Arten miteinander multiplizieren. Wir behandeln zunächst das sogenannte Skalarprodukt, auch **inneres Produkt** genannt. Hier ist das Resultat der Multiplikation eine *Zahl*.

Sind die beiden Vektoren $\mathbf{a}$ und $\mathbf{b}$ beide $\neq \mathbf{0}$, so ist der nichtorientierte Winkel $\phi := \angle(\mathbf{a},\mathbf{b})$ wohldefiniert (Fig. 1.6.13). Das **Skalarprodukt** von $\mathbf{a}$ und $\mathbf{b}$ ist dann geometrisch erklärt durch

$$\mathbf{a} \bullet \mathbf{b} := |\mathbf{a}|\,|\mathbf{b}|\cos\phi \qquad (\Longrightarrow\ \mathbf{a}\bullet\mathbf{a} = |\mathbf{a}|^2)\,.$$

Das Skalarprodukt ist

> 0, wenn $\mathbf{a}$ und $\mathbf{b}$ einen spitzen Winkel einschließen,

$= 0$, wenn $\mathbf{a}$ und $\mathbf{b}$ aufeinander senkrecht stehen,

< 0, wenn $\mathbf{a}$ und $\mathbf{b}$ einen stumpfen Winkel einschließen,

und definitionsgemäß

$= 0$, wenn $\mathbf{a} = \mathbf{0}$ oder $\mathbf{b} = \mathbf{0}$ ist.

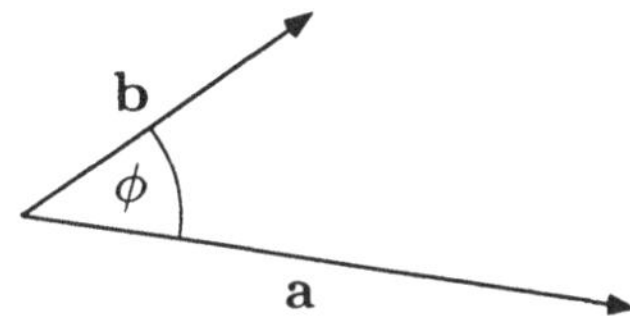

Fig. 1.6.13

(1.2) *Das Skalarprodukt ist eine* **symmetrische bilineare Funktion** *von zwei Vektorvariablen, das heißt: Es gilt*

(a)
$$\mathbf{a} \cdot \mathbf{b} = \mathbf{b} \cdot \mathbf{a} \,,$$

(b)
$$\lambda \mathbf{a} \cdot \mathbf{b} = \lambda (\mathbf{a} \cdot \mathbf{b}) \,,$$

(c)
$$\mathbf{a} \cdot (\mathbf{x} + \mathbf{y}) = \mathbf{a} \cdot \mathbf{x} + \mathbf{a} \cdot \mathbf{y} \,.$$

⌐ (a) und (b) sind ziemlich klar. Beim Beweis des Distributivgesetzes (c) dürfen wir wegen (b) annehmen, $\mathbf{a}$ sei ein Einheitsvektor, den wir im weiteren mit $\mathbf{e}$ bezeichnen und festhalten. Jeder Vektor $\mathbf{x}$ besitzt eine wohlbestimmte Orthogonalprojektion in die Richtung von $\mathbf{e}$. Bezeichnen wir diese **e-Komponente** von $\mathbf{x}$ mit $\mathbf{x_e}$, so gilt (Fig. 1.6.14):

$$\mathbf{x_e} = |\mathbf{x}| \cos \phi \, \mathbf{e} = |\mathbf{x}| \, |\mathbf{e}| \, \cos \phi \, \mathbf{e}$$

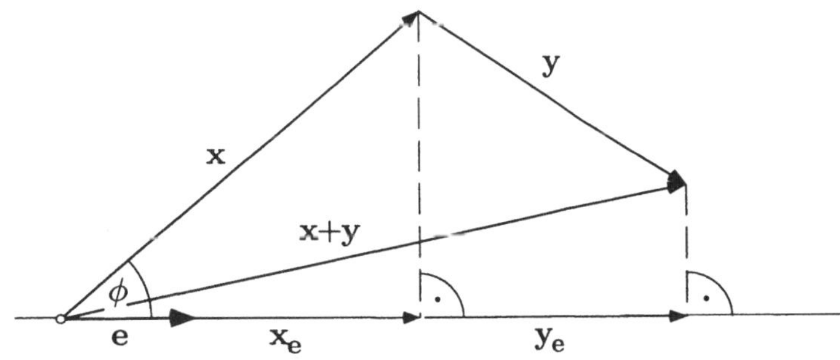

Fig. 1.6.14

und somit nach Definition des Skalarprodukts:

$$\mathbf{x_e} = (\mathbf{e} \cdot \mathbf{x})\,\mathbf{e} \ .$$

$$(2)$$

Wie man der Figur entnimmt, ist

$$(\mathbf{x} + \mathbf{y})_\mathbf{e} = \mathbf{x_e} + \mathbf{y_e}$$

und somit wegen (2):

$$\big(\mathbf{e} \cdot (\mathbf{x} + \mathbf{y})\big)\,\mathbf{e} = (\mathbf{e} \cdot \mathbf{x})\,\mathbf{e} + (\mathbf{e} \cdot \mathbf{y})\,\mathbf{e} = (\mathbf{e} \cdot \mathbf{x} + \mathbf{e} \cdot \mathbf{y})\,\mathbf{e} \ .$$

Hieraus folgt (c) durch Koeffizientenvergleich.

Da die drei Basis-Einheitsvektoren $\mathbf{e}_i$ paarweise aufeinander senkrecht stehen, gilt

$$\mathbf{e}_1 \cdot \mathbf{e}_1 = \mathbf{e}_2 \cdot \mathbf{e}_2 = \mathbf{e}_3 \cdot \mathbf{e}_3 = 1 , \qquad \mathbf{e}_1 \cdot \mathbf{e}_2 = \mathbf{e}_2 \cdot \mathbf{e}_3 = \mathbf{e}_3 \cdot \mathbf{e}_1 = 0$$

oder in anderer Schreibweise:

$$\forall i , \forall k : \quad \mathbf{e}_i \cdot \mathbf{e}_k = \delta_{ik} \ ,$$

wobei das praktische **Kronecker-Delta** folgendermaßen definiert ist:

$$\delta_{ik} := \begin{cases} 1 & (i = k) , \\ 0 & (i \neq k) . \end{cases}$$

Damit sind wir auch imstande, das Skalarprodukt "in Koordinaten auszudrücken": Ist $\mathbf{a} = (a_1, a_2, a_3)$, so können wir schreiben

$$\mathbf{a} = \sum_{i=1}^{3} a_i \mathbf{e}_i \ ,$$

analog für $\mathbf{b}$. Aufgrund der Bilinearität ergibt sich daher

$$\mathbf{a} \cdot \mathbf{b} = \Big(\sum_{i=1}^{3} a_i \mathbf{e}_i\Big) \cdot \Big(\sum_{k=1}^{3} b_k \mathbf{e}_k\Big)$$

$$= \sum_{i,k} a_i b_k \,(\mathbf{e}_i \cdot \mathbf{e}_k) = \sum_{i,k} a_i b_k \,\delta_{ik} \ .$$

Auf der rechten Seite geben nur die drei Summanden mit $i = k$ einen Beitrag, und wir erhalten die Formel

$$\mathbf{a} \cdot \mathbf{b} = a_1 b_1 + a_2 b_2 + a_3 b_3 \quad \Big(= \sum_{i=1}^{3} a_i b_i\Big) \ ,$$

die auch als "analytische Definition" des Skalarprodukts bezeichnet wird.

④ Der von zwei Vektoren **a**, **b** (beide $\neq \mathbf{0}$) eingeschlossene Winkel $\phi :=$ $\angle(\mathbf{a}, \mathbf{b})$ ist bestimmt durch

$$\cos\phi = \frac{\mathbf{a} \cdot \mathbf{b}}{|\mathbf{a}| \cdot |\mathbf{b}|} = \frac{a_1 b_1 + a_2 b_2 + a_3 b_3}{\sqrt{a_1^2 + a_2^2 + a_3^2} \; \sqrt{b_1^2 + b_2^2 + b_3^2}} \; .$$

Bsp: Für $\mathbf{a} := (-2, -1, 2)$ und $\mathbf{b} := (2, 2, 0)$ ergibt sich

$$\cos\phi = \frac{(-2) \cdot 2 + (-1) \cdot 2 + 2 \cdot 0}{\sqrt{9} \cdot \sqrt{8}} = -\frac{1}{\sqrt{2}} \; ;$$

folglich ist $\phi = 3\pi/4$. $\bigcirc$

⑤ Gegeben sind ein Einheitsvektor **n** und ein Punkt $A = (a_1, a_2, a_3)$. Gesucht ist die Gleichung der Ebene Σ, die auf **n** senkrecht steht und durch A geht.

Betrachte einen allgemeinen Raumpunkt X. Es gilt (Fig. 1.6.15):

$$X \in \Sigma \iff \mathbf{x_n} = \mathbf{d} = \mathbf{a_n} \underset{(*)}{\iff} (\mathbf{n} \cdot \mathbf{x})\,\mathbf{n} = (\mathbf{n} \cdot \mathbf{a})\,\mathbf{n}$$

$$\iff \mathbf{n} \cdot \mathbf{x} = \mathbf{n} \cdot \mathbf{a} \; ,$$

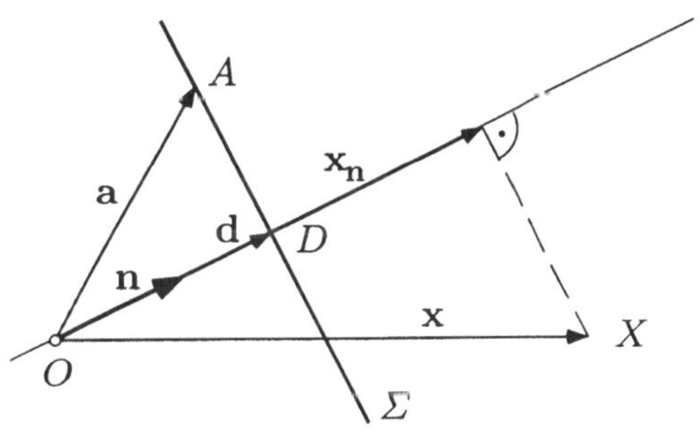

Fig. 1.6.15

wobei wir an der Stelle $(*)$ die Formel (2) verwendet haben. Die rechte Seite dieser Schlußkette ist die vektorielle Gestalt der gesuchten Ebenengleichung.

Es sei zum Beispiel $\mathbf{n} := \left(\frac{2}{3}, -\frac{1}{3}, \frac{2}{3}\right)$ und $A := (5, 1, -3)$. Dann lautet die zugehörige Ebenengleichung in Koordinaten:

$$\frac{2}{3}x_1 - \frac{1}{3}x_2 + \frac{2}{3}x_3 = \frac{2}{3} \cdot 5 - \frac{1}{3} \cdot 1 + \frac{2}{3}(-3) = 1 \; .$$

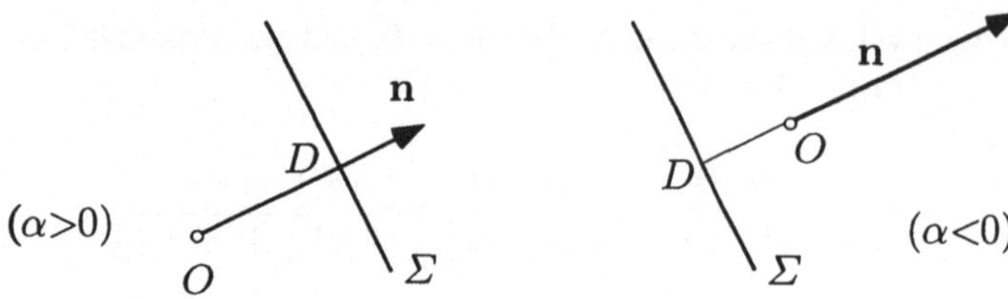

Fig. 1.6.16

Es sei $\mathbf{d} = \alpha\mathbf{n}$ und somit $|\alpha|$ der Abstand der Ebene Σ vom Ursprung (Fig. 1.6.16). Betrachtet man anstelle von A den Punkt D als vorgegebenen Punkt, so erhält man als Ebenengleichung

$$\mathbf{n} \cdot \mathbf{x} = \mathbf{n} \cdot \mathbf{d} \; .$$

Wegen $\mathbf{n} \cdot \mathbf{d} = \mathbf{n} \cdot (\alpha\mathbf{n}) = \alpha$ können wir dies in der Form

$$\mathbf{n} \cdot \mathbf{x} = \alpha \qquad (|\mathbf{n}| = 1)$$

schreiben, wobei nun α eine geometrische Bedeutung hat und der durch Σ nicht vorbestimmte Punkt A nicht in Erscheinung tritt.

⑥ Gesucht ist die Gleichung des Doppelkegels K mit Spitze S, Achsenrichtung $\mathbf{a}$ und halbem Öffnungswinkel ω.

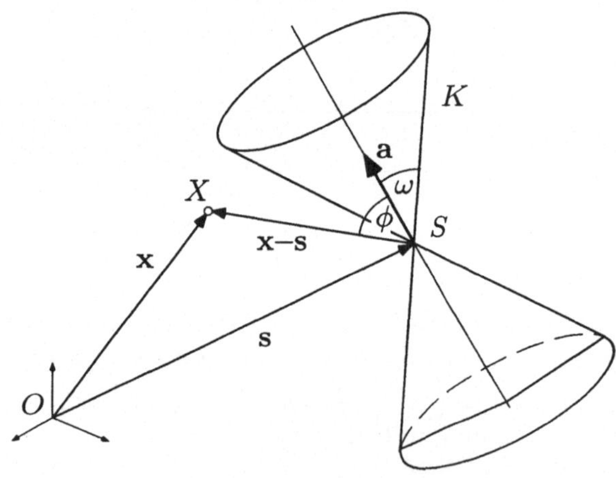

Fig. 1.6.17

Wir betrachten wieder einen allgemeinen Raumpunkt X. Mit den Bezeichnungen der Fig. 1.6.17 gilt:

$$X \in K \iff \phi = \omega \ \vee \ \phi = \pi - \omega \iff \cos^2\phi = \cos^2\omega$$

$$\underset{(*)}{\iff} \frac{\left((\mathbf{x} - \mathbf{s}) \bullet \mathbf{a}\right)^2}{|\mathbf{x} - \mathbf{s}|^2 \cdot |\mathbf{a}|^2} = \cos^2\omega$$

$$\iff \left((\mathbf{x} - \mathbf{s}) \bullet \mathbf{a}\right)^2 = |\mathbf{x} - \mathbf{s}|^2 \, |\mathbf{a}|^2 \cos^2\omega \ ,$$

wobei wir an der Stelle $(*)$ das Ergebnis von Beispiel ④ verwendet haben. Die letzte Gleichung ist die gesuchte Kegelgleichung.

Bsp: Für $\mathbf{s} := \mathbf{0}$, $\mathbf{a} := (1, 1, 1)$ und $\cos\omega := 1/\sqrt{3}$ wird

$$(\mathbf{x} - \mathbf{s}) \bullet \mathbf{a} = \mathbf{x} \bullet \mathbf{a} = x_1 + x_2 + x_3 \ .$$

Damit erhält man die Kegelgleichung

$$(x_1 + x_2 + x_3)^2 = (x_1^2 + x_2^2 + x_3^2) \cdot 3 \cdot \frac{1}{3} \ ,$$

vereinfacht:

$$x_1 x_2 + x_2 x_3 + x_3 x_1 = 0 \ .$$

Die drei Koordinatenachsen sind Mantellinien dieses Kegels. ◯

Die r Vektoren $\mathbf{a}_1$, $\mathbf{a}_2$, ..., $\mathbf{a}_r$ heißen **linear unabhängig**, wenn sie einen r-dimensionalen Teilraum des $\mathbb{R}^3$ aufspannen. *Ein* Vektor ist linear unabhängig, wenn er $\neq \mathbf{0}$ ist; zwei Vektoren sind linear unabhängig, wenn sie eine Ebene aufspannen, drei Vektoren, wenn sie den ganzen Raum aufspannen, das heißt: wenn sie nicht in einer Ebene liegen (Fig. 1.6.18).

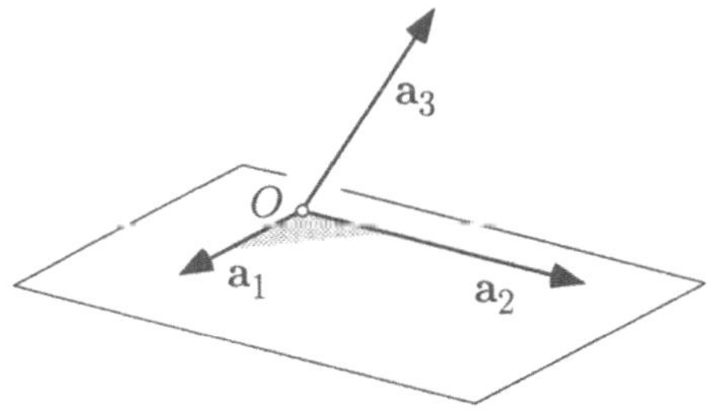

Fig. 1.6.18

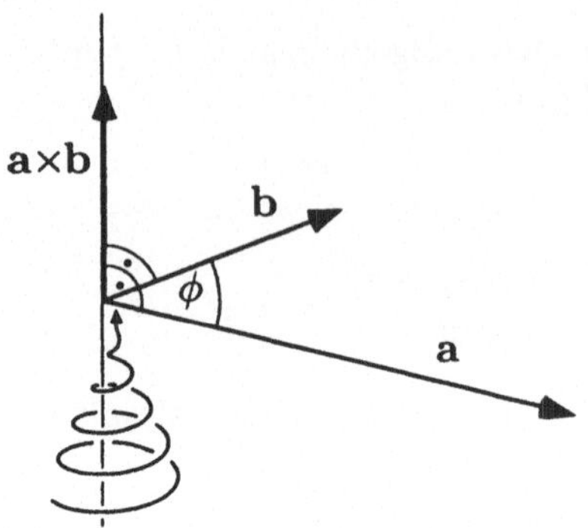

Fig. 1.6.19

Das **Vektorprodukt a × b** (ein *Vektor!*) der zwei Vektoren **a** und **b** ist wie folgt definiert: Sind **a** und **b** linear abhängig, so ist **a × b** := **0**. Sind **a** und **b** linear unabhängig, so ist **a × b** festgelegt durch (Fig. 1.6.19):

— $|$**a** × **b**$|$:= $|$**a**$|\,|$**b**$|\sin\phi$,

— **a** × **b** steht senkrecht auf **a** und auf **b** ,

— die drei Vektoren **a**, **b**, **a** × **b** bilden in dieser Reihenfolge ein Rechtssystem.

Folgerungen:

(a)   **a** × **b** = **0** $\Longleftrightarrow$ **a** und **b** sind linear abhängig.

   Merke: Verschwinden des Skalarprodukts signalisiert die Orthogonalität, Verschwinden des Vektorprodukts die lineare Abhängigkeit von zwei Vektoren **a** und **b**.

(b) $|$**a** × **b**$|$ ist der Flächeninhalt des von **a** und **b** aufgespannten Parallelogramms (Fig. 1.6.20).

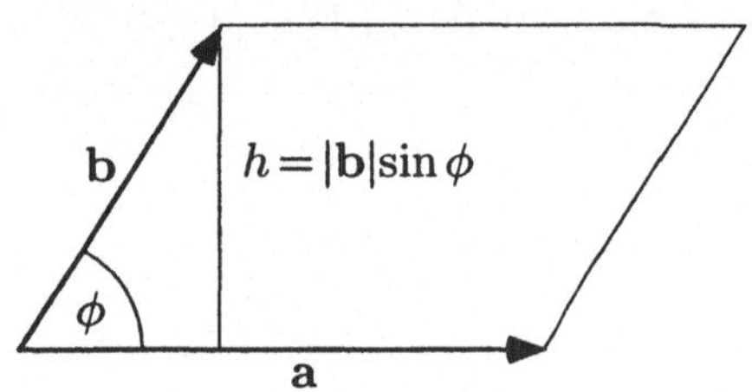

Fig. 1.6.20

(c)   **b** × **a** = − **a** × **b** ,   **a** × **a** = **0** .

(d) $\mathbf{e}_1 \times \mathbf{e}_1 = \mathbf{e}_2 \times \mathbf{e}_2 = \mathbf{e}_3 \times \mathbf{e}_3 = \mathbf{0}$;

$$\mathbf{e}_1 \times \mathbf{e}_2 = \mathbf{e}_3 \,, \quad \mathbf{e}_2 \times \mathbf{e}_3 = \mathbf{e}_1 \,, \quad \mathbf{e}_3 \times \mathbf{e}_1 = \mathbf{e}_2 \,,$$

$$\text{bzw.} \quad \forall i: \quad \mathbf{e}_{i+1} \times \mathbf{e}_{i+2} = \mathbf{e}_i \,.$$

In der letzten Formel ist die Indexvariable i "modulo 3" zu nehmen, siehe auch die Fig. 1.6.21.

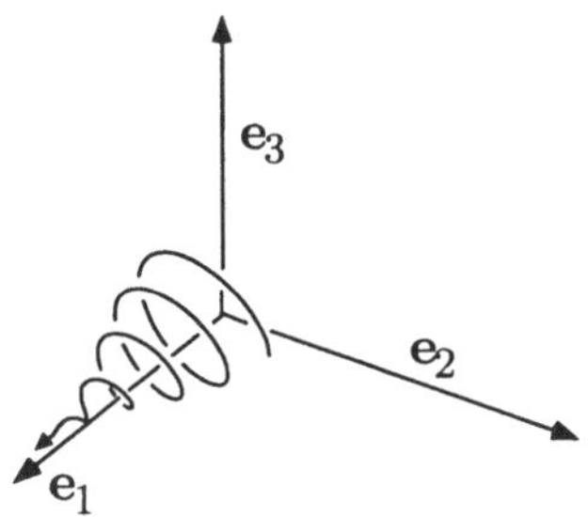

Fig. 1.6.21

(1.3) *Das Vektorprodukt im $\mathbb{R}^3$ ist eine schiefsymmetrische bilineare vektorwertige Funktion von zwei Vektorvariablen. Insbesondere gilt*

(a) $$\lambda \mathbf{a} \times \mathbf{b} = \lambda\,(\mathbf{a} \times \mathbf{b})\,,$$

(b) $$\mathbf{a} \times (\mathbf{x}+\mathbf{y}) = \mathbf{a} \times \mathbf{x} + \mathbf{a} \times \mathbf{y}\,.$$

$\ulcorner$ (a) ist ziemlich klar. — Beim Beweis von (b) dürfen wir annehmen, $\mathbf{a}$ sei ein Einheitsvektor, den wir im weiteren mit $\mathbf{e}$ bezeichnen und festhalten. Es seien E die zu $\mathbf{e}$ senkrechte Ebene durch $\mathbf{0}$, weiter $P\colon \mathbb{R}^3 \to \mathbb{R}^3$ die Orthogonalprojektion auf E und $D\colon \mathbb{R}^3 \to \mathbb{R}^3$ die Drehung um die Achse $\mathbf{e}$ um den Winkel $\frac{\pi}{2}$ (Fig. 1.6.22). Wir behaupten, es gilt

$$\forall \mathbf{x} \in \mathbb{R}^3: \qquad D\big(P(\mathbf{x})\big) = \mathbf{e} \times \mathbf{x}\,. \tag{3}$$

Der Figur entnimmt man

$$\big| D(P(\mathbf{x})) \big| = |P(\mathbf{x})| = |\mathbf{x}| \sin\phi = |\mathbf{x}|\,|\mathbf{e}| \sin\phi = |\mathbf{e} \times \mathbf{x}|\,,$$

und die Richtung stimmt auch. Damit ist (3) bewiesen.

Aus $P(\mathbf{x}+\mathbf{y}) = P(\mathbf{x}) + P(\mathbf{y})$ und der analogen Identität $D(\mathbf{x}'+\mathbf{y}') = D(\mathbf{x}') + D(\mathbf{y}')$, angewandt auf $\mathbf{x}' := P(\mathbf{x})$ und $\mathbf{y}' := P(\mathbf{y})$, folgt nun

$$\mathbf{e} \times (\mathbf{x}+\mathbf{y}) = D\big(P(\mathbf{x}+\mathbf{y})\big) = D\big(P(\mathbf{x}) + P(\mathbf{y})\big) = D(P(\mathbf{x})) + D(P(\mathbf{y}))$$
$$= \mathbf{e} \times \mathbf{x} + \mathbf{e} \times \mathbf{y}\,. \qquad \lrcorner$$

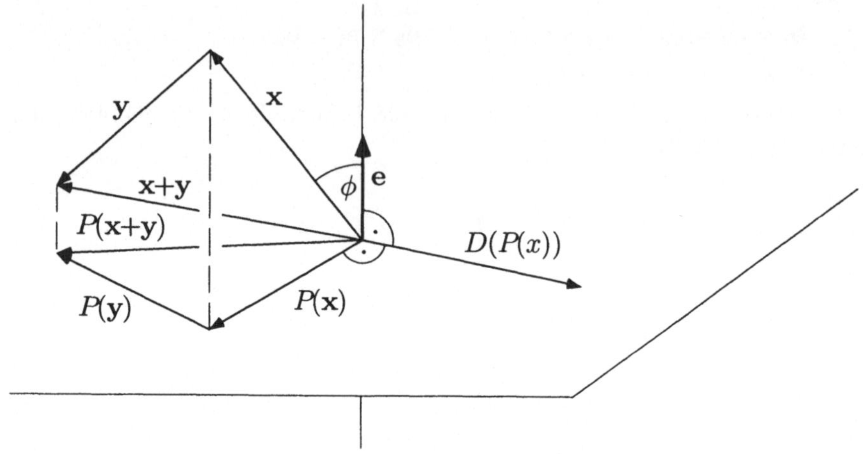

Fig. 1.6.22

Wir können nunmehr auch das Vektorprodukt "in Koordinaten" ausdrücken. Aus

$$\mathbf{a} = a_1\mathbf{e}_1 + a_2\mathbf{e}_2 + a_3\mathbf{e}_3 \ , \qquad \mathbf{b} = b_1\mathbf{e}_1 + b_2\mathbf{e}_2 + b_3\mathbf{e}_3$$

folgt mit **(1.3)** und Folgerung (d):

$$\mathbf{a} \times \mathbf{b} = a_1b_1\,\mathbf{e}_1 \times \mathbf{e}_1 + a_1b_2\,\mathbf{e}_1 \times \mathbf{e}_2 + a_1b_3\,\mathbf{e}_1 \times \mathbf{e}_3 + \ldots$$
$$= \mathbf{0} + a_1b_2\,\mathbf{e}_3 - a_1b_3\,\mathbf{e}_2 + \ldots$$
$$= (a_2b_3 - a_3b_2)\mathbf{e}_1 + \ldots \ ,$$

wobei wir hier die Rechnung nur unvollständig wiedergegeben haben. Damit ergibt sich als "analytische Definition" des Vektorprodukts die Formel

$$\mathbf{a} \times \mathbf{b} = (a_2b_3 - a_3b_2, a_3b_1 - a_1b_3, a_1b_2 - a_2b_1)$$

(zyklische Vertauschung!). Eine praktische Merkregel fürs Kopfrechnen ist der Fig. 1.6.23 zu entnehmen.

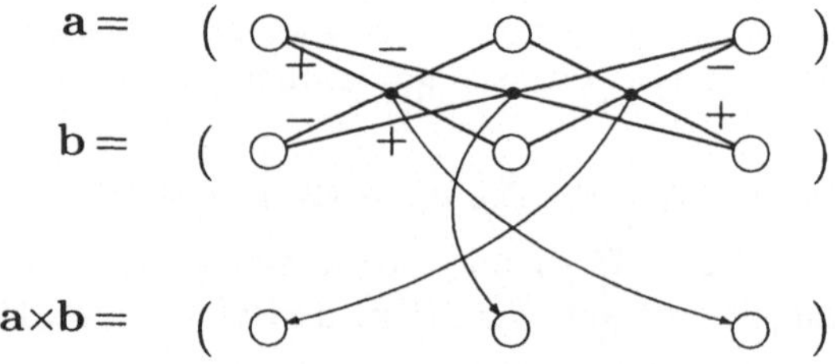

Fig. 1.6.23

Bsp:

$$\begin{array}{rcrrr}
\mathbf{a} & = & (2, & -3, & 5) \\
\mathbf{b} & = & (-1, & 7, & 4) \\
\hline
\mathbf{a} \times \mathbf{b} & = & (-47, & -13, & 11)
\end{array}$$

⑦ Gegeben sind eine Gerade

$$g: \quad \mathbf{x}(t) = \mathbf{a} + t\mathbf{p}$$

sowie ein Punkt Y (Fig. 1.6.24). Gesucht ist eine vektorielle Formel für den Abstand d des Punktes Y von der Geraden g. Man erhält

$$d = |\mathbf{y} - \mathbf{a}| \sin\phi = \frac{1}{|\mathbf{p}|} |\mathbf{p}| \, |\mathbf{y} - \mathbf{a}| \sin\phi$$

und somit nach Definition des Vektorprodukts:

$$d = \frac{|\mathbf{p} \times (\mathbf{y} - \mathbf{a})|}{|\mathbf{p}|} \,.$$

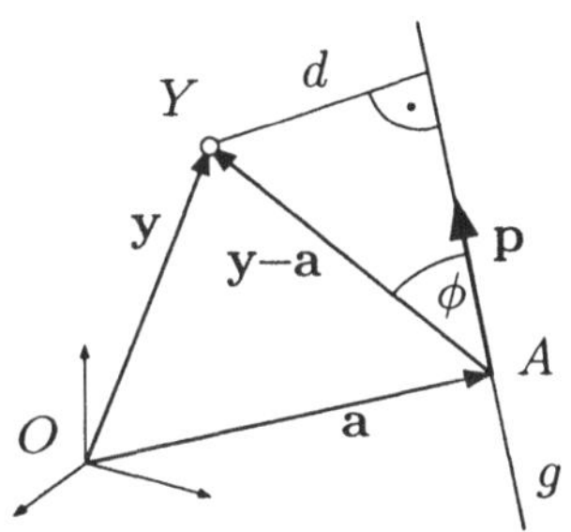

Fig. 1.6.24

⑧ Ein Körper drehe sich mit Winkelgeschwindigkeit $\omega > 0$ um die Achse a durch O. Es sei $\mathbf{e}$ der durch die Korkzieherregel bestimmte Einheitsvektor auf a (Fig. 1.6.25). Der Vektor $\vec{\omega} := \omega \mathbf{e}$ heißt **Winkelgeschwindigkeitsvektor** dieser Drehbewegung.

Über die Geschwindigkeit $\mathbf{v}$ $(= \mathbf{v}(\mathbf{x}))$ eines Masseteilchens an der Stelle $\mathbf{x}$ läßt sich folgendes sagen:

(a) (vgl. Beispiel ⑦) $|\mathbf{v}| = \omega d = \omega \, |\mathbf{e} \times \mathbf{x}| = |\omega \mathbf{e} \times \mathbf{x}|$;

(b) $\mathbf{v} \perp \Sigma$ und somit $\mathbf{v} \perp \omega \mathbf{e}$, $\mathbf{v} \perp \mathbf{x}$;

(c) das Tripel $\omega \mathbf{e}, \mathbf{x}, \mathbf{v}$ ist ein Rechtssystem.

Aus (a)–(c) ergibt sich die wichtige kinematische Formel

$$\mathbf{v} = \vec{\omega} \times \mathbf{x} \,. \tag{4}$$

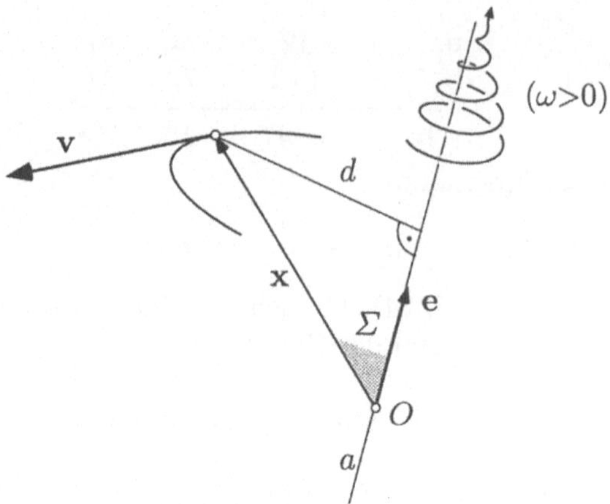

Fig. 1.6.25

Es gibt drittens ein Produkt von drei Vektoren **a**, **b**, **c** — das sogenannte
Spatprodukt $[\mathbf{a},\mathbf{b},\mathbf{c}]$. Sind die drei Vektoren linear unabhängig, so span-
nen sie ein Parallelepiped oder eben einen **Spat** vom Volumen $V > 0$ auf
(Fig. 1.6.26). Wir definieren

$$[\mathbf{a},\mathbf{b},\mathbf{c}] := \begin{cases} 0 & (\mathbf{a},\ \mathbf{b},\ \mathbf{c}\ \text{linear abhängig}), \\ V & (\mathbf{a},\ \mathbf{b},\ \mathbf{c}\ \text{ein Rechtssystem}), \\ -V & (\mathbf{a},\ \mathbf{b},\ \mathbf{c}\ \text{ein Linkssystem}). \end{cases}$$

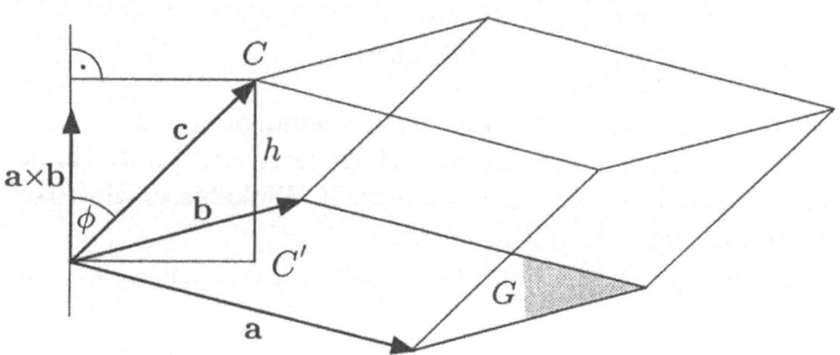

Fig. 1.6.26

Da V nicht von der Reihenfolge der drei Vektoren abhängt, gilt

$$[\mathbf{a},\mathbf{b},\mathbf{c}] = [\mathbf{b},\mathbf{c},\mathbf{a}] = [\mathbf{c},\mathbf{a},\mathbf{b}],$$

aber

$$[\mathbf{a},\mathbf{b},\mathbf{c}] = -[\mathbf{b},\mathbf{a},\mathbf{c}], \ \ldots\ ;$$

denn bei der Vertauschung zweier Vektoren kehrt sich die Orientierung um. Vor allem hängt $[\mathbf{a}, \mathbf{b}, \mathbf{c}]$ mit den früher erklärten Produkten zusammen via

$$[\mathbf{a}, \mathbf{b}, \mathbf{c}] = (\mathbf{a} \times \mathbf{b}) \cdot \mathbf{c} = \mathbf{a} \cdot (\mathbf{b} \times \mathbf{c}) . \tag{5}$$

┌ Der Figur 1.6.26 entnimmt man

$$[\mathbf{a}, \mathbf{b}, \mathbf{c}] = \pm V = \pm G \cdot h = |\mathbf{a} \times \mathbf{b}|\,|\mathbf{c}|\,\cos\phi$$
$$= (\mathbf{a} \times \mathbf{b}) \cdot \mathbf{c} ,$$

wobei es auch mit dem Vorzeichen richtig hinkommt. ┐

Aus (5) folgt mit (**1.2**) und (**1.3**), daß das Spatprodukt eine trilineare Funktion von drei Vektorvariablen ist; das war ja aufgrund der Definition nicht ohne weiteres zu erwarten. In Koordinaten ist

$$[\mathbf{a}, \mathbf{b}, \mathbf{c}] = a_1(b_2 c_3 - b_3 c_2) + a_2(b_3 c_1 - b_1 c_3) + a_3(b_1 c_2 - b_2 c_1)$$
$$= \det \begin{bmatrix} a_1 & b_1 & c_1 \\ a_2 & b_2 & c_2 \\ a_3 & b_3 & c_3 \end{bmatrix} .$$

⑨ Gegeben sind die beiden nicht parallelen Geraden

$$g: \quad \mathbf{x}(t) = \mathbf{a} + t\mathbf{p}, \qquad h: \quad \mathbf{y}(t) = \mathbf{b} + t\mathbf{q}$$

die im allgemeinen windschief zueinander liegen (Fig. 1.6.27). Gesucht ist ihr kürzester Abstand d.

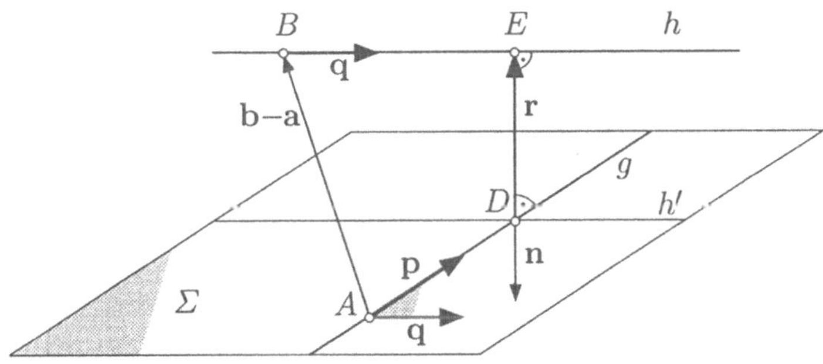

Fig. 1.6.27

Es seien Σ die von $\mathbf{p}$ und $\mathbf{q}$ aufgespannte Ebene durch A, dann h' die Orthogonalprojektion von h auf Σ und

$$\mathbf{n} := \frac{\mathbf{p} \times \mathbf{q}}{|\mathbf{p} \times \mathbf{q}|}$$

der Normaleneinheitsvektor von Σ. Aufgrund von (2) gilt

$$\mathbf{r} := (\mathbf{b} - \mathbf{a})_\mathbf{n} = ((\mathbf{b} - \mathbf{a}) \cdot \mathbf{n})\,\mathbf{n}$$

und somit

$$d = |\mathbf{r}| = |\,(\mathbf{b} - \mathbf{a}) \cdot \mathbf{n}\,| = \frac{|\,[\mathbf{b} - \mathbf{a}, \mathbf{p}, \mathbf{q}]\,|}{|\mathbf{p} \times \mathbf{q}|}\,.$$

Die Punkte D und E sind damit allerdings noch nicht bestimmt.

Außer (5) gibt es noch unzählige weitere Identitäten für mehrfache Vektor-produkte. Wir beweisen zum Schluß die folgende:

$$(\mathbf{a} \times \mathbf{b}) \times \mathbf{c} = (\mathbf{a} \cdot \mathbf{c})\,\mathbf{b} - (\mathbf{b} \cdot \mathbf{c})\,\mathbf{a}\,. \tag{6}$$

Wir wählen eine neue, ebenfalls orthonormierte und "rechtshändige" Basis $(\mathbf{e}_1', \mathbf{e}_2', \mathbf{e}_3')$ so, daß $\mathbf{a}$ ein Vielfaches von $\mathbf{e}_1'$ ist und $\mathbf{b}$ in der von $\mathbf{e}_1'$ und $\mathbf{e}_2'$ aufgespannten Ebene liegt. Die drei Vektoren $\mathbf{a}$, $\mathbf{b}$ und $\mathbf{c}$ haben dann folgende neuen Koordinaten:

$$\mathbf{a} = (a_1, 0, 0)\,, \quad \mathbf{b} = (b_1, b_2, 0)\,, \quad \mathbf{c} = (c_1, c_2, c_3)\,.$$

Orthonormiert heißt: Für alle i und k gilt $\mathbf{e}_i' \cdot \mathbf{e}_k' = \delta_{ik}$. Die Formeln für die diversen Produkte gelten dann auch bezüglich der neuen Koordinaten. Wir haben daher

$$\mathbf{a} \times \mathbf{b} = \begin{matrix}(a_1, & 0, & 0)\\ & \times & \\ (b_1, & b_2, & 0)\end{matrix} = (0, 0, a_1 b_2)$$

und damit weiter

$$(\mathbf{a} \times \mathbf{b}) \times \mathbf{c} = \begin{matrix}(0, & 0, & a_1 b_2)\\ & \times & \\ (c_1, & c_2, & c_3)\end{matrix} = (-a_1 b_2 c_2,\ a_1 b_2 c_1,\ 0)\,.$$

Anderseits ist aber auch

$$\begin{aligned}(\mathbf{a} \cdot \mathbf{c})\,\mathbf{b} - (\mathbf{b} \cdot \mathbf{c})\,\mathbf{a} &= a_1 c_1\,(b_1, b_2, 0) - (b_1 c_1 + b_2 c_2)\,(a_1, 0, 0)\\ &= (-a_1 b_2 c_2,\ a_1 b_2 c_1,\ 0)\,.\end{aligned}$$

Aus (6) folgt übrigens, daß das Vektorprodukt nicht assoziativ ist. Es gilt nämlich

$$\begin{aligned}(\mathbf{a} \times \mathbf{b}) \times \mathbf{c} - \mathbf{a} \times (\mathbf{b} \times \mathbf{c}) &= (\mathbf{a} \times \mathbf{b}) \times \mathbf{c} + (\mathbf{b} \times \mathbf{c}) \times \mathbf{a}\\ &= \underline{(\mathbf{a} \cdot \mathbf{c})\mathbf{b}} - (\mathbf{b} \cdot \mathbf{c})\mathbf{a} + (\mathbf{b} \cdot \mathbf{a})\mathbf{c} - \underline{(\mathbf{a} \cdot \mathbf{c})\mathbf{b}}\\ &= (\mathbf{a} \times \mathbf{c}) \times \mathbf{b}\,,\end{aligned}$$

und dies ist nicht $\equiv \mathbf{0}$.

Aufgaben

1. Gegeben sind die drei Punkte $A := (3, 1, -2)$, $B := (-1, 4, 0)$, $C := (-2, 1, -1)$. Bestimme einen Punkt D so, daß die vier Punkte A, B, C und D Eckpunkte eines Parallelogramms sind. Wieviele Lösungen gibt es?

2. Zeige: Die Seitenmitten eines räumlichen (nicht notwendigerweise ebenen) Vierecks $ABCD$ liegen in einer Ebene und bilden ein Parallelogramm.

3. Ⓜ Die Vektoren $\mathbf{a}$ und $\mathbf{b}$ seien linear unabhängig. Zeichne die Kurve γ mit der Parameterdarstellung

$$\gamma: \quad t \mapsto \mathbf{x}(t) := \cos t \, \mathbf{a} + \sin t \, \mathbf{b} \qquad (0 \leq t \leq 2\pi)$$

sowie ihre Tangenten in ausgewählten Punkten. Um was für eine Kurve handelt es sich? (Kein Beweis verlangt.)

4. In welcher gegenseitigen Lage befinden sich drei Einheitsvektoren mit Summe $\mathbf{0}$?

5. Bestimme die Gleichung der Ebene, die durch den Punkt $P := (2, 4, -1)$ geht und senkrecht auf der Geraden

$$g: \quad t \mapsto \mathbf{x}(t) := (2, 1, -3) + t(-4, 8, 8) \qquad (-\infty < t < \infty)$$

steht. Welchen Abstand hat diese Ebene vom Ursprung?

6. Von einem Dreieck ABC im Raum sind die Seitenmittelpunkte

$$M_a := (1, 0, 3), \quad M_b := (2, 7, 8), \quad M_c := (-2, 1, -4)$$

gegeben. Bestimme A, B und C.

7. Man gebe drei Einheitsvektoren $\mathbf{a}_1$, $\mathbf{a}_2$, $\mathbf{a}_3$ an, die auf dem Vektor $\mathbf{c} := (2, 1, 1)$ senkrecht stehen und untereinander Winkel von $120°$ einschließen. (*Hinweis:* Man "produziere" solche Vektoren und vermeide das Auflösen von riesigen Gleichungssystemen.)

8. Die drei Kanten einer dreikantigen Pyramide bilden untereinander Winkel von je $45°$. Bestimme den Innenwinkel zwischen zwei Seitenflächen bzw. den Cosinus oder den Sinus dieses Winkels.

9. Es seien $\mathbf{a}$ und $\mathbf{b}$ zwei feste Vektoren im dreidimensionalen Raum, $|\mathbf{b}| < 1$, und es sei die Vektorfolge $(\mathbf{a}_k)_{k \geq 0}$ rekursiv definiert durch

$$\mathbf{a}_0 := \mathbf{a}, \qquad \mathbf{a}_{k+1} := \mathbf{b} \times \mathbf{a}_k \quad (k \geq 0).$$

Berechne $\sum_{k=1}^{\infty} \mathbf{a}_k$. (*Hinweis:* Benutze die geometrische Definition des Vektorprodukts. Figur!)

1.7. Komplexe Zahlen

Der Körper $\mathbb{C}$ der komplexen Zahlen läßt sich folgendermaßen charakterisieren:

(a) $\mathbb{C}$ ist ein Körper; die Elemente z von $\mathbb{C}$ heißen **komplexe Zahlen**.

(b) $\mathbb{C} \supset \mathbb{R}$ (als Körper).

(c) In $\mathbb{C}$ gibt es zwei Lösungen i und $-i$ der Gleichung $z^2 + 1 = 0$.

(d) Jede komplexe Zahl z läßt sich auf genau eine Weise darstellen in der Form

$$z = x + iy, \qquad x \in \mathbb{R}, \, y \in \mathbb{R}.$$

Aus (a)–(c) folgt schon, daß es in $\mathbb{C}$ Zahlen der Form $z = x + iy$ gibt, wobei der **Realteil** $x =:\operatorname{Re} z$ und der **Imaginärteil** $y =:\operatorname{Im} z$ durch z eindeutig bestimmt sind. Punkt (d) besagt, daß das schon alle komplexen Zahlen sind. Aus (d) folgt, daß $\mathbb{C}$ in bijektiver (das heißt: eineindeutiger) Weise auf die (x, y)-Ebene $\mathbb{R}^2$ bezogen ist vermöge

$$x + iy \quad \leftrightarrow \quad (x, y).$$

Dabei entspricht die reelle komplexe Zahl 1 dem Punkt $(1, 0)$ und die Zahl i dem Punkt $(0, 1)$. Es liegt also nahe, die komplexen Zahlen gemäß Figur 1.7.1 in der Ebene zur Darstellung zu bringen. Man spricht in diesem Zusammenhang von der **komplexen** oder der **Gaußschen Zahlenebene**. Die x-Achse ist die **reelle Achse** (vgl. Eigenschaft (b)!), die y-Achse die **imaginäre Achse**.

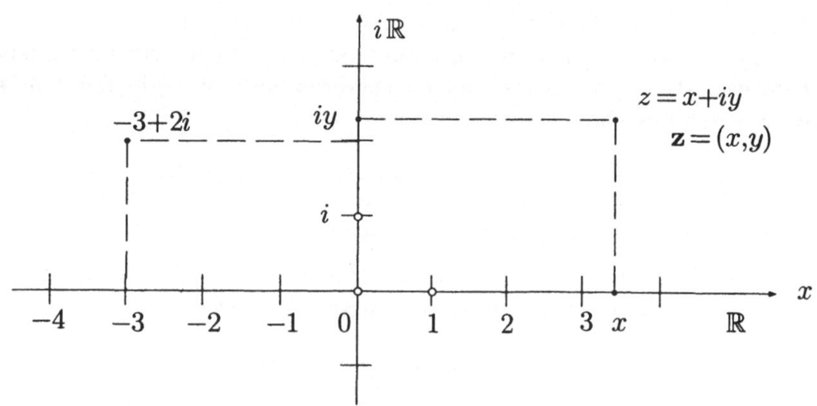

Fig. 1.7.1

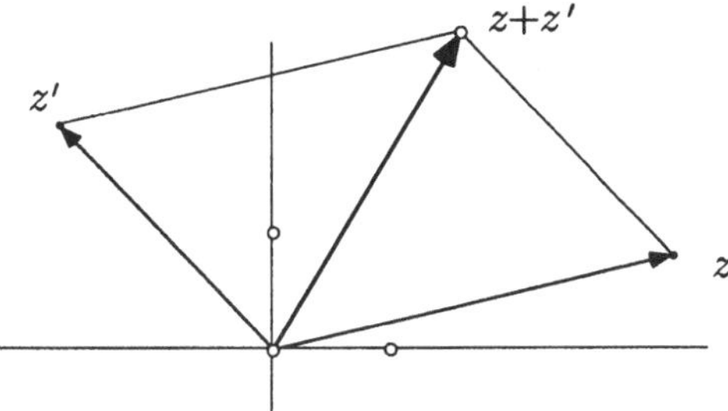

Fig. 1.7.2

In $\mathbb{C}$ gelten die folgenden Rechenregeln:

Für zwei beliebige Zahlen $z = x + iy$, $z' = x' + iy'$ hat man

$$z + z' = x + x' + i\,(y + y')\,,$$

was geometrisch auf die vektorielle Addition der betreffenden Punkte in der Zahlenebene hinausläuft (Fig. 1.7.2). Weiter ist

$$z \cdot z' = (x + iy) \cdot (x' + iy')$$
$$= xx' + xiy' + iyx' + iyiy'$$

und somit wegen $i^2 = -1$:

$$z \cdot z' = xx' - yy' + i(xy' + yx')\,.$$

Ist hier speziell $z := a \in \mathbb{R}$ eine *reelle* komplexe Zahl, so gilt

$$az' = ax' + i\,ay'\,,$$

das heißt: Der Multiplikation einer Zahl $z' \in \mathbb{C}$ mit einem $a \in \mathbb{R}$ entspricht geometrisch die Streckung des Vektors z' mit dem Skalarfaktor a.

Ist schließlich $z \ne 0$, das heißt: $(x, y) \ne \mathbf{0}$, so besitzt z den Kehrwert

$$\frac{1}{z} = \frac{1}{x + iy} = \frac{x - iy}{(x + iy) \cdot (x - iy)} = \frac{x - iy}{x^2 + y^2}$$
$$= \frac{x}{x^2 + y^2} + i\,\frac{-y}{x^2 + y^2}\,.$$

Man beachte, daß wir zur Herleitung dieser Formeln einfach die in jedem Körper gültigen Rechenregeln benutzt haben.

① Die komplexe Zahl $z := \left(\dfrac{8 - i}{5 + i}\right)^4$ soll in Real- und Imaginärteil zerlegt werden. — Zunächst ist

$$\frac{8 - i}{5 + i} = \frac{(8 - i)(5 - i)}{(5 + i)(5 - i)} = \frac{40 - 1 + i(-5 - 8)}{25 + 1} = \frac{1}{2}\,(3 - i)\,.$$

Im weiteren dürfen wir die binomische Formel natürlich auch im Komplexen
anwenden und erhalten

$$z = \frac{1}{16}\,(3 - i)^4 = \frac{1}{16}\,\left(3^4 - 4 \cdot 3^3 i + 6 \cdot 3^2 i^2 - 4 \cdot 3 i^3 + i^4\right)$$

$$= \frac{1}{16}\,\left(81 - 54 + 1 + i\,(-108 + 12)\right) = \frac{1}{4}\,(7 - 24i)\ .$$

Die Gleichung $z^2 + 1 = 0$, die die Zahl i "definiert", besitzt die beiden
Lösungen i und $-i$. Das hat letzten Endes zur Folge, daß die Körperstruktur
von $\mathbb{C}$ bezüglich der "Spiegelung" $i \mapsto -i$ symmetrisch ist. Ist $z = x + iy$,
so heißt

$$\bar{z} := x - iy$$

die zu z **konjugiert komplexe** Zahl. Die Punkte z und $\bar{z}$ liegen spiegelbildlich
zur reellen Achse (Fig. 1.7.3).

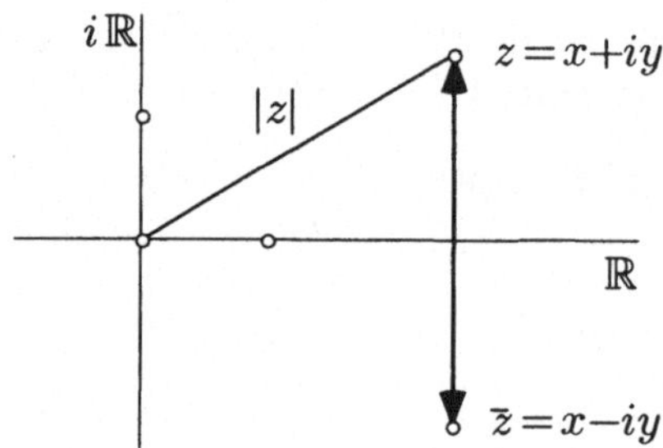

Fig. 1.7.3

Es gelten die folgenden Rechenregeln:

$$x = \operatorname{Re} z = \frac{z + \bar{z}}{2}\ , \qquad y = \operatorname{Im} z = \frac{z - \bar{z}}{2i}\ ;$$

$$z \in \mathbb{R} \iff z = \bar{z}\ ; \qquad \bar{\bar{z}} = z\ ;$$

$$\overline{z_1 + z_2} = \overline{z_1} + \overline{z_2}\ , \qquad \overline{z_1 \cdot z_2} = \overline{z_1} \cdot \overline{z_2}\ , \qquad \overline{1/z} = 1\,/\,\bar{z}\ .$$

② Es sei

$$q(t) := a_n t^n + a_{n-1} t^{n-1} + \ldots + a_0\ , \qquad a_k \in \mathbb{R}\ (0 \le k \le n)$$

ein Polynom mit *reellen* Koeffizienten. Wir behaupten: Ist die komplexe Zahl
z_0 eine m-fache Nullstelle von q, so ist auch $\bar{z}_0$ eine m-fache Nullstelle von q.

⌐ Für ein beliebiges komplexes Polynom

$$p(t) := c_n t^n + c_{n-1} t^{n-1} + \ldots + c_0\ , \qquad c_k \in \mathbb{C}\ (0 \le k \le n)\ ,$$

in der Unbestimmten t definieren wir das Polynom $\bar{p}$ durch Konjugation der Koeffizienten von p:

$$\bar{p}(t) := \bar{c}_n t^n + \bar{c}_{n-1} t^{n-1} + \ldots + \bar{c}_0 \ .$$

Nach Voraussetzung über q ist $\bar{q} = q$; ferner gibt es ein komplexes Polynom r mit

$$(t - z_0)^m \, r(t) = q(t) \ .$$

Es folgt

$$(t - \bar{z}_0)^m \, \bar{r}(t) = \bar{q}(t) = q(t) \ ;$$

denn beim Ausmultiplizieren der Polynome linker Hand werden alle Koeffizienten gegenüber den entsprechenden Koeffizienten in der vorangehenden Gleichung konjugiert. Wie man sieht, enthält q auch den Faktor $(t - \bar{z}_0)^m$.

$\quad\lrcorner$

$\quad\bigcirc$

Weiter ist

$$z \cdot \bar{z} = (x + iy)(x - iy) = x^2 - (iy)^2 = x^2 + y^2 \geq 0 \ .$$

Aufgrund der geometrischen Interpretation (Fig. 1.7.3) liegt es nahe, die Größe

$$|z| := \sqrt{z \cdot \bar{z}} = \sqrt{x^2 + y^2}$$

als (absoluten) **Betrag** von z zu bezeichnen. Für den Betrag gelten folgende Rechenregeln:

$$|z \cdot z'| = |z| \cdot |z'| \ ,$$

$$z \in \mathbb{R} \implies |z|_{\mathbb{C}} = |z|_{\mathbb{R}} \ ,$$

$$|\operatorname{Re} z| \leq |z| \ , \quad |\operatorname{Im} z| \leq |z| \ ,$$

$$|z + z'| \leq |z| + |z'| \ .$$

$\ulcorner$ Die erste Regel folgt aus

$$|z\,z'|^2 = zz' \cdot \overline{zz'} = z\bar{z}\, z'\overline{z'} = |z|^2\,|z'|^2$$

durch Ziehen der Quadratwurzel. Der Rest ist klar. $\lrcorner$

In der Ebene $\mathbb{R}^2$ stehen uns neben den kartesischen Koordinaten x, y noch die Polarkoordinaten r, ϕ zur Verfügung. In der komplexen Zahlenebene kommen die Polarkoordinaten folgendermaßen zum Zug:

Zunächst definieren wir für beliebiges $z = x + iy \neq 0$:

$$\arg z := \arg(x, y) \ .$$

Dann sind die Polarkoordinaten r, ϕ der komplexen Zahl z gegeben durch

$$\begin{cases} r = |z| \\ \phi = \arg z \end{cases}$$

(das ist nichts Neues); umgekehrt erhält man z aus r und ϕ vermöge

$$z = r \left(\cos\phi + i \sin\phi \right) \ .$$

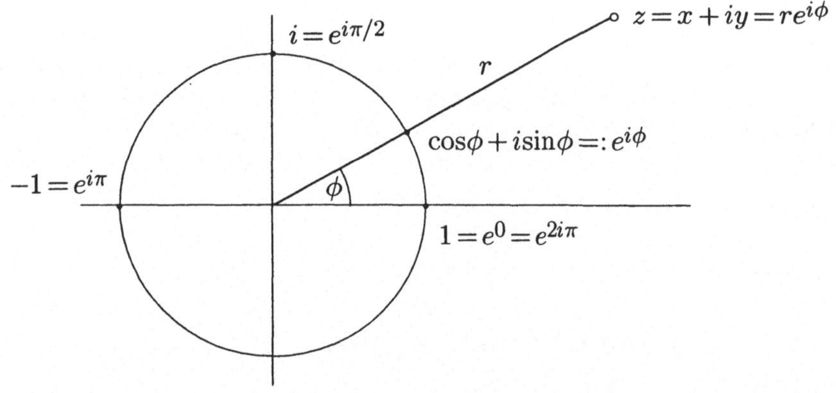

Fig. 1.7.4

Da das Binom $\cos\phi + i \sin\phi$ noch eine große Rolle spielen wird, ist es angebracht, dafür eine Abkürzung einzuführen:

$$\cos\phi + i\sin\phi \ =: \ e^{i\phi} \qquad \textbf{(Eulersche Formel)} \ .$$

Die **Polarform** einer komplexen Zahl z (Fig. 1.7.4) erhält damit die folgende Gestalt:

$$z = r\, e^{i\phi} \ .$$

Die gewählte Symbolik wird im folgenden hinreichend gerechtfertigt. Wir notieren noch die speziellen Werte

$$e^{i\frac{\pi}{2}} = i \ , \quad e^{i\pi} = -1 \ ;$$

$$e^{i\phi} = 1 \iff \phi = 2k\pi \ , \quad k \in \mathbb{Z} \ .$$

Vor allem genügt $e^{i\cdot}$ der Funktionalgleichung

$$e^{i\phi} \cdot e^{i\psi} = e^{i(\phi+\psi)} \qquad (\phi, \psi \in \mathbb{R}) \ . \tag{1}$$

$$\begin{aligned}
e^{i\phi} \cdot e^{i\psi} &= (\cos\phi + i\sin\phi)(\cos\psi + i\sin\psi) \\
&= \cos\phi\cos\psi - \sin\phi\sin\psi + i(\sin\phi\cos\psi + \cos\phi\sin\psi) \\
&= \cos(\phi + \psi) + i\sin(\phi + \psi) \\
&= e^{i(\phi+\psi)} \ .
\end{aligned}$$

Hieraus folgt

(1.4) *Für beliebige z, $z' \in \mathbb{C}_{\neq 0}$ gilt*

(a)
$$|z\,z'| \ = \ |z|\,|z'|\,,$$

(b)
$$\arg(z\,z') \ = \ \arg z \, + \, \arg z' \,.$$

In Worten: Bei der Multiplikation von komplexen Zahlen multiplizieren sich die absoluten Beträge und addieren sich die Argumente, wobei natürlich die Argumente "modulo 2π" zu verstehen sind.

$\ulcorner$ (a) ist schon bewiesen. — (b): Aus

$$z\,z' = re^{i\phi} \cdot r'e^{i\phi'} = rr'\,e^{i(\phi+\phi')}$$

folgt wegen $rr' > 0$:

$$\arg(zz') = \arg\bigl(rr'e^{i(\phi+\phi')}\bigr) = \arg\bigl(e^{i(\phi+\phi')}\bigr) = \phi + \phi' = \arg z + \arg z' \,. \quad \lrcorner$$

Aus (1) folgt weiter
$$\forall n \in \mathbb{Z}: \quad \bigl(e^{i\phi}\bigr)^{n} \ = \ e^{in\phi}$$

und somit für eine beliebige Zahl $z = r\,e^{i\phi}$:

$$z^{n} \ = \ r^{n}\,e^{in\phi}\,, \tag{2}$$

das heißt: Die n-te Potenz von z hat den Betrag r^{n} und das Argument $n\phi$ (Fig. 1.7.5).

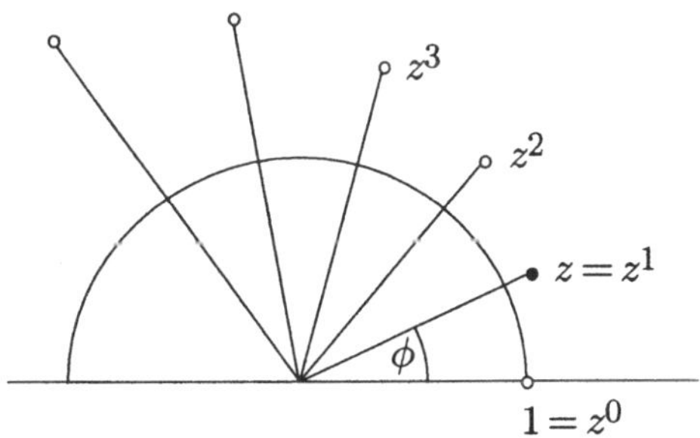

Fig. 1.7.5

③ Es sollen die Polarform sowie Real- und Imaginärteil der Zahl

$$z := \frac{(1-i)^6}{(\sqrt{3}+i)^5}$$

bestimmt werden. — Mit $z_1 := 1 - i$, $z_2 := \sqrt{3} + i$ (Fig. 1.7.6) ergibt sich

$$|z_1| = \sqrt{2}\,, \quad \arg z_1 = -\frac{\pi}{4}\,; \qquad |z_2| = 2\,, \quad \arg z_2 = \arctan \frac{1}{\sqrt{3}} = \frac{\pi}{6}$$

und folglich nach (2):

$$|z| = |z_1|^6/|z_2|^5 = \left(\sqrt{2}\right)^6/2^5 = \frac{1}{4}\,,$$

$$\arg z = 6 \arg z_1 - 5 \arg z_2 = 6 \cdot \left(-\frac{\pi}{4}\right) - 5 \cdot \frac{\pi}{6} = -\frac{14\pi}{6} = -\frac{\pi}{3} \quad (\text{mod } 2\pi)\,.$$

Hiernach ist

$$z = \frac{1}{4}e^{-i\pi/3} = \frac{1}{4}\left(\cos\frac{\pi}{3} - i\sin\frac{\pi}{3}\right) = \frac{1}{8} - i\frac{\sqrt{3}}{8}\,.$$

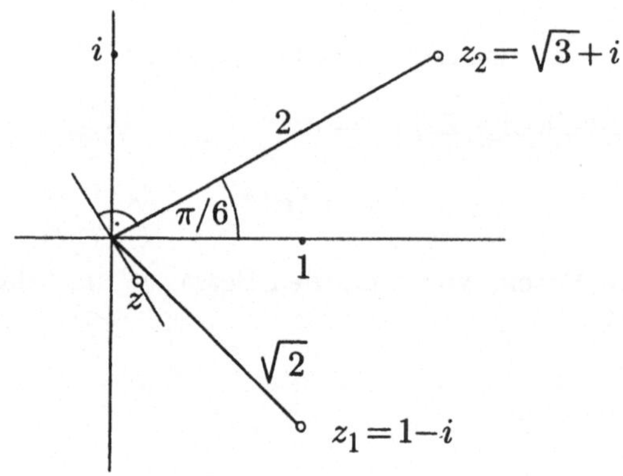

Fig. 1.7.6

Wie steht es mit dem Ziehen von n-ten Wurzeln? Den Fall $n := 2$ (**Quadratwurzel**) wollen wir übungshalber zunächst algebraisch behandeln.

Gesucht ist also eine Lösung $z = x + iy$ der Gleichung

$$z^2 = c\,;$$

dabei ist $c = a + ib$ eine gegebene komplexe Zahl. Wegen

$$z^2 = x^2 - y^2 + 2ixy$$

erhalten wir durch Trennung von Real- und Imaginärteil die beiden reellen Gleichungen

$$x^2 - y^2 = a\,, \qquad 2xy = b\,. \tag{3}$$

Ist $b = 0$, d.h. c eine reelle Zahl, so folgt $x = 0$ oder $y = 0$. Ist dabei $a > 0$, so ist notwendigerweise $x^2 = a$ und $y = 0$, und wir erhalten $z = \pm\sqrt{a}$, wie erwartet. Ist aber $b = 0$ und $a < 0$, so muß $x = 0$ und $y^2 = -a = |a|$ sein, und es folgt $z = \pm i\sqrt{|a|}$.

Bsp: $z^2 = -32 \implies z = \pm 4i\sqrt{2}\,.$

Es sei jetzt $b \neq 0$. Wir quadrieren die beiden Gleichungen (3) und addieren. Es ergibt sich

$$x^4 - 2x^2y^2 + y^4 + 4x^2y^2 = a^2 + b^2$$

und somit

$$\left(x^2 + y^2\right)^2 = a^2 + b^2 \qquad \text{bzw.} \qquad x^2 + y^2 = \sqrt{a^2 + b^2}\,.$$

Im Verein mit der ersten Gleichung (3) ergibt sich hieraus

$$x^2 = \frac{1}{2}\left(\sqrt{a^2 + b^2} + a\right)\,, \qquad y^2 = \frac{1}{2}\left(\sqrt{a^2 + b^2} - a\right)$$

(beide Klammern sind > 0, unabhängig vom Vorzeichen von a) und somit

$$x = \operatorname{sgn} x\,\sqrt{\frac{1}{2}\left(\sqrt{a^2 + b^2} + a\right)}\,, \qquad y = \operatorname{sgn} y\,\sqrt{\frac{1}{2}\left(\sqrt{a^2 + b^2} - a\right)}\,.$$

Aus der zweiten Gleichung (3) folgt noch die Vorzeichenbedingung

$$\operatorname{sgn} x \cdot \operatorname{sgn} y = \operatorname{sgn} b\,,$$

so daß wir definitiv die beiden Lösungen

$$z_\pm = \pm\left(\sqrt{\frac{1}{2}\left(\sqrt{a^2 + b^2} + a\right)} + i\operatorname{sgn} b\,\sqrt{\frac{1}{2}\left(\sqrt{a^2 + b^2} - a\right)}\right)$$

erhalten. Die beiden Punkte z_+ und z_- liegen spiegelbildlich zum Ursprung (Fig. 1.7.7).

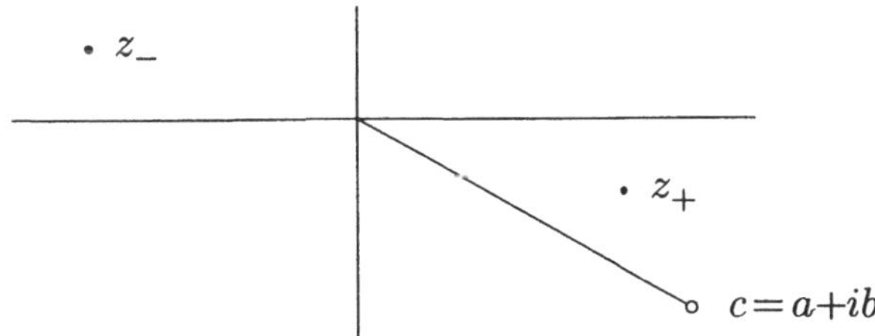

Fig. 1.7.7

Anmerkung: Wir haben an sich nur das folgende bewiesen:

$$z^2 = c \quad \Longrightarrow \quad z = z_+ \ \lor \ z = z_- \ .$$

Strenggenommen müßte man noch verifizieren, daß tatsächlich $z_+^2 = z_-^2 = c$ ist; siehe Beispiel 1.2.①.

Die allgemeine quadratische Gleichung

$$z^2 + pz + q = 0 \,, \qquad p, q \in \mathbb{C} \,,$$

läßt sich durch quadratische Ergänzung auf den eben behandelten Fall zurückführen: Die gegebene Gleichung ist äquivalent mit

$$\left(z + \frac{p}{2} \right)^2 = \frac{p^2}{4} - q \quad =: D \ .$$

Wir müssen also die beiden Quadratwurzeln "$\pm \sqrt{D}$" bestimmen und haben dann wie im Reellen die beiden Lösungen

$$z = -\frac{p}{2} \pm \sqrt{D} \ .$$

④ Gegeben ist die quadratische Gleichung

$$z^2 - 2(1 + i)z + 3 - 2i = 0 \ .$$

Man hat nacheinander

$$p = -2(1 + i) \,, \qquad q = 3 - 2i \,, \qquad D = \frac{p^2}{4} - q = -3 + 4i$$

und somit nach den oben hergeleiteten Formeln (mit $a := -3$, $b := 4$):

$$\pm \sqrt{D} = \pm \left(\sqrt{\tfrac{1}{2}(\sqrt{25} - 3)} + i \sqrt{\tfrac{1}{2}(\sqrt{25} + 3)} \right) = \pm(1 + 2i) \ .$$

Dies liefert

$$z_\pm = 1 + i \pm (1 + 2i) \,,$$

das heißt: $z_+ = 2 + 3i$, $z_- = -i$.   ◯

Die n-ten Wurzeln, $n \geq 1$ beliebig, einer komplexen Zahl $c \neq 0$ finden wir am besten, indem wir "alles" in Polarform darstellen. Wir schreiben also $c = |c|\, e^{i\gamma}$ und machen für die gesuchten Wurzeln z den Ansatz $z = re^{i\phi}$. Die definierende Gleichung $z^n = c$ geht dann wegen (2) über in

$$r^n\, e^{in\phi} \;=\; |c| e^{i\gamma} \;.$$

Hieraus folgt erwartungsgemäß

$$r \;=\; \sqrt[n]{|c|} \;;$$

vor allem aber müssen die Argumente ϕ der gesuchten Wurzeln der Bedingung

$$e^{in\phi} \;=\; e^{i\gamma} \qquad \text{bzw.} \qquad e^{i(n\phi-\gamma)} \;=\; 1$$

genügen. Diese Bedingung ist nicht etwa äquivalent mit $n\phi = \gamma$, sondern mit dem folgenden:

$$\exists k \in \mathbb{Z}: \quad n\phi - \gamma = 2k\pi \;,$$

woraus man für jedes $k \in \mathbb{Z}$ einen zuläßigen ϕ-Wert

$$\phi_k \;:=\; \frac{\gamma}{n} + k\frac{2\pi}{n}$$

berechnet. Zwei k-Werte, die sich um ein Vielfaches von n unterscheiden, liefern ϕ-Werte, die sich um ein Vielfaches von 2π unterscheiden, also dieselbe Zahl $z = re^{i\phi}$. Somit bleiben genau n "modulo 2π" verschiedene ϕ-Werte, nämlich die Werte ϕ_k $(0 \leq k \leq n-1)$. Die zugehörigen n-ten Wurzeln von c sind die Zahlen $z_k := re^{i\phi_k}$, ausgeschrieben

$$z_k \;=\; \sqrt[n]{|c|}\, e^{i(\frac{\gamma}{n}+k\frac{2\pi}{n})} \qquad (0 \leq k \leq n-1) \;.$$

Wegen

$$\arg z_{k+1} - \arg z_k = \phi_{k+1} - \phi_k = \frac{2\pi}{n} \qquad \forall k$$

bilden diese n Wurzeln ein reguläres n-Eck auf dem Kreis vom Radius $\sqrt[n]{|c|}$ (Fig. 1.7.8).

Ist speziell $c = 1$, so erhält man die sogenannten n-ten **Einheitswurzeln**. Wegen $|c| = 1$, $\gamma = 0$ bilden sie ein reguläres n-Eck auf dem Einheitskreis mit einer Ecke im Punkt 1. Nach der allgemeinen Formel sind sie gegeben durch

$$z_k \;=\; e^{ik\frac{2\pi}{n}} \;.$$

Setzt man zur Abkürzung $z_1 = e^{2\pi i/n} =: \omega$ (Fig. 1.7.9), so kann man alle übrigen mit Hilfe dieses ω darstellen:

$$z_k \;=\; \omega^k \qquad (0 \leq k \leq n-1) \;.$$

Ausgangspunkt zur Einführung der komplexen Zahlen war das Bestreben, "aus negativen Zahlen die Wurzel zu ziehen". Wie wir gesehen haben, ist damit von selbst jede quadratische Gleichung, und nicht nur die spezielle Gleichung $z^2 + 1 = 0$, in befriedigender Weise lösbar geworden. In Wirklichkeit gilt ein viel allgemeinerer Satz, der **Fundamentalsatz der Algebra** (ohne Beweis):

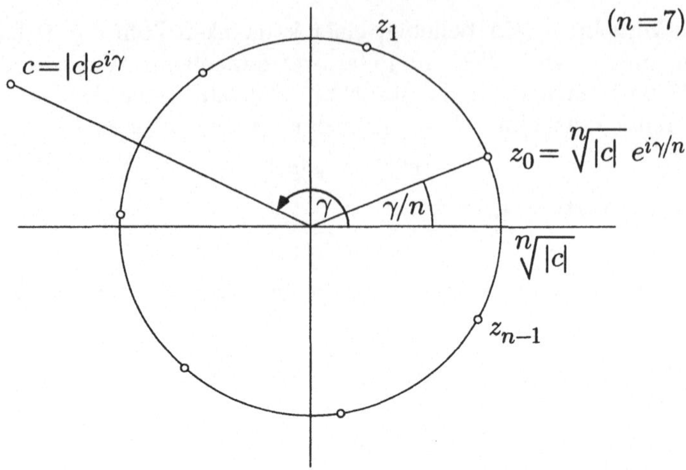

Fig. 1.7.8

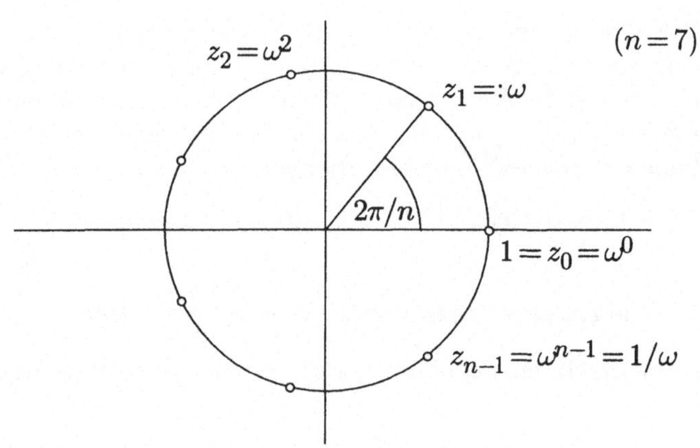

Fig. 1.7.9

(1.5) *Jedes Polynom*

$$p(z) = z^n + c_{n-1}z^{n-1} + \ldots + c_1 z + c_0$$

vom Grad $n \geq 1$ *mit komplexen Koeffizienten* c_k $(0 \leq k \leq n-1)$ *besitzt wenigstens eine Nullstelle* $z_0 \in \mathbb{C}$.

Aus **(1.5)** folgt weiter, daß sich jedes Polynom vom Grad $n \geq 1$ in n Linearfaktoren zerlegen läßt und somit genau n komplexe Nullstellen (mehrfache mehrfach gezählt) besitzt. Für $1 \leq n \leq 4$ gibt es klassische Lösungsformeln, wobei man aber für alle $n > 2$ mit numerischen Methoden besser fährt. Ein

respektabler Teil der numerischen Mathematik handelt nämlich gerade von
dem Problem, die Nullstellen eines gegebenen Polynoms in effizienter Weise
numerisch zu bestimmen.

Aufgaben

1. Ⓜ Zerlege die Zahl $\left(\dfrac{24-7i}{20+15i}\right)^{17}$ in Real- und Imaginärteil. (*Hinweis:*
   Lieber ohne die binomische Formel.)

2. (Fig. 1.7.10) Konstruiere mit Zirkel und Lineal die Punkte $1/\bar{z}$, $1/z$, z^2.

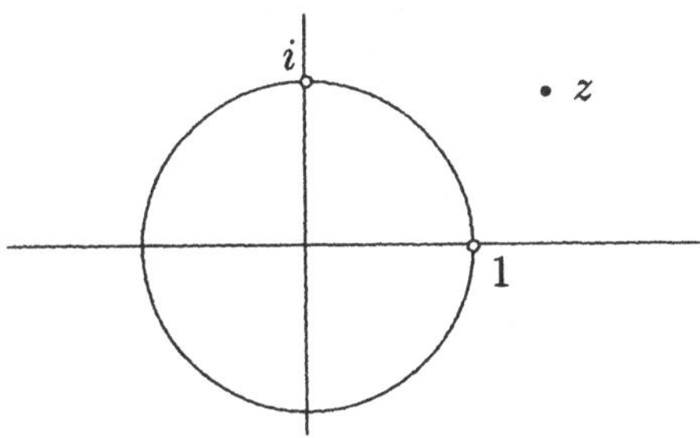

Fig. 1.7.10

3. Ⓜ Stelle die folgenden komplexen Zahlen in der Form $a+ib$ dar:

   (a) $\dfrac{1}{i+\dfrac{1}{i+\dfrac{1}{i+1}}}$,   (b) $e^{i\arcsin x}$,   (c) $e^{2i\arctan t}$.

4. Ⓜ Bestimme sämtliche Lösungen der Gleichung

$$z^4 - 8(-1+\sqrt{3}i) = 0 .$$

5. Ⓜ Stelle $\cos(5\phi)$, $\sin(5\phi)$ als Polynome in $\cos\phi$, $\sin\phi$ dar. (*Hinweis:*
   Binomische Formel)

6. Es sei $n \geq 1$ eine natürliche Zahl. Man bestimme das Produkt aller n-ten
   Wurzeln der Zahl -1.

7. Es sei $z := 1+i\sqrt{3}$. Bestimme die Daten a, q der logarithmischen Spiralen

$$\gamma:\quad r(\phi) := a\,e^{q\phi} \qquad (-\infty < \phi < \infty) ,$$

die durch die sämtlichen Punkte z^k $(k \in \mathbb{Z})$ gehen.

8. Ⓜ Die Gleichung

$$z^4 - 2z^3 + z^2 + 2z - 2 = 0$$

besitzt die Lösung $z_1 = 1 + i$. Bestimme sämtliche Lösungen dieser Gleichung.

9. Durch $z \mapsto w := 1/z$ wird die **punktierte Ebene** $(:= \mathbb{C} \setminus \{0\})$ in die w-Ebene abgebildet. Man zeichne die Bilder

(a)   der reellen Achse,   (b)   der imaginären Achse,

(c)   eines Kreises $|z| = r$,   (d)   der Geraden $\operatorname{Re} z = 1$.

2. Funktionen

2.1. Erscheinungsformen

Zu Eulers Zeiten verstand man unter einer "Funktion $f(x)$" das, was wir heute als **Funktionsterm** bezeichnen: einen mehr oder weniger komplizierten Ausdruck in der unabhängigen Variablen x,

$$\textit{Bsp:} \qquad \frac{\log\left(x + \sqrt{1 + x^2}\right)}{2 + \cos x} \, ,$$

der für jede Zahl x eines geeigneten Bereichs der Zahlengeraden einen wohlbestimmten Funktionswert $f(x)$ festlegt.

Seither ist diese Vorstellung umfassend verallgemeinert und auch präzisiert worden. Insbesondere sind wir heute gewohnt, die eigentliche Funktion, das "Rechengesetz", mit f (gelegentlich mit $f(\cdot)$, s.u.) zu bezeichnen und nur dann $f(x)$ zu schreiben, wenn tatsächlich der Funktionswert an der Stelle x gemeint ist. Diese Linie läßt sich allerdings nicht immer durchziehen; so sprechen wir etwa von der "Funktion e^t" und meinen damit die Funktion $t \mapsto e^t$.

Also: Sind A und B beliebige Mengen, so versteht man unter einer **Funktion** oder **Abbildung** von A nach B eine Vorschrift f, die für jeden Punkt $x \in A$ einen bestimmten Punkt $y =: f(x) \in B$ als **Funktionswert** oder **Bildpunkt** festlegt. Wir schreiben dafür

$$f: \quad A \to B \, , \quad x \mapsto f(x) \, .$$

Die Menge $A =: \operatorname{dom}(f)$ heißt der **Definitionsbereich** (englisch: *domain*) von f, die Menge B der **Zielbereich** (englisch: *range*) von f. Die Menge

$$\operatorname{im}(f) := \bigl\{ y \in B \mid \exists x \in A : \quad y = f(x) \bigr\}$$

der tatsächlich angenommenen Werte ist im allgemeinen eine echte Teilmenge von B und heißt **Bildmenge** oder **Wertebereich** von f.

Bsp: Die Sinusfunktion läßt sich zum Beispiel als Funktion $\sin: \mathbb{R} \to \mathbb{R}$ oder als Funktion $\sin: \left[-\frac{\pi}{2}, \frac{\pi}{2}\right] \to [-1, 1]$ auffassen. In beiden Fällen ist $\operatorname{im}(\sin) = [-1, 1]$.

Hat eine Funktion einen Namen, der nicht gerade *functionlike* ist, etwa 'p', so können wir mit der Schreibweise $p(\cdot)$ anstelle von p deutlich machen, daß hier von einer Funktion die Rede ist. In ähnlicher Weise schreiben wir $x(\cdot)$, wenn die vorher unabhängige Variable x in neuem Zusammenhang als Funktion einer anderen Variablen, etwa der "Zeit" t aufgefaßt werden soll. — Die Schreibweise

$$f\colon \quad \mathbb{R} \curvearrowright \mathbb{R}$$

drückt aus, daß f auf einer nicht näher spezifizierten, aber "vernünftigen" Teilmenge von $\mathbb{R}$, etwa auf einem Intervall, definiert ist. In diesem Sinne lebt eine Funktion $f\colon \mathbb{R}^3 \curvearrowright \mathbb{R}$ typischerweise auf einer offenen (s.u.) Teilmenge des dreidimensionalen Raums.

Zu jeder Funktion $f\colon A \to B$ gehört ihr **Graph** $\mathcal{G}(f)$, eine wohlbestimmte Teilmenge von $A \times B$. Im Fall einer Funktion $f\colon \mathbb{R} \curvearrowright \mathbb{R}$ ist das die vertraute "Kurve $y = f(x)$"; allgemein ist $\mathcal{G}(f)$ definiert durch

$$\mathcal{G}(f) := \big\{ (x,y) \in A \times B \mid x \in A,\, y = f(x) \big\}\,.$$

Die Figur 2.1.1 zeigt den Graphen einer Funktion ums: $[\,1 \mathbin{..} 12\,] \to \mathbb{R}_{\geq 0}$.

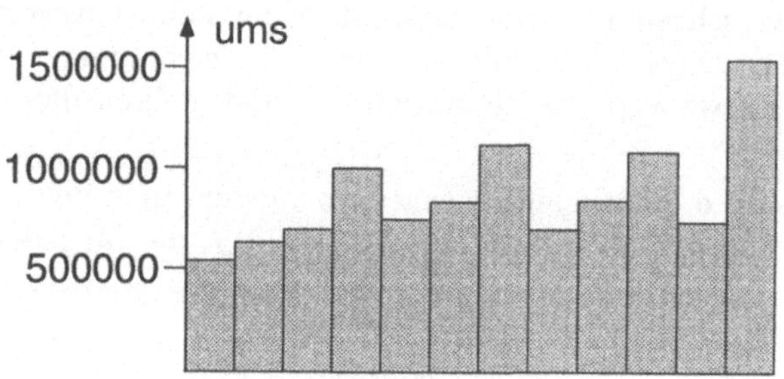

Fig. 2.1.1

Die Festlegung oder die Präsentation einer Funktion kann in ganz verschiedener Weise erfolgen. Wir weisen hier auf die folgenden Möglichkeiten hin:

Wertetabelle

Ist dom (f) eine beliebige endliche Menge, so läßt sich die gesamte in f enthaltene Information in einer zweispaltigen oder zweizeiligen Matrix, eben der **Wertetabelle** von f, abspeichern.

Bsp:

x	$f(x)$
Aadorf	8355
Aaarau	5000
Aarberg	3270
$\vdots$	
Lustmühle	9062
$\vdots$	
Zwischenbergen	3901
Zwischenflüh	3756

Ist dom (f) eine unendliche Menge, zum Beispiel das Intervall $[a,b] \subset \mathbb{R}$, so ist f durch eine Wertetabelle der Form

x	$a = x_0$	x_1	x_2	$\cdots$	x_{N-1}	$x_N = b$
$f(x)$		y_0	y_1	y_2		y_{N-1}	y_N

natürlich überhaupt noch nicht bestimmt.

Die numerische Mathematik stellt Methoden zur Verfügung, die

— ein "einfaches" $\tilde{f}\colon [a,b] \to \mathbb{R}$ finden, das ungefähr die gegebenen Werte realisiert (Fig. 2.1.2). Das ist dann sinnvoll, wenn die gegebenen Daten (x_k, y_k) ohnehin mit Meßfehlern behaftet sind.

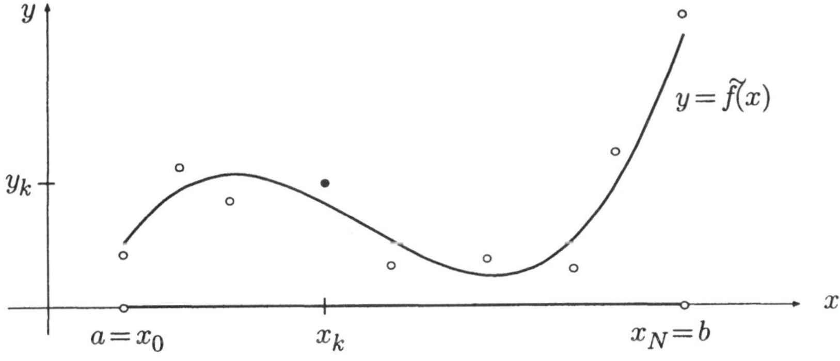

Fig. 2.1.2

— oder aber die gegebenen Werte als genau ansehen und in die Teilintervalle einfache Verbindungskurven (zum Beispiel Geradenstücke) einpassen.

Bsp: Lineare Interpolation in der Logarithmentafel (Fig. 2.1.3): Aus den Tabellenwerten

$$
\begin{array}{ll}
x & \log x \\
\hline
\vdots & \\
276 & 5.62040 \\
277 & 5.62402 \\
278 & 5.62762 \\
\vdots &
\end{array}
\qquad \left.\begin{array}{c} \\ \\ \end{array}\right\} \ \Delta = 360 \cdot 10^{-5}
$$

ergibt sich für $\log 277.4$ $(= 5.625460508 \ldots)$ der Näherungswert

$$\log 277.4 \doteq 5.62402 + 0.4\,\Delta = 5.62546\ .$$

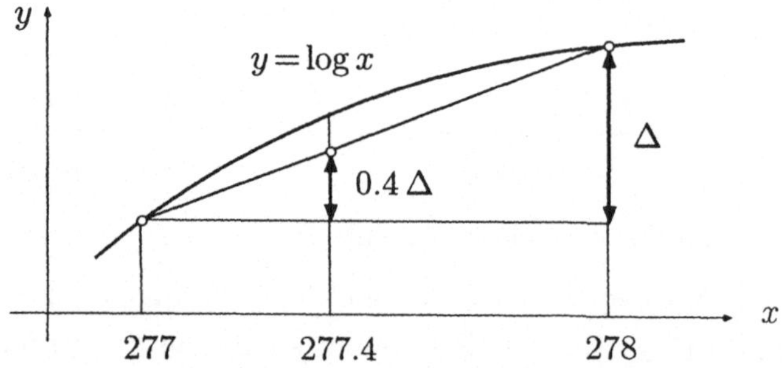

Fig. 2.1.3

"Kurve $y = f(x)$"

Meßwertschreiber geben eine bestimmte Funktion der Zeit, zum Beispiel die Temperatur auf dem Jungfraujoch, in der Form einer Kurve aus. Einen zugehörigen Funktionsterm gibt es nicht. Wie läßt sich aus einem derartigen Meßstreifen die mittlere Temperatur in einem bestimmten Zeitintervall ermitteln? Das arithmetische Mittel der Temperaturen zu den Zeiten 06.00, 12.00, 18.00 und 24.00 ist offenbar nicht das Richtige.

In der Analysis benutzen wir derartige Kurvenbilder einerseits, um *bestimmte* interessante Funktionen, etwa exp oder sin, und andererseits, um charakteristische Eigenschaften von *beliebigen* Funktionen $f \colon \mathbb{R} \curvearrowright \mathbb{R}$, etwa Konvexität oder asymptotisches Verhalten (Fig. 2.1.4), einprägsam darzustellen.

Funktionsterm, explizite Darstellung

Ein Funktionsausdruck,

Bsp: $\qquad \dfrac{x^2 + 5x + 4}{x^4 - 16}\ , \qquad \displaystyle\sum_{k=1}^{\infty} \frac{(-1)^{k-1} x^k}{k}\ ,$

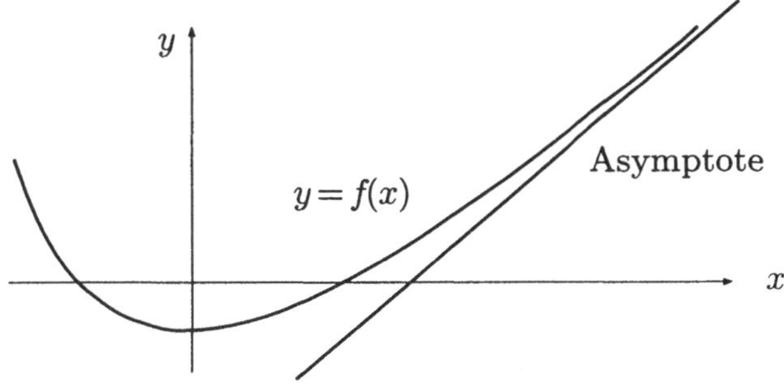

Fig. 2.1.4

ist letzten Endes eine Rechenanweisung, mit deren Hilfe der Funktionswert $f(x)$ nach Vorgabe eines x in endlich vielen Schritten exakt oder mit jeder wünschbaren Genauigkeit ausgerechnet werden kann. Als Definitionsbereich gilt, wenn nichts anderes gesagt ist, die Menge aller Punkte x einer vereinbarten Grundmenge (zum Beispiel aller $x \in \mathbb{R}$), für die sich der Ausdruck ohne Rückfragen auswerten läßt. So ist etwa

$$f(x) := \frac{\sin x}{x}$$

a priori für alle $x \neq 0$ definiert. Im nachhinein erweist es sich als sinnvoll, zusätzlich $f(0) := 1$ zu setzen.

Wie oben schon gesagt, sprechen wir gelegentlich von der "Funktion e^t" oder der "Funktion t^n" u.ä., wenn wir im Grunde genommen die Funktionen $t \mapsto e^t$ bzw. $t \mapsto t^n$ meinen. So gerade im folgenden Absatz.

Funktionen, die sich mit Hilfe der vier Grundrechenarten und Zusammensetzen aus Konstanten, t^α ($\alpha \in \mathbb{R}$), $\log t$, e^t, $\cos t$, $\sin t$ sowie den Arcusfunktionen erhalten lassen, heißen **elementare Funktionen**.

$Bsp:$
$$f(t) := \frac{e^{\sqrt{1 - \log^2 t}} \cos(\sin t)}{\pi + t^{1/5}}$$

Die Ableitung einer elementaren Funktion ist wieder eine elementare Funktion (dies folgt mit vollständiger Induktion aus den Ableitungsregeln); es gibt aber elementare Funktionen, deren Stammfunktionen nicht elementar sind, zum Beispiel die Funktion $e^{-t^2/2}$, die in der Wahrscheinlichkeitstheorie eine große Rolle spielt. Der Umfang einer Ellipse ist keine elementare Funktion der Halbachsen (sonst hätten Sie die Formel schon gesehen ...).

Als explizite ("ausdrückliche") Darstellungen von Funktionen sind auch die folgenden Beispiele anzusehen:

$$\operatorname{abs} x := |x| := \begin{cases} x & (x \geq 0) \\ -x & (x \leq 0) \end{cases} ;$$

$$\lfloor x \rfloor := \max\{ \, k \in \mathbb{Z} \mid k \le x \, \} \qquad (= \text{größte ganze Zahl} \le x) \, ,$$

$$\lceil x \rceil := \min\{ \, k \in \mathbb{Z} \mid k \ge x \, \} \qquad (= \text{kleinste ganze Zahl} \ge x) \, .$$

Ist eine Funktion in expliziter Darstellung gegeben, so entsteht das Problem, ihre qualitativen Eigenschaften (Monotoniecharakter, Extrema, Singularitäten, asymptotisches Verhalten usw.) herauszulesen und in einer geeigneten Figur prägnant darzustellen. Die Behandlung dieses Problems ist im Fall einer Funktion $f \colon \mathbb{R} \curvearrowright \mathbb{R}$ die beliebte "Graphendiskussion".

$$\boxed{\text{Implizite Funktionen}}$$

Gelegentlich sind zwei (an sich "gleichberechtigte") reelle Größen x, y verknüpft durch eine Gleichung

$$F(x,y) = 0 \, . \tag{1}$$

Bsp:
$$x^2 + y^2 = 1 \, ,$$
$$x^3 + y^3 = 3axy \, , \qquad a > 0 \text{ fest.}$$

In diesem Fall sind x und y nicht mehr unabhängig voneinander beliebig wählbar. Die "zuläßigen" Paare (x, y) bilden vielmehr eine Teilmenge $\gamma \subset \mathbb{R}^2$, in aller Regel eine Kurve.

Die zwischen x und y bestehende Abhängigkeit läßt sich aber nur selten als globale Funktion

$$x \mapsto f(x) := y$$

auffassen, da zu einem gegebenen x-Wert ohne weiteres mehrere verschiedene y-Werte gehören können (siehe z.B. die Stelle x_1 in Fig. 2.1.5). Trotzdem sagt man, eine Gleichung der Form (1) definiere y **implizit** als Funktion von x (oder x als Funktion von y), und zwar auch dann, wenn es nicht gelingt, die Variable y formelmäßig durch x (oder x durch y) auszudrücken.

Durch die Gleichung (1) werden nämlich immerhin *lokal* richtiggehende Funktionen

$$\phi \colon \quad x \mapsto \phi(x) := y$$

festgelegt. Diese lokalen Funktionen sind nur innerhalb eines "Fensters" erklärt (Fig. 2.1.5). Man kann sie diskutieren und zum Beispiel die Ableitung $\phi'(x_0)$ oder Extremalwerte ausrechnen, ohne die definierende Gleichung (1) tatsächlich für variables x nach y aufzulösen.

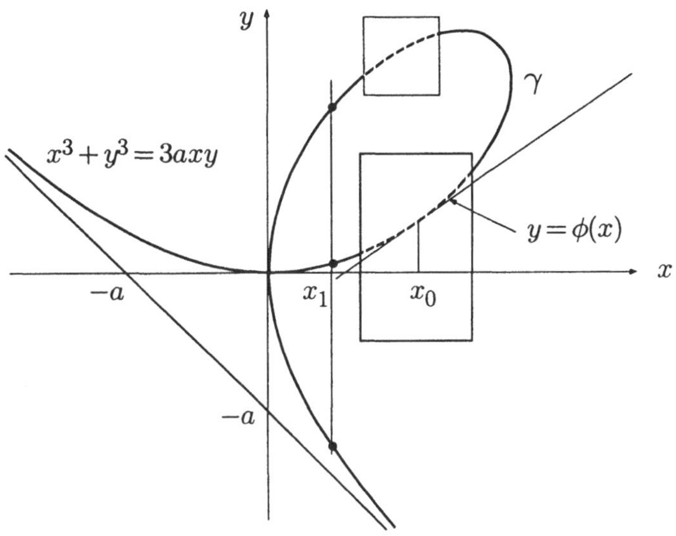

Fig. 2.1.5

Differentialgleichung

Bei den vorangehenden Paradigmen waren die betrachteten Funktionen immer schon mehr oder weniger vorhanden. Es kann aber durchaus sein, daß das Hauptproblem darin besteht, die interessierende(n) Funktion(en) überhaupt erst zu bestimmen. Das ist zum Beispiel dann der Fall, wenn die betreffenden Funktionen nur durch "innere Eigenschaften" charakterisiert sind.

Eine "innere Eigenschaft" einer Funktion ist insbesondere das Bestehen einer **Funktionalgleichung**, das heißt: einer Identität, die die Funktionswerte an verschiedenen, aber durch Grundoperationen miteinander verbundenen Stellen x, x', ... miteinander verknüpft.

Bsp:
$$\cos(2x) \equiv 2\cos^2 x - 1\,,$$
$$e^{x+y} \equiv e^x \cdot e^y\,,$$
$$\arg(z_1 \cdot z_2) \equiv \arg z_1 + \arg z_2\,.$$

Nur "spezielle" Funktionen erfüllen derartige Identitäten; gerade darum sind sie so interessant.

① Gesucht sind die (stetigen) Funktionen, die der folgenden Funktionalgleichung genügen:

$$\forall x,\, x' > 0: \quad f(x \cdot x') = f(x) \cdot f(x')\,.$$

Lösung: Außer $f(x) :\equiv 0$ sind dies genau die Funktionen $f(x) := x^\alpha$, $\alpha \in \mathbb{R}$ fest. (Wie man darauf kommt und warum es keine andern gibt, können wir hier nicht erörtern.)   ◯

Am allerhäufigsten ist die "innere Eigenschaft" der gesuchten Funktionen $t \mapsto y(t)$ in der Form eines Wachstumsgesetzes gegeben: Die momentane zeitliche Änderungsrate $\dot{y}(t)$ (oder die Momentanbeschleunigung $\ddot{y}(t)$) ist eine gegebene Funktion der Zeit t und vor allem des Istwertes $y(t)$ (eventuell auch von $\dot{y}(t)$):

$$\dot{y} = F(t, y) \qquad \text{bzw.} \qquad \ddot{y} = F(t, y, \dot{y}) \ .$$

Eine derartige Gleichung heißt eine **Differentialgleichung**. Gesucht sind Funktionen $y(\cdot)$, für die gilt:

$$\forall t : \quad \dot{y}(t) = F\big(t, y(t)\big) \qquad \text{bzw.} \qquad \ddot{y}(t) = F\big(t, y(t), \dot{y}(t)\big) \ .$$

② Ein frei fallender Körper (Fig. 2.1.6) sei der als konstant angenommenen Erdbeschleunigung $g := 9.81 \ \text{m/sec}^2$ unterworfen. Wir fragen nach seinem "Fahrplan" $t \mapsto y(t)$. Nach Annahme gilt $\ddot{y}(t) = -g$ für alle t, in anderen Worten: Die gesuchte Funktion $y(\cdot)$ genügt der Differentialgleichung (zweiter Ordnung)

$$\ddot{y} = -g \ .$$

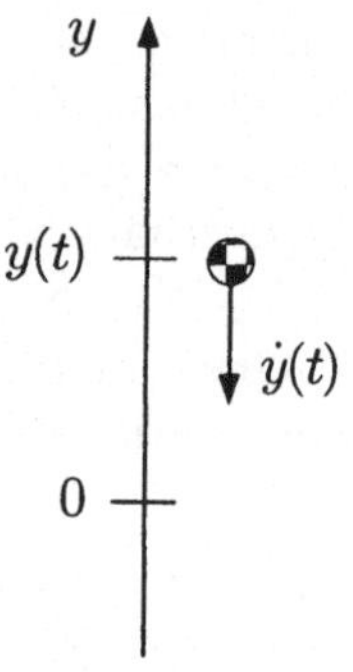

Fig. 2.1.6

Diese Differentialgleichung hat unendlich viele Lösungen, nämlich genau die Funktionen

$$y(t) := -\frac{g}{2}t^2 + At + B \ , \qquad A, B \in \mathbb{R} \ .$$

Zur Festlegung der sogenannten Integrationskonstanten A, B sind weitere Angaben, zum Beispiel über Ort und Geschwindigkeit zur Zeit $t := 0$, notwendig.   ◯

Bei gewissen geometrischen Problemen wird nach Kurven σ: $y = f(x)$ gefragt, deren Tangenten bestimmte Bedingungen erfüllen. Zum Beispiel sollen die gesuchten Kurven sämtliche Kurven einer gegebenen Kurvenschar Γ senkrecht schneiden (Fig. 2.1.7). Ein derartiges Problem führt auf eine Differentialgleichung der Form

$$y' = F(x, y)$$

mit einer bekannten Funktion $F(\cdot, \cdot)$, denn für jeden von der Schar Γ bedeckten Punkt (x, y) läßt sich leicht ausrechnen, welche Steigung die durch diesen Punkt gehende "Orthogonaltrajektorie" dort haben muß. — Von Kurvenscharen handelt der Abschnitt 5.6.

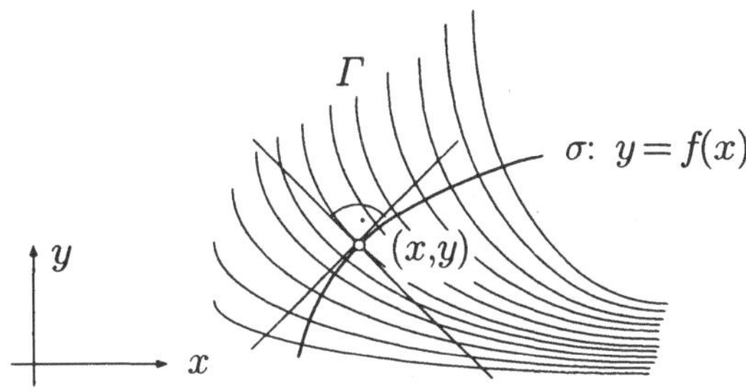

Fig. 2.1.7

Als Definitions- und Zielbereiche der in der Analysis betrachteten Funktionen $f\colon A \to B$ kommen in erster Linie die in Kapitel 1 behandelten Grundstrukturen $\mathbb{N}$, $\mathbb{R}$, $\mathbb{C}$, $\mathbb{R}^2$, $\mathbb{R}^3$ oder vernünftige Teilmengen davon (zum Beispiel Intervalle, Kreisscheiben, Sphären) in Frage. Ein wesentliches Anliegen von späteren Kapiteln wird sein, die von den Funktionen $f\colon \mathbb{R} \curvearrowright \mathbb{R}$ her vertrauten Begriffe (Grenzwert, Stetigkeit, Ableitung, Integral usw.) auf mehrdimensionale Situationen zu übertragen. Wir wollen aber schon schon jetzt auf die sich darbietenden Typen, Figuren und Interpretationen aufmerksam machen.

$$\boxed{\mathbb{N} \to B}$$

Es sei B eine beliebige Menge (Fig. 2.1.8) und x Variable für Elemente von B. Eine Funktion

$$x_\cdot\colon \quad \mathbb{N} \to B\,, \qquad k \mapsto x_k$$

von $\mathbb{N}$ in den Zielbereich B heißt eine **Folge**. Ist $B = \mathbb{R}$ oder $B = \mathbb{C}$, so spricht man von einer **Zahlfolge**. Die einzelnen Funktionswerte x_k sind die **Glieder** der Folge. Anstelle von $x_\cdot$ schreibt man auch $(x_k)_{k \in \mathbb{N}}$, wenn man die ganze Folge meint. — Von Folgen handelt der Abschnitt 2.4.

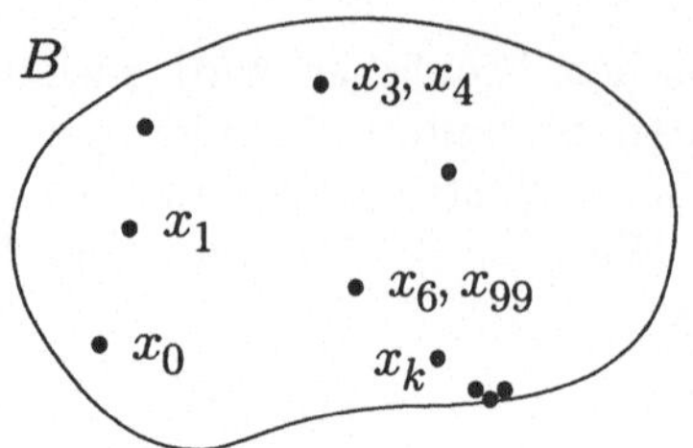

Fig. 2.1.8

$$\boxed{\mathbb{R} \curvearrowright \mathbb{R}}$$

Der Funktionstyp $f\colon \mathbb{R} \curvearrowright \mathbb{R}$ stellt das "Grundmodell" der Funktionenlehre dar. Wir wollen die betreffenden Funktionen **reelle Funktionen** nennen; von ihnen handelt ein Großteil der folgenden Abschnitte und Kapitel.

Der Definitionsbereich einer reellen Funktion ist in aller Regel ein Intervall,

Bsp:
$$\mathrm{dom}\,(\sin) = \mathbb{R}\,,$$
$$f(x) := \sqrt{1-x^2} \quad \Longrightarrow \quad \mathrm{dom}\,(f) = [-1,1]\,,$$
$$g(x) := 1/\sqrt{1-x^2} \quad \Longrightarrow \quad \mathrm{dom}\,(f) = \,]{-1},1[\,,$$

oder eine Vereinigung von Intervallen,

Bsp:
$$\mathrm{dom}\,(\tan) = \bigcup_{k=-\infty}^{\infty} \,\Big]\, k\pi - \frac{\pi}{2},\ k\pi + \frac{\pi}{2}\,\Big[\ .$$

Die meisten der in der Praxis vorkommenden Funktionen $f\colon \mathbb{R} \curvearrowright \mathbb{R}$ besitzen eine natürliche **Fortsetzung** $\tilde{f}\colon \mathbb{C} \curvearrowright \mathbb{C}$, und oft ist erst von da her eine befriedigende Theorie der betreffenden Funktionen möglich. Wir haben das bei den Polynomen gesehen (Fundamentalsatz der Algebra); dasselbe trifft zu für die Exponentialfunktion (s.u.). — Von den Funktionen $f\colon \mathbb{C} \to \mathbb{C}$ im allgemeinen handelt die sogenannte **komplexe Analysis**, auch einfach **Funktionentheorie** genannt.

③ Die Funktion
$$f(x) := \frac{1}{1+x^2}$$

ist für alle $x \in \mathbb{R}$ definiert und so "schön", wie man nur will. Für $|x| < 1$ gilt

$$f(x) = 1 - x^2 + x^4 - x^6 + \ldots = \sum_{k=0}^{\infty} (-1)^k x^{2k}$$

(geometrische Reihe); für $|x| \geq 1$ ist aber die Reihe rechter Hand divergent und stellt die Funktion nicht mehr dar. Die Ursache dieses beim Betrag 1 eintretenden "Konvergenzzusammenbruchs" wird erst erkennbar, wenn wir die Fortsetzung

$$\tilde{f}: \quad \mathbb{C} \to \mathbb{C}, \qquad z \mapsto \frac{1}{1+z^2}$$

betrachten (Fig. 2.1.9): Potenzreihen wie die obige konvergieren im Komplexen grundsätzlich auf Kreisscheiben, siehe Satz **(2.9)**. Da die Funktion $\tilde{f}$ in den Punkten $\pm i$ eine Singularität (einen sogenannten **Pol**) besitzt, kann der Konvergenzradius der zugehörigen Reihe nicht größer als 1 sein. $\bigcirc$

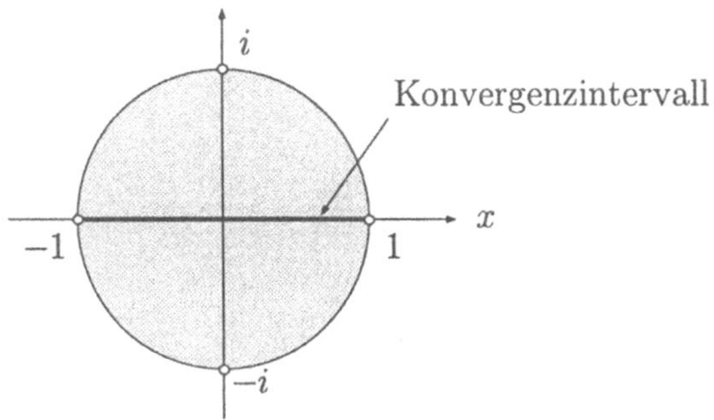

Fig. 2.1.9

$$\boxed{\mathbb{R} \curvearrowright \mathbb{R}^2, \ \mathbb{R} \curvearrowright \mathbb{R}^3}$$

Ist der Zielbereich einer Funktion f mehrdimensional, so sprechen wir von einer **vektorwertigen Funktion**. Für vektorwertige Funktionen verwenden wir im allgemeinen halbfette Buchstaben: $\mathbf{f}$, $\mathbf{x}(\cdot)$, $\mathbf{r}(\cdot)$. Eine vektorwertige Funktion läßt sich festlegen durch Angabe der zugehörigen **Koordinatenfunktionen**:

$$t \mapsto \mathbf{f}(t) = \big(f_1(t), \dots, f_m(t)\big), \qquad t \mapsto \mathbf{r}(t) = \big(x(t), y(t), z(t)\big)$$

oder auch ohne Koordinaten,

Bsp: $\qquad\qquad \mathbf{f}: \quad t \mapsto \cos t \, \mathbf{a} + \sin t \, \mathbf{b} \qquad (0 \leq t \leq 2\pi)$

(dieses $\mathbf{f}$ produziert eine Ellipse mit konjugierten Halbmessern $\mathbf{a}$ und $\mathbf{b}$).

Allgemein: Ist I ein Intervall der als Zeitachse interpretierten t-Achse, so produziert eine Funktion

$$\mathbf{f}: \quad I \to \mathbb{R}^2, \qquad t \mapsto \big(x(t), y(t)\big)$$

eine Kurve γ in der Ebene und

$$\mathbf{f}\colon \quad I \to \mathbb{R}^3\,, \qquad t \mapsto \big(x(t), y(t), z(t)\big)$$

eine Kurve im dreidimensionalen Raum: Durchläuft die Variable t das Intervall I, so durchläuft der Bildpunkt $\mathbf{f}(t)$ gerade die Kurve γ (Fig. 2.1.10). Die Funktion $\mathbf{f}$ heißt eine **Parameterdarstellung** von γ. Diese Namengebung ist etwas unglücklich, denn die Variable t ist gerade *kein* Parameter, sondern eine "laufende" Variable. (Unter einem **Parameter** versteht man üblicherweise eine einstellbare, im weiteren aber festgehaltene Größe.) Wenn es darum geht, etwa die Länge, die Krümmung oder den von γ eingeschlossenen Flächeninhalt zu berechnen, so ist man auf eine Parameterdarstellung angewiesen; die Gleichungsform

$$\gamma := \big\{\, (x,y) \ \big| \ F(x,y) = 0 \,\big\}$$

hilft einem da gar nichts.

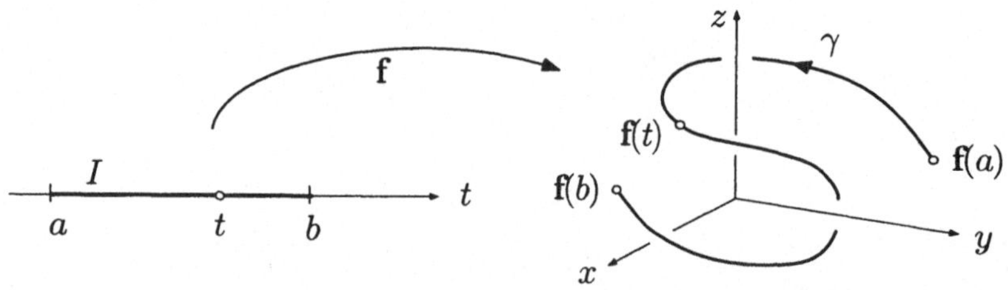

Fig. 2.1.10

Jede Parameterdarstellung beinhaltet einen ganz bestimmten "Fahrplan", nach dem die Kurve γ durchlaufen werden soll. Eine und dieselbe Kurve besitzt viele verschiedene Parameterdarstellungen, entsprechend den verschiedenen denkbaren "Fahrplänen". Wenn es sich nicht um einen bestimmten zeitlichen Bewegungsablauf handelt, sondern nur um den geometrischen Gehalt der betreffenden Kurve, so wird man wenn möglich eine längs der Kurve veränderliche geometrische Größe als "Parameter" (unabhängige Variable) wählen, zum Beispiel die x-Koordinate oder das Argument des laufenden Punktes oder dessen längs der Kurve gemessenen Abstand vom Anfangspunkt, die sogenannte **Bogenlänge**. — Wir geben einige Beispiele.

④ Eine als Graph

$$\gamma\colon \quad y = f(x) \qquad (a \le x \le b)$$

gegebene ebene Kurve läßt sich ohne weiteres auch parametrisch darstellen:
Man schreibt

$$\gamma: \quad [a,b] \to \mathbb{R}^2, \qquad t \mapsto \begin{cases} x(t) = t \\ y(t) = f(t) \end{cases}$$

oder einfach

$$\gamma: \quad x \mapsto \big(x, f(x)\big) \qquad (a \le x \le b),$$

denn auf den Namen der unabhängigen Variablen kommt es nicht an, und
da kann man schon gleich den Namen der als Parameter gewählten geometrischen Größe, hier: x, verwenden. ○

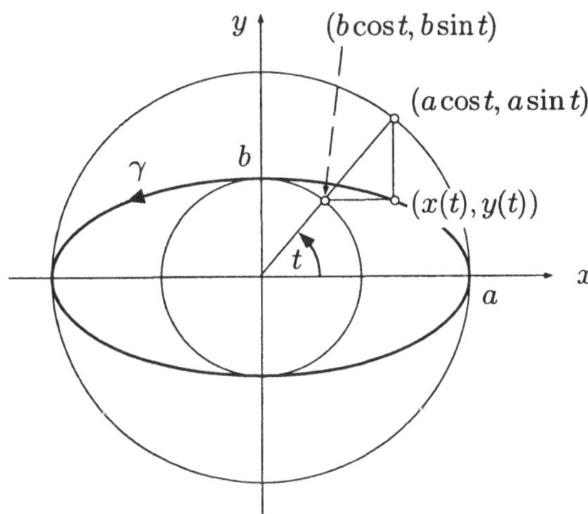

Fig. 2.1.11

⑤ Sind a und b gegebene positive Zahlen, so stellt

$$\gamma: \quad t \mapsto \begin{cases} x(t) = a \cos t \\ y(t) = b \sin t \end{cases} \qquad (0 \le t \le 2\pi)$$

eine Ellipse mit Halbachsen a und b dar (Fig. 2.1.11), denn γ entsteht aus
dem Einheitskreis $t \mapsto (\cos t, \sin t)$ durch Streckung um den Faktor a in x-
Richtung und um den Faktor b in y-Richtung. Die Variable t bezeichnet nicht
etwa das Argument des laufenden Ellipsenpunktes $P := (x, y)$, sondern das
Argument eines mit P verknüpften Kreispunktes (siehe die Figur).

Man kann es auch so sehen: Es ist

$$\frac{x^2(t)}{a^2} + \frac{y^2(t)}{b^2} \equiv 1\,;$$

folglich genügen sämtliche Punkte von γ der Ellipsengleichung $\frac{x^2}{a^2} + \frac{y^2}{b^2} = 1$.

$\bigcirc$

⑥ Für eine Parameterdarstellung der **Schraubenlinie** (Fig. 2.1.12) mit Radius R und Ganghöhe h liegt es nahe, die geometrische Größe $\arg(x,y)$ als Parameter zu wählen. Es ergibt sich

$$\left.\begin{array}{l} x(\phi) = R\cos\phi \\[4pt] y(\phi) = R\sin\phi \\[4pt] z(\phi) = h\dfrac{\phi}{2\pi} \end{array}\right\} \qquad (-\infty < \phi < \infty)\,.$$

$\bigcirc$

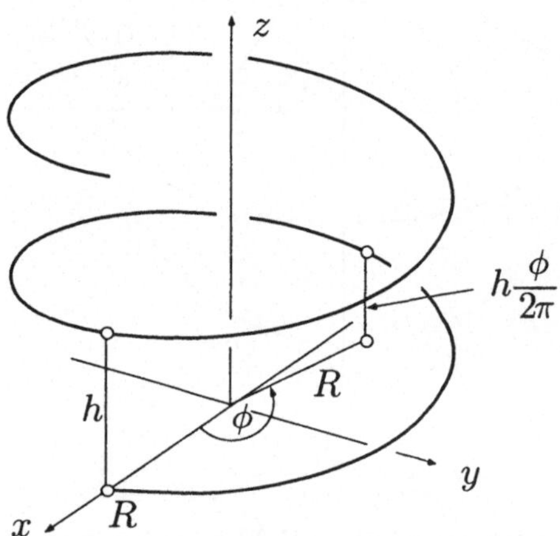

Fig. 2.1.12

Funktionen $\mathbb{R} \curvearrowright \mathbb{C}$ lassen sich erstens als Parameterdarstellungen $t \mapsto z(t)$ von Kurven in der komplexen Ebene auffassen. So ist zum Beispiel

$$\partial D: \quad t \mapsto z(t) := e^{it} \qquad (0 \le t \le 2\pi)$$

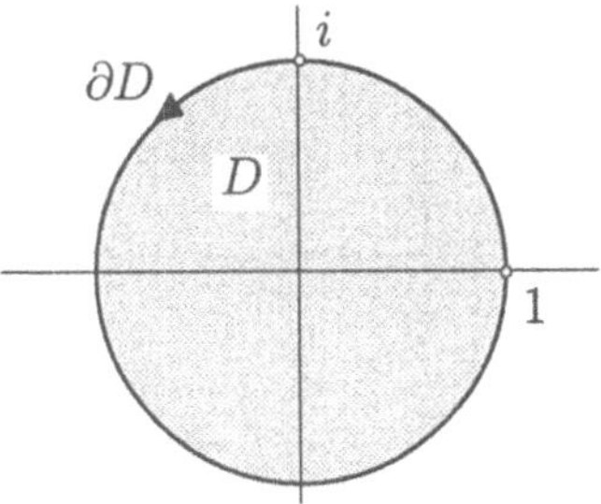

Fig. 2.1.13

eine Parameterdarstellung des Einheitskreises (= Rand der Einheitskreis-
scheibe D, Fig. 2.1.13). Diese Vorstellung spielt eine entscheidende Rolle in
der komplexen Analysis, wo komplexe Funktionen in bestimmter Weise längs
derartigen Kurven integriert werden.

Zweitens kann man eine Funktion

$$f\colon \quad \mathbb{R} \curvearrowright \mathbb{C}, \qquad t \mapsto f(t)$$

als zahlenwertige Funktion auffassen, wobei diese Werte nicht reelle, sondern
eben komplexe Zahlen sind. Wie ein derartiger komplexer Wert physikalisch
interpretiert werden soll, ist im Einzelfall auszumachen. — Wir behandeln
als Beispiel die komplexe Schreibweise der harmonischen Schwingungen.

Die reellwertige Funktion

$$x(t) \; := \; A\cos(\omega t + \alpha) \tag{2}$$

beschreibt eine **harmonische Schwingung** (Fig. 2.1.14): Man stelle sich einen
Massenpunkt vor, der längs der x-Achse hin und her schwingt. $A > 0$
ist die **Amplitude**, $\omega > 0$ die **Kreisfrequenz** und $\alpha \in\,]-\pi, \pi]$ die **Phase**
dieser Schwingung. Die Kreisfrequenz ω (= pro Zeiteinheit durchlaufener
"Winkel") ist mit der **Frequenz** ν (= Anzahl Vollschwingungen pro Zeiteinheit) verknüpft durch

$$\nu = \omega\,/\,2\pi$$

und mit der **Schwingungsdauer** T (= Zeitdauer zwischen zwei aufeinanderfolgenden Maxima) durch

$$T - 2\pi\,/\,\omega\;.$$

Die Phase α gibt den "Zustand" des schwingenden Systems zur Zeit $t := 0$ an.
Allgemein ist der "Zustand" zur Zeit t durch den "Winkel" $\omega t + \alpha$ bestimmt
und nicht etwa durch die Lagekoordinate $x(t)$. Zu einem gegebenen x-Wert
gehören nämlich im allgemeinen zwei verschiedene "Zustände" (Punkte P
und Q in der Figur).

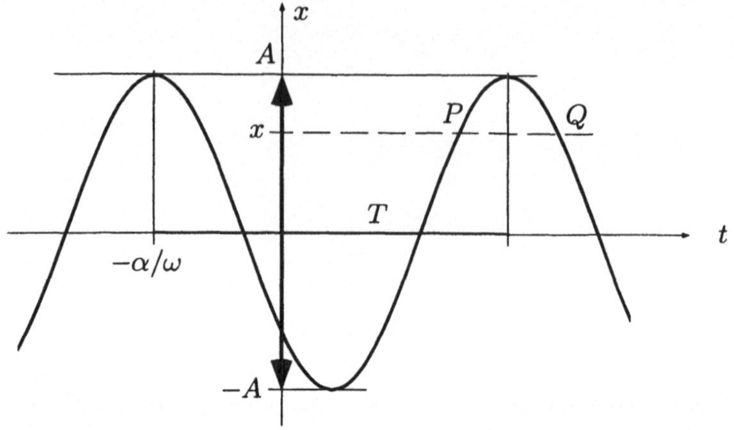

Fig. 2.1.14

Die Funktion (2) läßt sich übrigens auch in der zweiteiligen Form

$$x(t) = a\cos(\omega t) + b\sin(\omega t) \tag{3}$$

schreiben: Aus (2) folgt nach dem Additionstheorem für den Cosinus:

$$x(t) = A\big(\cos(\omega t)\cos\alpha - \sin(\omega t)\sin\alpha\big) ;$$

es gilt also (3) mit

$$a = A\cos\alpha , \qquad b = -A\sin\alpha . \tag{4}$$

Umgekehrt läßt sich (3) in die einteilige Form (2) überführen, indem man die Gleichungen (4) nach A und α auflöst. Man findet ohne weiteres

$$A = \sqrt{a^2 + b^2} .$$

Folglich ist dann

$$\cos\alpha = \frac{a}{\sqrt{a^2 + b^2}} , \qquad \sin\alpha = \frac{-b}{\sqrt{a^2 + b^2}} ,$$

und diese Angaben bestimmen α modulo 2π. Alles in allem haben wir

$$A = \sqrt{a^2 + b^2} , \qquad \alpha = \arg(a, -b) \quad (= \arctan\frac{-b}{a} , \text{ falls } a > 0) .$$

Wir haben wiederholt angedeutet, daß der Momentanzustand des schwingenden Systems durch einen "Winkel" charakterisiert ist. Wir bringen diesen

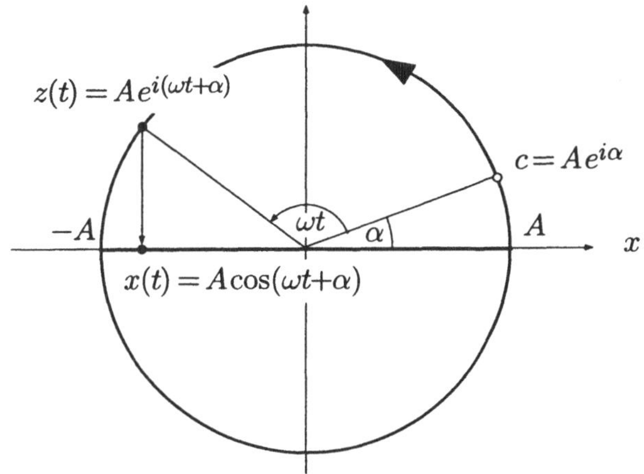

Fig. 2.1.15

Winkel explizit ins Spiel, indem wir die hin- und hergehende Bewegung auf der x-Achse als "Schatten" (genau: als Realteil) einer gedachten Kreisbewegung in der komplexen Ebene auffassen (Fig. 2.1.15):

$$x(t) = A \cos(\omega t + \alpha) = \operatorname{Re}\left(A e^{i(\omega t + \alpha)}\right) .$$

Die genannte Kreisbewegung ist also gegeben durch

$$z(t) = A e^{i(\omega t + \alpha)} ,$$

und das Argument des kreisenden Punktes ist der "Winkel", von dem wir dauernd sprechen. Setzen wir zur Abkürzung

$$A e^{i\alpha} =: c ,$$

so erhält diese Kreisbewegung die Form

$$z(t) = c e^{i\omega t} \qquad (-\infty < t < \infty) .$$

Die komplexe Zahl c heißt die **komplexe Amplitude** oder auch der **Zeiger** der betrachteten Schwingung. In dieser Zahl sind Amplitude und Phase gleichzeitig gespeichert, und zwar stellt c die Lage des kreisenden Punktes zur Zeit $t := 0$ dar.

Der Erfolg dieses Ansatzes (vor allem in der Elektrotechnik) beruht letzten Endes darauf, daß für die Funktion $\phi \mapsto e^{i\phi}$ ein besonders einfaches "Additionstheorem", eben $e^{i(\phi + \phi')} = e^{i\phi} \cdot e^{i\phi'}$, gilt. Wir beweisen darüber:

(2.1) *Sind* $x_1(\cdot)$, $x_2(\cdot)$ *zwei harmonische Schwingungen der gleichen Kreisfrequenz* ω *mit komplexen Amplituden* c_1, c_2, *so ist ihre* **Superposition**

$$x(\cdot) := x_1(\cdot) + x_2(\cdot)$$

die harmonische Schwingung der Kreisfrequenz ω *mit komplexer Amplitude* $c_1 + c_2$.

$$x(t) = x_1(t) + x_2(t) = \operatorname{Re}\left(c_1 e^{i\omega t}\right) + \operatorname{Re}\left(c_2 e^{i\omega t}\right)$$
$$= \operatorname{Re}\left((c_1 + c_2)e^{i\omega t}\right) .$$

⑦ Die Phasen dreier Schwingungen gleicher Kreisfrequenz und gleicher Amplitude sollen so festgelegt werden, daß die Superposition der drei Schwingungen identisch verschwindet.

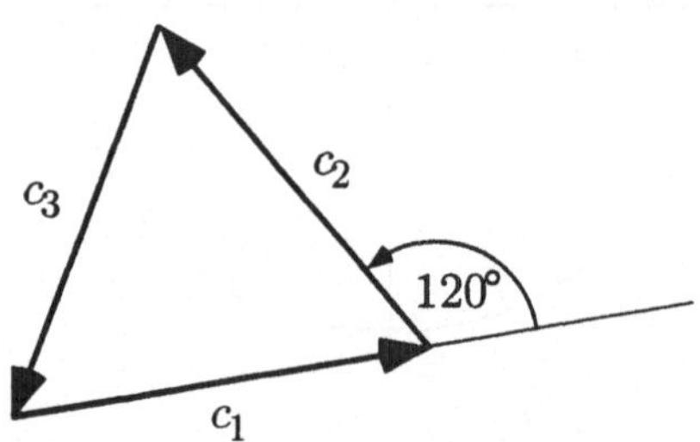

Fig. 2.1.16

Die komplexen Amplituden c_1, c_2, c_3 der drei Schwingungen sind drei gleich lange Vektoren der Summe 0. Die Additionsfigur ist somit ein gleichseitiges Dreieck (Fig. 2.1.16), und die gesuchten Phasendifferenzen betragen 120°. ○

$$\boxed{\mathbb{R}^2 \curvearrowright \mathbb{R}, \quad \mathbb{R}^3 \curvearrowright \mathbb{R}}$$

Besitzt eine Funktion

$$f\colon \quad \mathbb{R}^n \curvearrowright \mathbb{R}, \qquad (x_1,\ldots,x_n) \mapsto f(x_1,\ldots,x_n) \qquad \text{bzw.} \qquad \mathbf{x} \mapsto f(\mathbf{x})$$

einen "echt n-dimensionalen" Definitionsbereich, so spricht man von einer **Funktion von n Variablen**. Im Fall $n = 2$ läßt sich eine derartige Funktion auffassen als "Temperaturverteilung" in der Ebene: Für jeden Punkt $(x,y) \in \operatorname{dom}(f)$ ist eine "Temperatur" $f(x,y)$ festgelegt. Zur Visualisierung von Temperaturverteilungen verwendet man zum Beispiel in Wetterkarten die sogenannten **Isothermen**; das sind die "Kurven gleicher Temperatur".

Allgemein: Ist $f\colon A \to B$ eine beliebige Funktion, so kann man für jedes gegebene $c \in B$ die Menge derjenigen $x \in A$ bilden, für die $f(x) = c$ ist. Diese Menge heißt das **Urbild** des Punktes c und wird mit $f^{-1}(c)$ bezeichnet:

$$f^{-1}(c) := \left\{ x \in A \mid f(x) = c \right\} .$$

Geht es um eine Funktion $f\colon \mathbb{R}^2 \curvearrowright \mathbb{R}$ und ein gegebenes $C \in \mathbb{R}$, so heißt $f^{-1}(C)$ die **Niveaulinie** von f zum Niveau C (Fig. 2.1.17) — wir schreiben dafür auch N_C:

$$N_C := \left\{ (x,y) \in \operatorname{dom}(f) \mid f(x,y) = C \right\} .$$

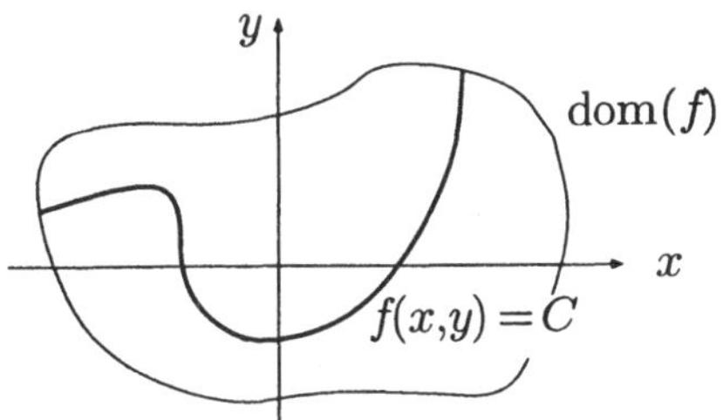

Fig. 2.1.17

N_C ist in aller Regel eine Kurve oder eine Vereinigung von Kurven, eventuell
mit Singularitäten. (Dieser Sachverhalt wird in Kapitel 5 genauer untersucht.) Zeichnet man die Niveaulinien für hinreichend viele verschiedene
Werte C, so erhält man ein anschauliches Bild des globalen Funktionsver-
laufs.

(8) Wir zeichnen einige Niveaulinien der Funktion

$$f(x,y) := \sqrt{(x-1)^2 + y^2}\, \sqrt{(x+1)^2 + y^2}$$

(Fig. 2.1.18). Der Funktionswert an der Stelle (x,y) ist das Produkt der
Abstände von (x,y) zu den beiden Punkten $(\pm 1, 0)$. N_1 ist die sogenannte
Lemniskate; allgemein heißen die hier betrachteten Niveaulinien N_C ($C > 0$)
Cassinische Kurven.   ○

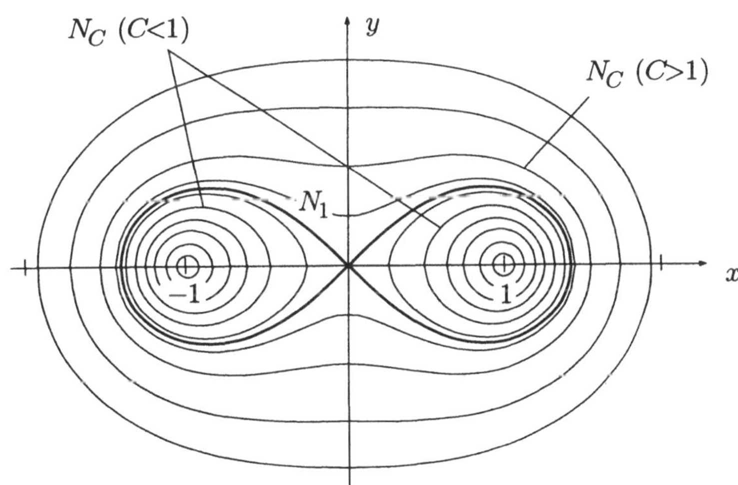

Fig. 2.1.18

Oft interessiert übrigens nicht die Funktion f als Ganzes, sondern in erster Linie eine bestimmte Kurve γ, die als Niveaulinie von f dargestellt werden kann:

$$\gamma: \qquad f(x,y) = C\ .$$

Bsp: Die Ellipse $x^2/a^2 + y^2/b^2 = 1$ läßt sich als N_1 der quadratischen Funktion

$$q(x,y) := \frac{x^2}{a^2} + \frac{y^2}{b^2}$$

auffassen.

Sinngemäß dasselbe ist zu sagen über Funktionen $f\colon \mathbb{R}^3 \curvearrowright \mathbb{R}$ ("Temperaturverteilungen" im Raum). Anstelle von Niveaulinien gibt es hier **Niveauflächen**. Umgekehrt lassen sich viele interessante Flächen in der Form

$$f(x,y,z) = C$$

darstellen, das heißt: als Niveaufläche N_C einer gewissen Funktion von drei Variablen auffassen.

Bsp: Das **einschalige (Rotations-)Hyperboloid** besitzt in kartesischen Koordinaten die Gleichung

$$x^2 + y^2 - z^2 = 1$$

(und folglich in Zylinderkoordinaten die Gleichung $\rho^2 - z^2 = 1$, Fig. 2.1.19) und ist damit Niveaufläche der quadratischen Funktion

$$q(x,y,z) := x^2 + y^2 - z^2\ .$$

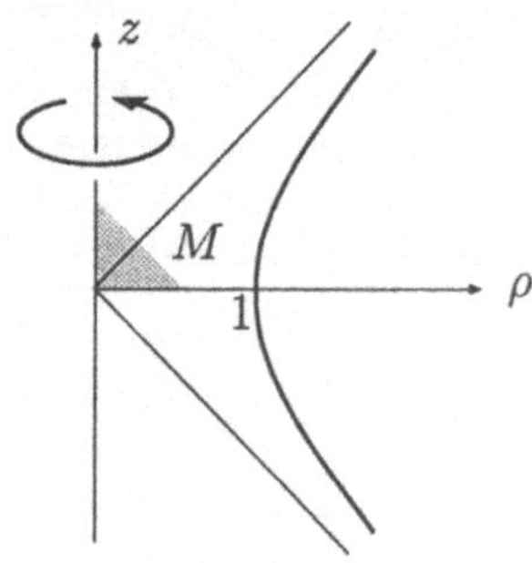

Fig. 2.1.19

Eine Funktion $f\colon \mathbb{R}^2 \curvearrowright \mathbb{R}$ läßt sich zweitens mit Hilfe ihres Graphen

$$\mathcal{G}(f) := \big\{\, (x,y,z) \mid (x,y) \in \mathrm{dom}\,(f),\ z = f(x,y) \,\big\}$$

in einer dreidimensionalen Figur repräsentieren (Fig. 2.1.20). Der Graph ist
eine Fläche, die **schlicht** über der (x,y)-Ebene liegt; das heißt: Senkrecht über
(oder eventuell unter) jedem Punkt $(x,y) \in \mathrm{dom}\,(f)$ liegt genau ein Punkt des
Graphen. Die Niveaulinien von f sind die Höhenkurven der Graphenfläche,
wenn $\mathrm{dom}\,(f)$ als topographische Karte dieser Fläche benützt wird.

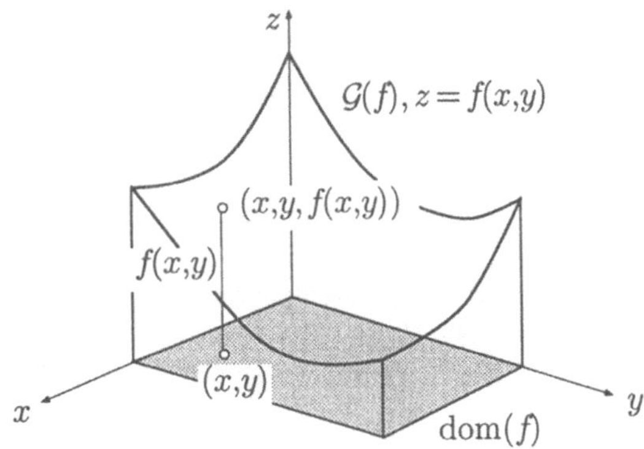

Fig. 2.1.20

⑨ Wir betrachten die Funktion

$$f(x,y) := x\,y\,, \qquad \mathrm{dom}\,(f) := [-1,1]^2\,.$$

Der zugehörige Graph (Fig. 2.1.21) ist von der Gestalt her eine sogenannte **Sattelfläche**. Die hier vorliegende spezielle Fläche zweiten Grades heißt
hyperbolisches Paraboloid.   ◯

$$\boxed{\mathbb{R}^2 \curvearrowright \mathbb{R}^3}$$

Abbildungen $\mathbf{f}\colon \mathbb{R}^2 \curvearrowright \mathbb{R}^3$ sind typischerweise Parameterdarstellungen von
krummen Flächen.

Eine Kurve $\gamma \subset \mathbb{R}^3$ ist eine "eindimensionale Mannigfaltigkeit". Zu einer Parameterdarstellung von γ gehören als Standardmodell einer derartigen Mannigfaltigkeit ein Intervall I der t-Achse und eine vektorwertige Funktion

$$\mathbf{f}\colon \quad I \to \mathbb{R}^3\,, \qquad t \mapsto \mathbf{x}(t)\,,$$

die die einzelnen Kurvenpunkte produziert.

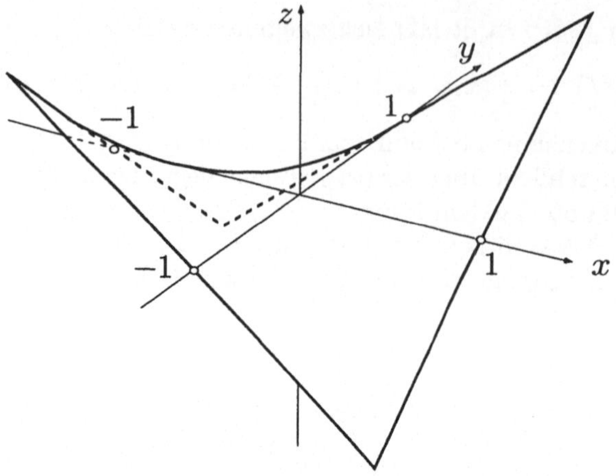

Fig. 2.1.21

Eine Fläche $S \subset \mathbb{R}^3$ ist eine "zweidimensionale Mannigfaltigkeit". Zu einer Parameterdarstellung von S gehören als Standardmodell einer derartigen Mannigfaltigkeit ein Bereich A in der (u, v)-Ebene und eine vektorwertige Funktion

$$\mathbf{f}: \quad A \to \mathbb{R}^3\,, \qquad (u, v) \mapsto \mathbf{f}(u, v) = \bigl(x(u, v), y(u, v), z(u, v)\bigr)\,,$$

die für jeden "Parameterpunkt" $(u, v) \in A$ einen Raumpunkt $\mathbf{f}(u, v)$ liefert, siehe die Fig. 2.1.22. Durchläuft (u, v) den **Parameterbereich** A, so durchläuft $\mathbf{f}(u, v)$ die Fläche S.

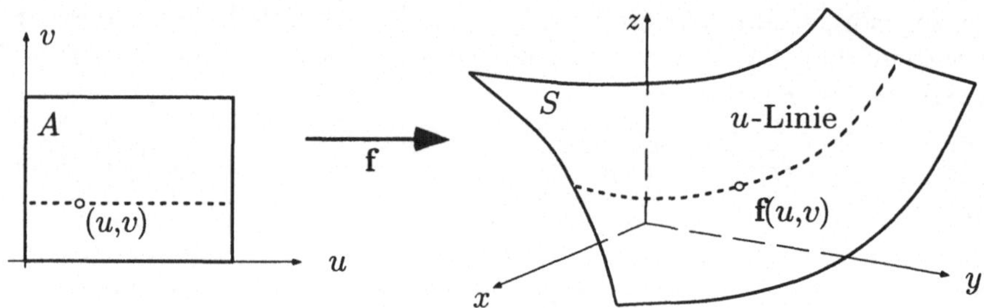

Fig. 2.1.22

Bei allgemeinen Betrachtungen über Flächen verwenden wir u, v als Parameter. Sobald man aber eine konkrete, geometrisch beschriebene Fläche vor sich hat, wählt man (wie bei Kurven) auf der Fläche variable geometrische Größen als Parameter und behält deren Namen bei. Die folgenden Beispiele sollen das erläutern; siehe auch die Beispiele 1.5.② (Torus) und 1.6.③ (Ebene).

⑩ Ist S zunächst als Graph einer Funktion $f\colon \mathbb{R}^2 \curvearrowright \mathbb{R}$ gegeben (siehe die Fig. 2.1.23):

$$S\colon \quad z = f(x,y) \qquad ((x,y) \in A) \ ,$$

so erhält man sofort eine Parameterdarstellung von S mit dem Parameterbereich A, indem man ansetzt:

$$\mathbf{f}\colon \quad A \to \mathbb{R}^3 \ , \qquad (x,y) \mapsto (x,y,f(x,y)) \ .$$

$\bigcirc$

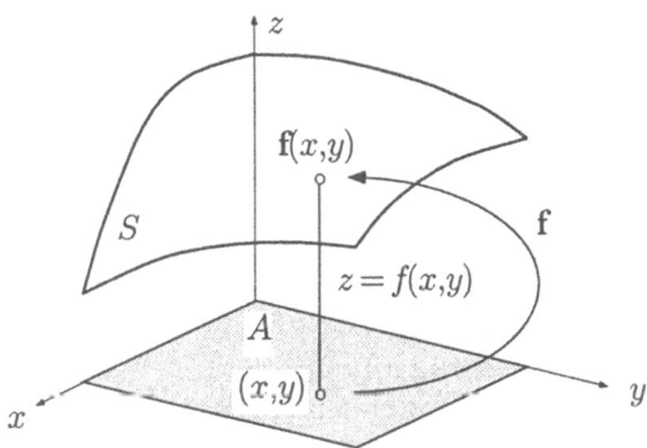

Fig. 2.1.23

⑪ S_R^2, die zweidimensionale Sphäre vom Radius R, besitzt die Parameterdarstellung

$$\mathbf{f}\colon \quad (\phi,\theta) \mapsto \begin{cases} x(\phi,\theta) = R\cos\theta\cos\phi \\ y(\phi,\theta) = R\cos\theta\sin\phi \\ z(\phi,\theta) = R\sin\theta \end{cases}$$

(Fig. 2.1.24). Parameterbereich ist das Rechteck $[0,2\pi] \times \left[-\frac{\pi}{2},\frac{\pi}{2}\right]$ in der (ϕ,θ)-Ebene. Längs den Kanten $\theta = \pm\frac{\pi}{2}$ ist diese Darstellung nicht "regulär", da diese Kanten auf je einen Punkt (N und S) abgebildet werden. $\bigcirc$

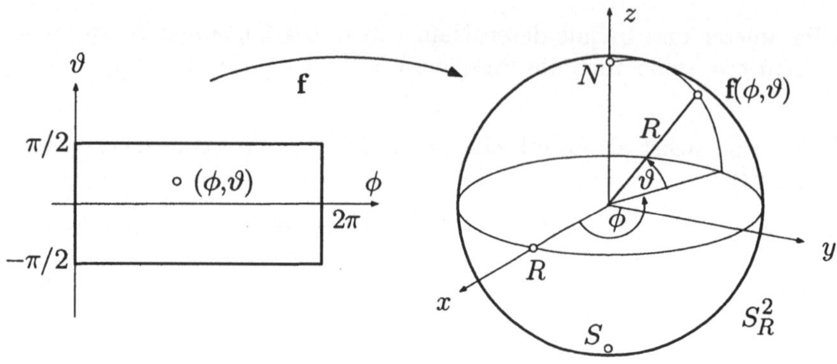

Fig. 2.1.24

$$\boxed{\ \mathbb{R}^3 \curvearrowright \mathbb{R}^3\ }$$

Eine Abbildung

$$\mathbf{f}: \quad \mathbb{R}^3 \curvearrowright \mathbb{R}^3 , \qquad (u,v,w) \mapsto (x,y,z)$$

läßt sich erstens als Parameterdarstellung eines Bereichs B im (x,y,z)-Raum auffassen. Das ist dann von Interesse (und spielt eine wichtige Rolle in der "mehrdimensionalen Integralrechnung"), wenn sich ein gegebener Bereich B in kartesischen Koordinaten nur sehr umständlich beschreiben läßt. Man ersetzt dann diese Beschreibung durch eine Parameterdarstellung mit einem Parameterbereich A im (u,v,w)-Raum, der wenn irgend möglich ein achsenparalleler Quader ist (Fig. 2.1.25). Gelegentlich wird dann der Bereich A gar nicht gezeichnet, sondern man faßt u, v, w als "neue Koordinaten" im (x,y,z)-Raum auf und bringt sie in geeigneter Weise in der (x,y,z)-Figur zur Darstellung. Siehe dazu etwa die Figur 1.5.11.

⑫ Es sei B der von den drei linear unabhängigen Vektoren $\mathbf{a}$, $\mathbf{b}$, $\mathbf{c}$ aufgespannte Spat und $I := [\,0,1\,]^3$ der Einheitswürfel im (u,v,w)-Raum. Dann ist

$$\mathbf{f}: \quad I \to B , \qquad (u,v,w) \mapsto u\mathbf{a} + v\mathbf{b} + w\mathbf{c}$$

eine Parameterdarstellung von B (Fig. 2.1.26).   ◯

⑬ Die Kugelkoordinaten liefern eine Parameterdarstellung der Kugel

$$B_R := \left\{\, (x,y,z) \;\middle|\; \sqrt{x^2+y^2+z^2} \le R \,\right\} ;$$

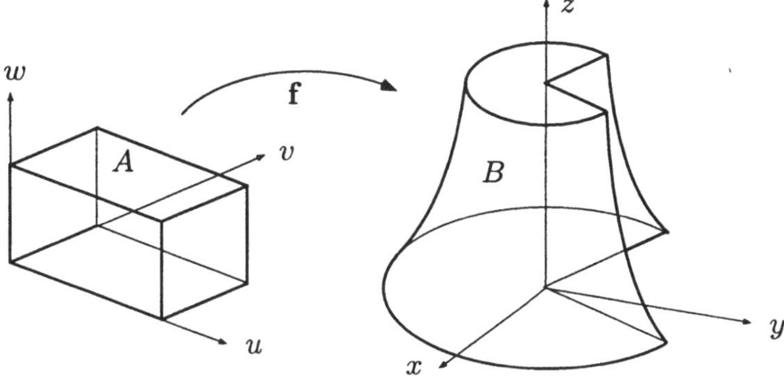

Fig. 2.1.25

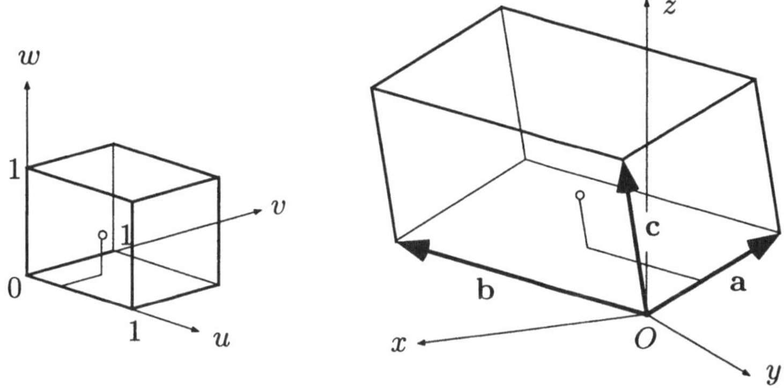

Fig. 2.1.26

Parameterbereich ist ein Quader im (r, ϕ, θ)-Raum:

$$\mathbf{f}: \quad [0, R] \times [0, 2\pi] \times \left[-\frac{\pi}{2}, \frac{\pi}{2} \right] \;\to\; B_R$$

$$(r, \phi, \theta) \;\longmapsto\; \begin{cases} x = r \cos\theta \cos\phi \\ y = r \cos\theta \sin\phi \\ z = r \sin\theta \end{cases} .$$

Dabei wird die ganze Seitenfläche $r = 0$ des Quaders auf den einzigen Punkt O abgebildet. Da aber diese Seitenfläche kein Volumen besitzt und der Punkt O auch nicht, spielt das zum Beispiel für die Zwecke der Integration keine Rolle. $\bigcirc$

Eine vektorwertige Funktion

$$\mathbf{K}: \quad \mathbb{R}^3 \curvearrowright T\mathbb{R}^3\,, \qquad \mathbf{x} \mapsto \mathbf{K}(\mathbf{x}) \tag{5}$$

läßt sich noch zu einem ganz anderen Zweck verwenden, nämlich zur Produktion eines Vektorfelds. Das sechste Kapitel dieses Buches, "Vektoranalysis", ist ganz den Vektorfeldern gewidmet und bildet die mathematische Grundlage der Elektrodynamik.

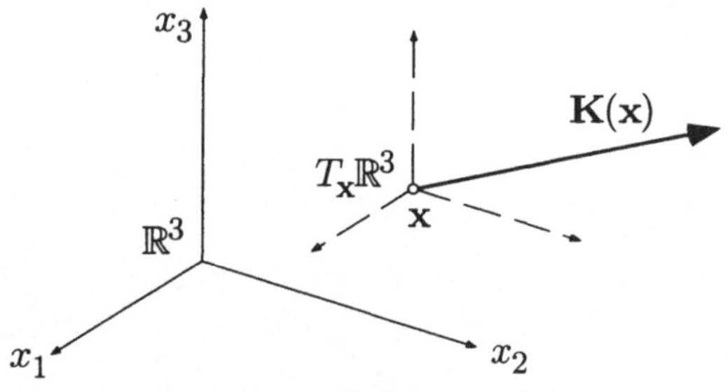

Fig. 2.1.27

Der Funktionswert an der Stelle $\mathbf{x}$ ist hier ein Vektor $\mathbf{K}(\mathbf{x})$, der im Punkt $\mathbf{x}$ "anzuheften" ist und zum Beispiel das elektrische Feld oder die Geschwindigkeit einer strömenden Flüssigkeit in diesem Punkt darstellen kann (siehe die Fig. 2.1.27). Dieses "Anheften" ist folgendermaßen zu verstehen: Der Punkt $\mathbf{x}$ wird als Ursprung eines neuen Raumes, des **Tangentialraumes** von $\mathbf{x}$, angesehen (darauf bezieht sich das 'T' in der Formel (5)), und $\mathbf{K}(\mathbf{x})$ ist ein Vektor in diesem Tangentialraum oder eben ein **Tangentialvektor** im Punkt $\mathbf{x}$. Ist in dieser Weise für jeden Punkt $\mathbf{x}$ eines Raumteils $\Omega \subset \mathbb{R}^3$ ein Tangentialvektor $\mathbf{K}(\mathbf{x})$ erklärt, so nennt man $\mathbf{K}(\cdot)$ ein **Vektorfeld** auf Ω und zeichnet eine Figur in der Art von Fig. 2.1.28.

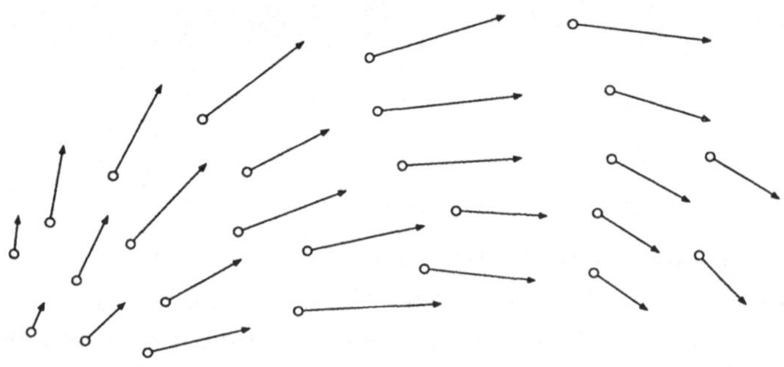

Fig. 2.1.28

⑭ Im Ursprung befinde sich eine Punktladung $q > 0$. Diese Punktladung erzeugt ein elektrisches Feld $\mathbf{E}(\cdot)$, genannt **Coulombfeld**. Das Feld $\mathbf{E}(\cdot)$ ist proportional zu q, radial nach außen gerichtet, und sein Betrag nimmt mit dem Quadrat des Abstandes von $\mathbf{0}$ ab. Da die Situation kugelsymmetrisch ist, brauchen wir in Fig. 2.1.29 nur die wesentliche Koordinate r darzustellen.

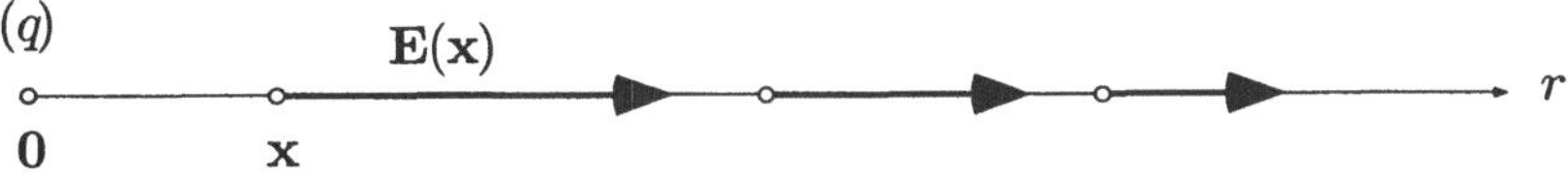

Fig. 2.1.29

Es gilt also für eine geeignete, vom Maßsystem abhängige Konstante $c > 0$:

$$\mathbf{E}(\mathbf{x}) = \frac{cq}{r^2} \frac{\mathbf{x}}{r},$$

wobei $\mathbf{x}/r$ einen radial nach außen gerichteten Einheitsvektor an der Stelle $\mathbf{x}$ darstellt. In Koordinaten ausgeschrieben sieht das Feld $\mathbf{E}(\cdot)$ folgendermaßen aus:

$$\mathbf{E}(x_1, x_2, x_3) = \frac{cq}{x_1^2 + x_2^2 + x_3^2} \left(\frac{x_1}{r}, \frac{x_2}{r}, \frac{x_3}{r} \right).$$

$\bigcirc$

Aufgaben

1. Produziere

   (a) die Polardarstellung,

   (b) eine Parameterdarstellung

   einer Kurve, welche ungefähr so aussieht wie die Kurve in Figur 2.1.30. Zeichne Deinen Vorschlag mit Hilfe von Ⓜ. (*Hinweis:* Verwende eine Funktion der Form

   $$r(\phi) := \frac{1}{1 - \varepsilon \cos(c\phi)} \,.)$$

2. Ⓜ Zeichne das Niveaulinienportrait der Funktion

   $$f(x, y) := \frac{(x - 1)^2 + y^2}{(x + 1)^2 + y^2}\,.$$

Beschreibe den geometrischen Gehalt dieser Aufgabe und ihrer Lösung in Worten.

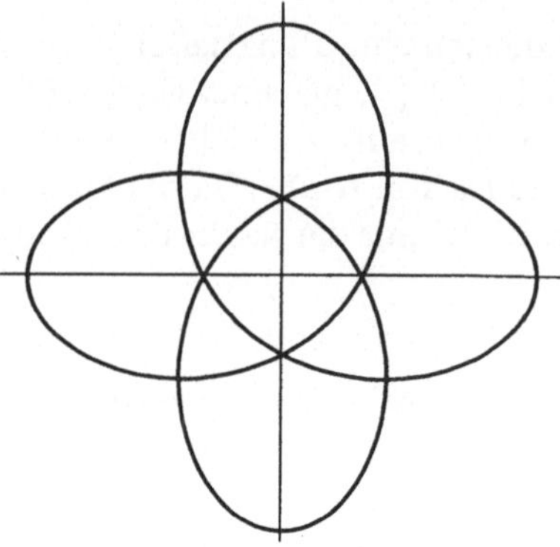

Fig. 2.1.30

3. Eine gegebene harmonische Schwingung der Amplitude A wird von einer zweiten Schwingung derselben Kreisfrequenz überlagert, wobei die Amplitude dieser Störung höchstens $A/2$ beträgt. Um welchen Betrag können sich dabei Amplitude und Phase der ursprünglichen Schwingung höchstens verändern? (*Hinweis:* Geometrisch argumentieren!)

4. Zwischen drei harmonischen Schwingungen gleicher Kreisfrequenz bestehen folgende Phasendifferenzen: 60° zwischen der ersten und der zweiten, 150° zwischen der zweiten und der dritten, 150° zwischen der dritten und der ersten. Die Summe der drei Schwingungen verschwindet identisch. Wie verhalten sich die Amplituden?

5. Betrachte den Halbkreisbogen $\gamma := \big\{ (x,y) \mid x^2 + y^2 = 1,\ x \geq 0 \big\}$ sowie die in der ganzen (x,y)-Ebene definierte Funktion

$$f(x,y) := \text{``Distanz von } (x,y) \text{ zum nächstgelegenen Punkt von } \gamma\text{''} .$$

Gewünscht ist eine formelmäßige Darstellung von $f(x,y)$ mit möglichst wenig Verzweigungen. (*Hinweis:* Die Lösung ergibt sich im wesentlichen durch Inspektion der Figur; wenn nötig die Betragsfunktion verwenden.)

2.2. Eigenschaften von Funktionen

Wir beginnen diesen Abschnitt mit einigen Definitionen für Funktionen (Abbildungen) $f\colon A \to B$ im allgemeinen; A und B sind irgendwelche Mengen. Angegeben ist $\operatorname{dom}(f) = A$. Gilt auch $\operatorname{im}(f) = B$, in Worten: Tritt jeder Punkt y des angebotenen Zielbereichs B tatsächlich als Funktionswert auf, so heißt f **surjektiv**, altmodisch: eine Abbildung von A **auf** B.

Bsp: Die reelle Funktion

$$g\colon \quad \mathbb{R} \to \mathbb{R}\,, \qquad x \mapsto g(x) := x^3 - 2x$$

(Fig. 2.2.1) ist surjektiv, die Funktion $\sin\colon \mathbb{R} \to \mathbb{R}$ hingegen nicht wegen $\operatorname{im}(\sin) = [-1, 1] \neq \mathbb{R}$.

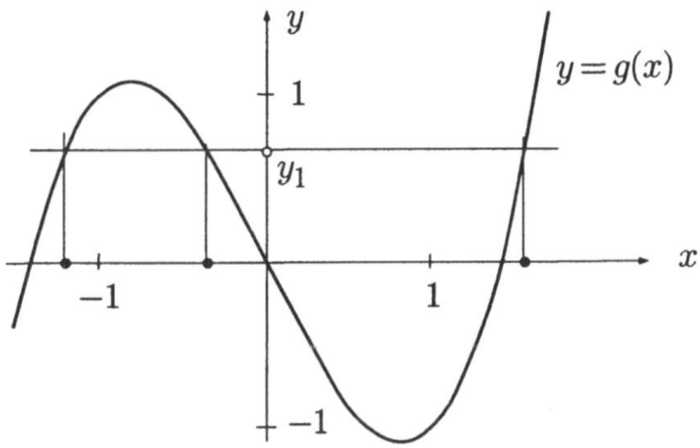

Fig. 2.2.1

Die Funktion (Abbildung) f heißt **injektiv**, altmodisch: **eineindeutig**, wenn sie in verschiedenen Punkten verschiedene Werte annimmt, in anderen Worten: wenn aus $f(x_1) = f(x_2)$ folgt: $x_1 = x_2$.

Bsp: Die eben betrachtete Funktion g ist nicht injektiv; so wird etwa der Wert y_1 an drei verschiedenen Stellen angenommen. Die eingeschränkte Funktion

$$\sin\colon \quad \left[-\frac{\pi}{2}, \frac{\pi}{2}\right] \to \mathbb{R}$$

ist injektiv, da $\sin$ in dem angegebenen Intervall streng monoton wächst. Parameterdarstellungen von Kurven, Flächen oder räumlichen Bereichen sind "im wesentlichen" injektiv.

Ist $f\colon A \to B$ surjektiv *und* injektiv, so heißt f **bijektiv**. Eine bijektive Abbildung verheiratet die Elemente von A monogam mit denjenigen von B, so daß am Schluß von keiner Sorte eines überzählig ist (Fig. 2.2.2). Ist $f\colon A \to B$ injektiv, so ist $f\colon A \to \operatorname{im}(f)$ bijektiv, da nunmehr die Punkte $y \in B$, die nicht als Funktionswert vorkommen, außer Betracht fallen.

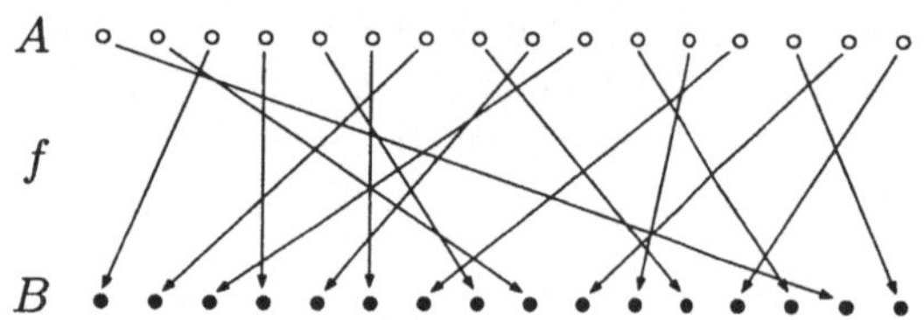

Fig. 2.2.2

Bsp: Die Funktionen $\tan\colon\ \left]-\dfrac{\pi}{2}, \dfrac{\pi}{2}\right[\to \mathbb{R}$ und $\tanh\colon \mathbb{R} \to \left]-1, 1\right[$ (s.u.) sind bijektiv.

① Wenn wir sagen, eine gewisse Menge A besitze n Elemente, so meinen wir im Grunde genommen das folgende: Es gibt eine bijektive Abbildung der Menge $[\,1 .. n\,]$ auf A. Diese Vorstellung läßt sich auf unendliche Mengen ausdehnen. Es stellt sich dabei heraus, daß unendlich nicht einfach unendlich ist. Darüber soll hier kurz berichtet werden.

Eine Menge A heißt **abzählbar unendlich** oder einfach **abzählbar**, wenn es eine bijektive Abbildung $f\colon \mathbb{N} \to A$ (oder umgekehrt) gibt. Beispiele von abzählbaren Mengen sind $\mathbb{N}$, $\mathbb{Z}$, die Menge der geraden Zahlen, die Menge der Primzahlen. Wie Cantor als erster bemerkt hat, ist auch $\mathbb{N} \times \mathbb{N}$ und damit $\mathbb{Q}$ (als Menge von Paaren (p,q)) abzählbar. Zum Beweis genügt es, eine injektive Abbildung $f\colon \mathbb{N} \times \mathbb{N} \to \mathbb{N}$ anzugeben. Hier ist sie:

$$f(p,q) := 2^p \cdot 3^q\ .$$

Da die von f produzierten Zahlen eine echte Teilmenge von $\mathbb{N}$ bilden, besitzt $\mathbb{N} \times \mathbb{N}$ "eher weniger" Elemente als $\mathbb{N}$ (in Wirklichkeit sind es natürlich gleich viele).

Eine Menge A ist **überabzählbar**, wenn es keine surjektive Abbildung $f\colon \mathbb{N} \to A$ gibt. Die einfachste überabzählbare Menge ist die Menge aller unendlichen 0-1-Folgen $\beta. = (\beta_0, \beta_1, \beta_2, \ldots)$. Daß diese Menge $(=: \mathbb{B}^{\mathbb{N}})$ überabzählbar ist, läßt sich folgendermaßen einsehen:

⌈ Wäre $\mathbb{B}^{\mathbb{N}}$ abzählbar, so könnte man sich einen Computer vorstellen, der die *sämtlichen* Binärfolgen in unendlich langen Zeilen nacheinander ausdruckt:

$$\underline{0}1011010100110011110\ldots$$
$$0\underline{0}01001100101010110\ldots$$
$$10\underline{1}0100011000110000 1\ldots$$
$$000\underline{0}0110000011001010\ldots$$
$$1101\underline{1}110110001101011\ldots$$
$$10001\underline{1}01111111001100\ldots$$
$$010110\underline{0}1101110001\ldots$$
$$\vdots$$

Während der Computer an der Arbeit ist, betrachten wir die Haupttdiagonale der entstehenden Matrix $[\beta_{jk}]$ und bilden eine besondere Folge $\beta.^*$ gemäß der Vorschrift

$$\beta_k^* := \begin{cases} 1 & (\beta_{k.k} = 0) \\ 0 & (\beta_{k.k} = 1) \end{cases},$$

in dem obigen Beispiel also die Folge

$$\beta.^* := (1101001\ldots).$$

Diese Folge wird vom Computer nicht produziert, denn sie unterscheidet sich von jeder ausgedruckten Folge an wenigstens einer Stelle.   ⌐

Faßt man die Binärfolgen als unendliche Dualbrüche $\beta_0 . \beta_1 \beta_2 \ldots$ auf, so erhält man gerade die sämtlichen reellen Zahlen im Intervall $[0, 2]$, die allermeisten genau ein Mal. Damit ist auch $\mathbb{R}$ überabzählbar.   ◯

Eine bijektive Funktion (Abbildung)

$$f: \quad \mathrm{dom}\,(f) \to \mathrm{im}\,(f), \qquad x \mapsto y := f(x)$$

besitzt eine wohlbestimmte und ebenfalls bijektive **Umkehrfunktion**, auch **inverse Abbildung** genannt, und zwar ist

$$f^{-1}: \quad \mathrm{im}\,(f) \to \mathrm{dom}\,(f)$$

(Fig. 2.2.3) definiert durch

$$f^{-1}(y) := \text{``das } x \in \mathrm{dom}\,(f) \text{ mit } f(x) = y \text{''}.$$

Liegt f als Funktionsterm vor, so erhält man den Funktionsterm für f^{-1}, wenn es gelingt, die Gleichung $f(x) = y$ für unbestimmtes y formelmäßig nach x aufzulösen.

②   Es sei

$$f(x) := \frac{3x + 7}{5x - 2},$$

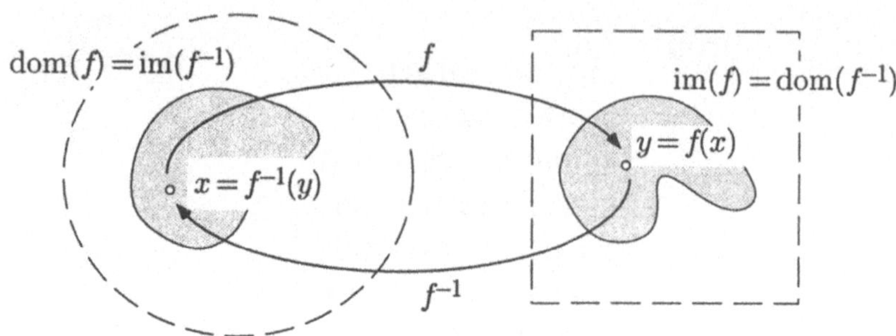

Fig. 2.2.3

wobei wir uns um den genauen Definitionsbereich im Augenblick nicht küm-
mern. Die folgende Kette von Gleichungen liefert den Funktionsterm für
f^{-1}:

$$y = \frac{3x+7}{5x-2} \quad \Rightarrow \quad (5x-2)y = 3x+7 \quad \Rightarrow \quad x(5y-3) = 2y+7 \quad \Rightarrow$$

$$x = \frac{2y+7}{5y-3} \quad \Rightarrow \quad f^{-1}(y) = \frac{2y+7}{5y-3} \ .$$

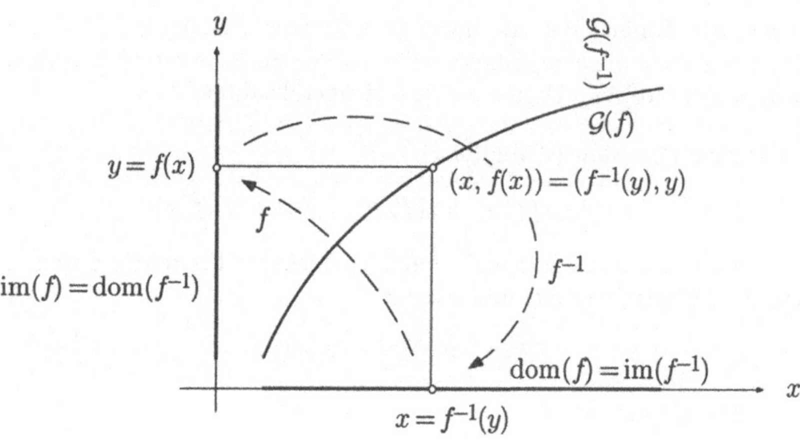

Fig. 2.2.4

Fig. 2.2.4 zeigt f und f^{-1} im Graphenbild. Der Graph von f kann also
auch als Graph von f^{-1} dienen; dabei muß man nur den Kopf so halten, wie
Fig. 2.2.5 zeigt.

Anmerkung: Werden f und f^{-1} gleichzeitig betrachtet, so behält man
mit Vorteil x als Variable in $\mathrm{dom}(f) = \mathrm{im}(f^{-1})$ und y als Variable in

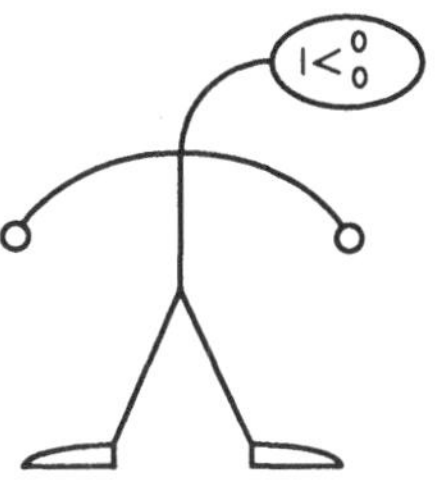

Fig. 2.2.5

$\operatorname{im}(f) = \operatorname{dom}(f^{-1})$ bei; insbesondere ist dann y die unabhängige Variable von f^{-1}. Interessiert das f nicht mehr, so kann man den Graphen von f^{-1} in die übliche Position bringen, d.h. f^{-1} als Funktion einer neuen, horizontal skalierten Variablen x darstellen.

Die Umkehrfunktion "existiert" unter den angeführten Umständen, auch wenn es nicht möglich ist, sie formelmäßig mit Hilfe von "schon vorhandenen" Funktionen darzustellen. Viele wichtige Funktionen, zum Beispiel die Arcus-Funktionen und letzten Endes auch arg, sind ausdrücklich als Umkehrfunktionen von anderen Funktionen definiert und zunächst nicht anderweitig darstellbar.

③ Es sei $n \geq 1$. Die Potenzfunktion

$$\operatorname{pot}_n: \quad \mathbb{R}_{\geq 0} \to \mathbb{R}_{\geq 0}, \qquad x \mapsto y := x^n$$

ist injektiv: Aus $0 \leq x' < x$ folgt

$$x^n - x'^n = (x^{n-1} + x^{n-2}x' + \ldots + x'^{n-1})(x - x') > 0 ,$$

insbesondere $x^n \neq x'^n$. Ferner ist pot_n auch surjektiv (wird später bewiesen). Es gibt daher eine Umkehrfunktion, genannt n-te **Wurzel**:

$$\operatorname{wrz}_n: \quad \mathbb{R}_{\geq 0} \to \mathbb{R}_{\geq 0}, \qquad y \mapsto x := \operatorname{wrz}_n(y) .$$

Anstelle von $\operatorname{wrz}_n(y)$ schreibt natürlich jedermann $\sqrt[n]{y}$.   ◯

Viele wichtige Funktionen, zum Beispiel die trigonometrischen Funktionen, sind leider nicht injektiv. Um die Existenz einer Umkehrfunktion wenigstens für einen "Teil" von f auch in diesem Fall zu erzwingen, kann man den Definitionsbereich so weit verkleinern, daß f auf dem verkleinerten Bereich injektiv wird. Man wählt also eine geeignete Teilmenge $A \subset \operatorname{dom}(f)$ und "vergißt" die Funktion außerhalb A. Diese **Einschränkung** von f auf A wird, wenn wirklich nötig, mit $f \restriction A$ bezeichnet. Wir behandeln als Anwendung dieser Idee die Arcus-Funktionen.

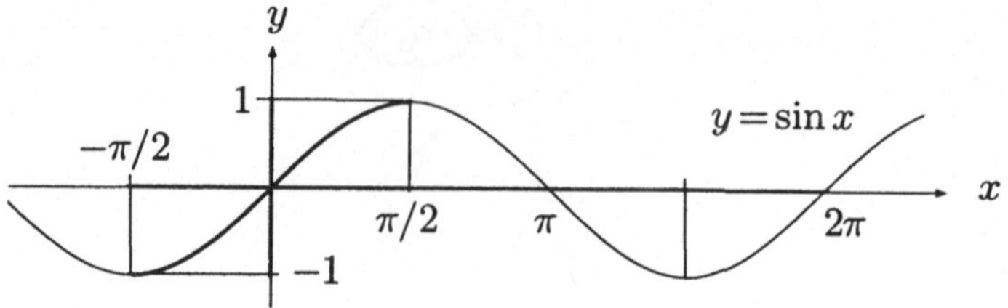

Fig. 2.2.6a

④ Die Einschränkung $\sin \upharpoonright \left[-\frac{\pi}{2}, \frac{\pi}{2}\right]$ ist streng monoton wachsend und bildet das Intervall $\left[-\frac{\pi}{2}, \frac{\pi}{2}\right]$ bijektiv auf $[-1, 1]$ ab (Fig. 2.2.6a). Es gibt daher die Umkehrfunktion

$$\arcsin: \quad [-1, 1] \rightarrow \left[-\frac{\pi}{2}, \frac{\pi}{2}\right],$$

genannt **Arcussinus** (Fig. 2.2.6b).

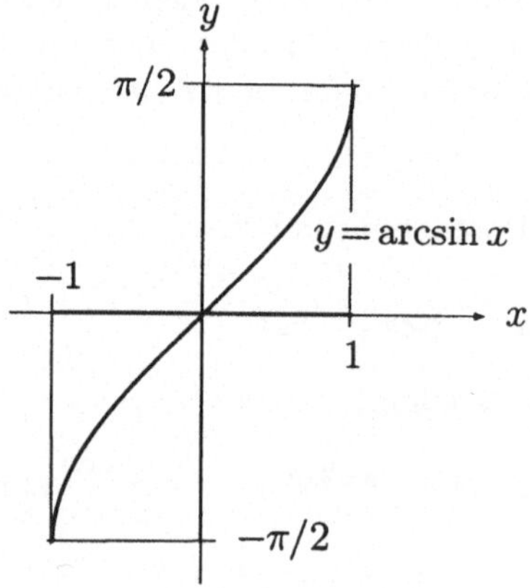

Fig. 2.2.6b

Die Einschränkung $\cos \upharpoonright [0, \pi]$ ist streng monoton fallend und bildet das Intervall $[0, \pi]$ bijektiv und gegensinnig auf das Intervall $[-1, 1]$ ab (Fig. 2.2.7). Es gibt daher die Umkehrfunktion

$$\arccos: \quad [-1, 1] \rightarrow [0, \pi],$$

die monoton von π nach 0 fällt.

Die Einschränkung $\tan \upharpoonright \left]-\frac{\pi}{2}, \frac{\pi}{2}\right[$ ist streng monoton wachsend und bildet das Intervall $\left]-\frac{\pi}{2}, \frac{\pi}{2}\right[$ bijektiv auf $\mathbb{R}$ ab (Fig. 2.2.8). Es gibt daher die Umkehrfunktion

$$\arctan: \quad \mathbb{R} \rightarrow \left]-\frac{\pi}{2}, \frac{\pi}{2}\right[.$$

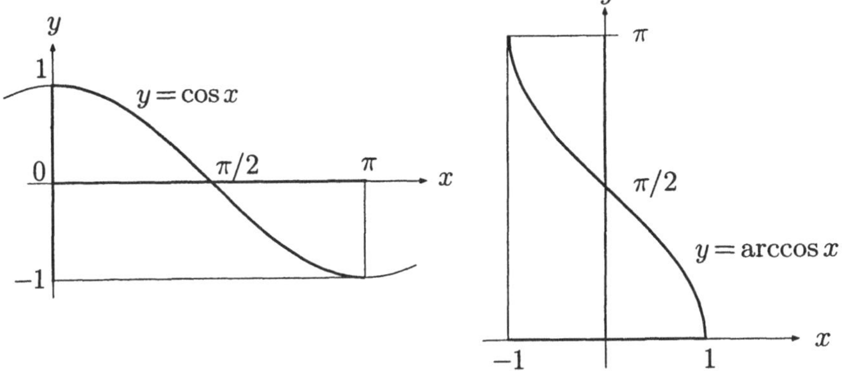

Fig. 2.2.7

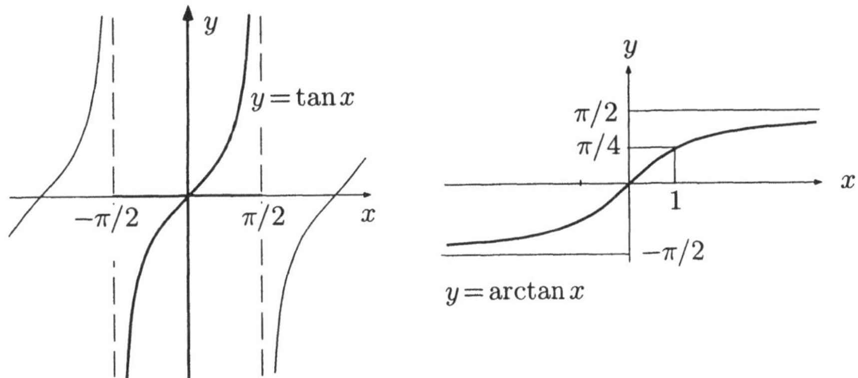

Fig. 2.2.8

Sind f und g Funktionen mit gemeinsamem Definitionsbereich (eine beliebige Menge) und Werten in der gleichen Grundstruktur, zum Beispiel in $\mathbb{C}$, so lassen sich f und g ebenfalls den in $\mathbb{C}$ vorhandenen Operationen und Verknüpfungen unterwerfen. Damit sind in natürlicher Weise die Funktionen

$$\bar{f}, \ |f|, \ \operatorname{Re}f, \ \operatorname{Im}f, \ f+g, \ \lambda f, \ f\cdot g, \ f/g$$

mit demselben Definitionsbereich erklärt — f/g natürlich nur in den Punkten x, wo $g(x) \neq 0$ ist.

Funktionen (Abbildungen) lassen sich aber noch auf eine weitere Art miteinander verknüpfen: Sind $f\colon A \to B$ und $g\colon B \to C$ zwei Funktionen, so ist für jedes $x \in A$ zunächst durch f der Punkt $f(x) \in B$ festgelegt und zu diesem dann durch g der Punkt $g\big(f(x)\big) \in C$ (Fig. 2.2.9). Damit entsteht von selbst die **zusammengesetzte Abbildung**

$$g \circ f: \quad A \to C, \qquad x \mapsto g(f(x)) \ .$$

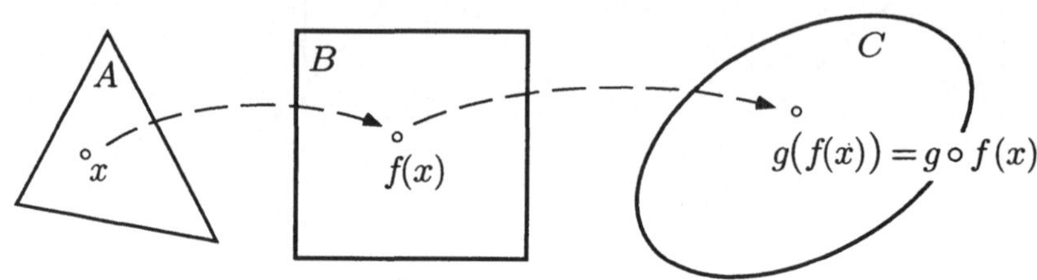

Fig. 2.2.9

⑤ Die beiden Funktionen

$$f(x) := e^x, \qquad g(x) := \cos x$$

lassen sich als Abbildungen von $\mathbb{R}$ nach $\mathbb{R}$ auffassen und somit auf zweierlei Arten zusammensetzen. Die beiden Zusammensetzungen

$$g \circ f: \quad x \mapsto \cos(e^x), \qquad f \circ g: \quad x \mapsto e^{\cos x}$$

sind offensichtlich voneinander verschieden: $g \circ f$ nimmt Werte im Intervall $[-1, 1]$ an, $f \circ g$ im Intervall $\left[\frac{1}{e}, e\right]$. ◯

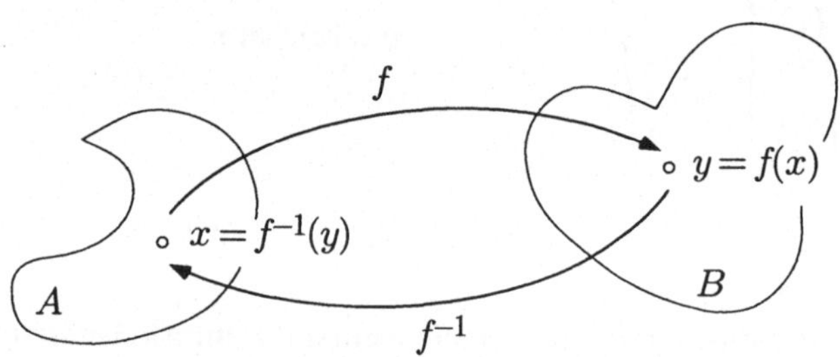

Fig. 2.2.10

⑥ Ist $f: A \to B$ bijektiv, so gilt

$$f^{-1} \circ f = \mathrm{id}_A, \qquad f \circ f^{-1} = \mathrm{id}_B$$

(Fig. 2.2.10); dabei bezeichnet

$$\mathrm{id}_A: \quad A \to A, \qquad x \mapsto x$$

die **identische Abbildung** von A.

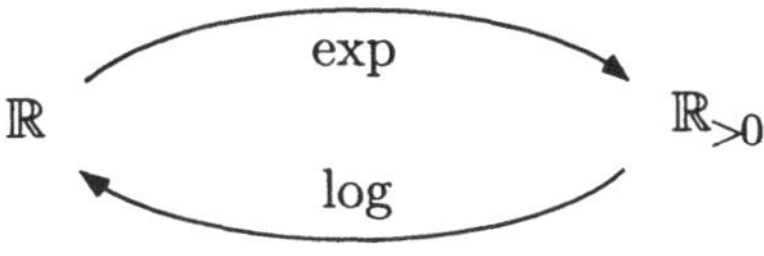

Fig. 2.2.11

Bsp: Logarithmus und Exponentialfunktion (Fig. 2.2.11). Man hat

$$\forall t \in \mathbb{R}: \qquad \log(e^t) = t \ ;$$
$$\forall r \in \mathbb{R}_{>0}: \qquad e^{\log r} = r \ .$$

⑦ Es seien

$$\gamma: \quad \mathbb{R} \curvearrowright \mathbb{R}^3 \ , \qquad t \mapsto \mathbf{x}(t)$$

die Parameterdarstellung einer Raumkurve (als "Flugplan" zu interpretieren)
und

$$u: \quad \mathbb{R}^3 \curvearrowright \mathbb{R} \ , \qquad \mathbf{x} \mapsto u(\mathbf{x})$$

eine Temperaturverteilung im Raum. Dann stellt die Zusammensetzung

$$f(t) \ := \ u\big(\mathbf{x}(t)\big)$$

den vom mitfliegenden Beobachter aufgezeichneten zeitlichen Temperaturverlauf dar.

Theoretisch betrachten wir die Punkte (Zahlen, Vektoren) unserer Grundstrukturen als ideale Objekte, die mit "unendlicher Genauigkeit" erfaßt und
manipuliert werden können. In einem Computer sind aber nur die allerwenigsten Zahlen, zum Beispiel die Zahlen

$$\pm p/q \qquad (p \in \mathbb{N}, q \in \mathbb{N}^*; \ p, q \leq 2^{48})$$

exakt darstellbar, alle anderen können nur mit ziemlicher Genauigkeit approximiert werden. Wenn wir unter diesen Umständen sinnvoll mit Funktionen arbeiten wollen (Fig. 2.2.12), sind wir darauf angewiesen, daß die
Eingabe eines Näherungswerts x anstelle des richtigen Werts x_0 (man denke
an $x_0 := \pi$) zu einem Funktionswert $f(x)$ führt, der in der Nähe des richtigen
Funktionswerts $f(x_0)$ liegt. Es soll also gelten:

$$x \doteq x_0 \quad \Longrightarrow \quad f(x) \doteq f(x_0) \ .$$

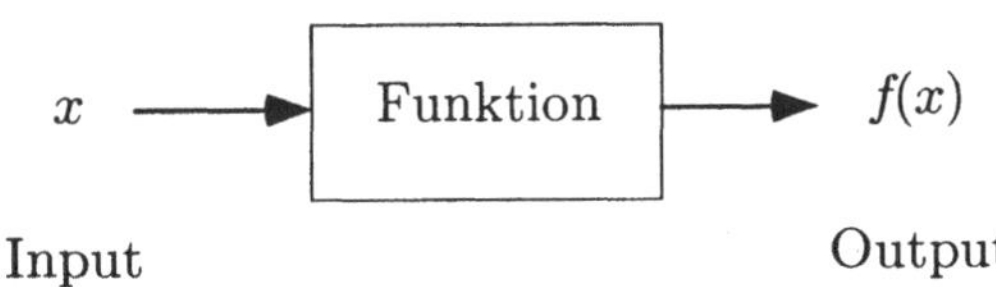

Fig. 2.2.12

Die hier angesprochene Eigenschaft von Funktionen ist die sogenannte *Stetigkeit*. Wie wir noch sehen werden, handelt sich da um einen fundamentalen Begriff der Analysis. In der beschriebenen Situation wäre man wohl zufrieden, wenn folgendes sichergestellt wäre:

$$\forall x: \quad |f(x) - f(x_0)| \le |x - x_0| \,,$$

das heißt, wenn der Fehler im Output höchstens so groß ist wie der Fehler im Input. Ja, es würde auch genügen, wenn für eine geeignete Konstante $C > 0$ (zum Beispiel $C := 20$) die Fehlerabschätzung

$$\forall x: \quad |f(x) - f(x_0)| \le C\,|x - x_0| \tag{1}$$

gilt. Läßt sich der Fehler im Funktionswert durch eine derartige **Lipschitz-Bedingung** begrenzen, so heißt f **lipstetig** (sic!) an der Stelle x_0. Leider läßt sich die Stetigkeit mit diesem einfachen Ansatz nicht ganz in den Griff bekommen, wie das folgende Beispiel zeigt.

⑧   Die Wurzelfunktion

$$\sqrt{\cdot}: \quad \mathbb{R}_{\ge 0} \;\to\; R_{\ge 0}\,, \qquad x \mapsto \sqrt{x}$$

ist zweifellos stetig, und zwar auch im Ursprung: Je näher x bei 0 ist, desto näher ist $\sqrt{x}$ bei $\sqrt{0} = 0$. Wegen

$$\frac{|\sqrt{x} - \sqrt{0}|}{|x - 0|} = \frac{\sqrt{x}}{x} = \frac{1}{\sqrt{x}} \;\to\; \infty \qquad (x \to 0+)$$

gibt es aber kein $C > 0$, so daß für alle $x \ge 0$ die Fehlerbegrenzung

$$|\sqrt{x} - \sqrt{0}| \;\le\; C\,|x - 0|$$

garantiert ist.

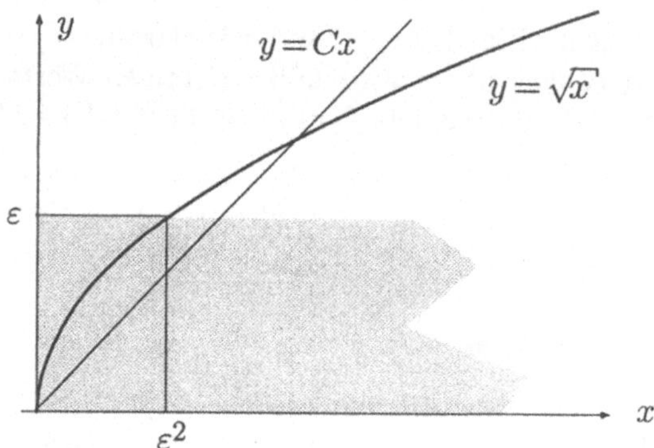

Fig. 2.2.13

Folgendes trifft hingegen zu (Fig. 2.2.13): Ist eine (beliebig kleine) Toleranz $\varepsilon > 0$ vorgegeben, so ist $|\sqrt{x} - 0| < \varepsilon$ für alle hinreichend nahe bei 0 liegenden x: Es genügt, daß $|x - 0| < \varepsilon^2$ ist. $\qquad\bigcirc$

Diese eigentümlich verschachtelte Bedingung liegt der allgemeinen Definition der Stetigkeit zugrunde: Die Funktion f ist **an der Stelle** x_0 **stetig**, wenn sich zu beliebig kleiner vorgegebener Toleranz $\varepsilon > 0$ ein "Schlupf" $\delta > 0$ finden läßt, so daß für alle $x \in \mathrm{dom}\,(f)$ gilt:

$$|x - x_0| < \delta \quad \Longrightarrow \quad |f(x) - f(x_0)| < \varepsilon \;.$$

Der Schlupf δ wird in aller Regel von ε abhängen: Je kleiner die Fehlertoleranz beim Funktionswert ist, desto weniger Schlupf darf die unabhängige Variable aufweisen. — Eine Funktion f heißt ganz einfach **stetig**, wenn sie an jeder Stelle $x_0 \in \mathrm{dom}\,(f)$ stetig ist.

Erfreulicherweise benötigen wir diese allgemeine Definition kaum; denn in den allermeisten Fällen ist eine Lipschitz-Bedingung (1) erfüllt, und das reicht für die Stetigkeit aus: Gilt (1) für ein gewisses C und ist eine Toleranz $\varepsilon > 0$ vorgegeben, so ist $|f(x) - f(x_0)| < \varepsilon$ garantiert, sobald $|x - x_0| < \varepsilon/C$ ist. Folglich ist $\delta := \varepsilon/C$ ein zuläßiger Schlupf.

Alles, was hier gesagt wird, gilt nicht nur für Funktionen $f \colon \mathbb{R} \curvearrowright \mathbb{R}$, sondern für Funktionen, die in einer beliebigen Grundstruktur

$$\mathbb{X} \in \left\{ \mathbb{R}, \mathbb{R}^2, \mathbb{R}^3, \ldots, \mathbb{C} \right\}$$

definiert sind und in einer derartigen Struktur $\mathbb{X}'$ Werte annehmen. In allen diesen Strukturen ist eine natürliche Abstandsmessung

$$d(x, a) := |x - a|$$

vorhanden, und etwas anderes haben wir hier nicht gebraucht. Anstelle dieses **euklidischen Abstandes** verwendet man gelegentlich auch die Abstandsfunktion

$$\|\mathbf{x} - \mathbf{a}\| := \max_{1 \le k \le n} |x_k - a_k| \qquad (\mathbf{x}, \mathbf{a} \in \mathbb{R}^n) \;.$$

Die "Einheitskugel" mit Zentrum $\mathbf{a}$ ist dann ein achsenparalleler Würfel der Kantenlänge 2. Wie man sich leicht überlegt, gilt

$$\frac{1}{\sqrt{n}}\, |\mathbf{x} - \mathbf{a}| \le \|\mathbf{x} - \mathbf{a}\| \le |\mathbf{x} - \mathbf{a}| \;.$$

Für Konvergenzbetrachtungen spielt es daher keine Rolle, ob man mit dem euklidischen Betrag $|\mathbf{x}|$ oder mit der **"Würfelnorm"** $\|\mathbf{x}\|$ arbeitet.

Wir notieren die folgenden Grundprinzipien:

(2.2) (a) *Konstante Funktionen sind stetig.*

(b) *Die identische Abbildung $x \mapsto x$ ist stetig.*

(c) *Die Zusammensetzung von stetigen Funktionen ist stetig.*

(d) *Die Umkehrfunktion einer injektiven stetigen Funktion $f \colon \mathbb{R} \curvearrowright \mathbb{R}$ ist stetig.*

⌐ Wir beweisen nur (c), wobei wir die folgenden vereinfachenden Annahmen zugrundelegen: Die Funktion $f \colon x \mapsto y$ sei lipstetig an der Stelle x_0:

$$\forall x: \quad |f(x) - f(x_0)| \le C|x - x_0|\,,$$

und die Funktion $g \colon y \mapsto z$ sei lipstetig an der Stelle $y_0 := f(x_0)$:

$$\forall y: \quad |g(y) - g(y_0)| \le C'|y - y_0|\,.$$

Hieraus folgt: Für alle x gilt

$$\begin{aligned}
|g \circ f(x) - g \circ f(x_0)| &= |g(f(x)) - g(f(x_0))| \\
&\le C'\,|f(x) - f(x_0)| \\
&\le C'\,C\,|x - x_0|\,;
\end{aligned}$$

somit genügt $g \circ f$ an der Stelle x_0 einer Lipschitz-Bedingung mit der Konstanten $C'\,C$. ⌐

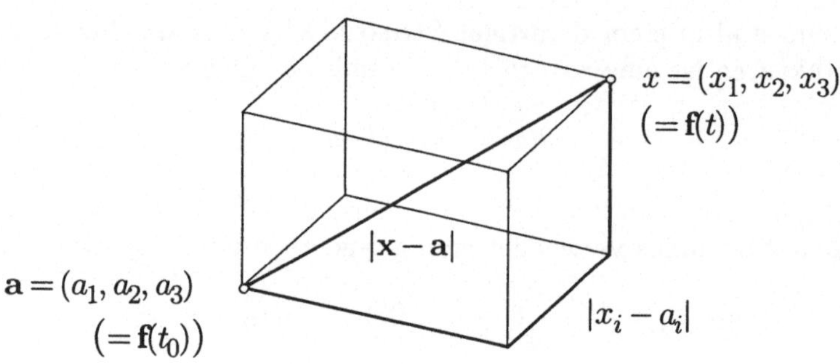

Fig. 2.2.14

Für zwei beliebige Punkte $\mathbf{x} = (x_1, x_2, x_3)$ und $\mathbf{a} = (a_1, a_2, a_3)$ im $\mathbb{R}^3$ gelten die Ungleichungen

$$|x_i - a_i| \le |\mathbf{x} - \mathbf{a}| \le |x_1 - a_1| + |x_2 - a_2| + |x_3 - a_3| \tag{2}$$

(Fig. 2.2.14). Aus diesen Ungleichungen, bzw. den analogen Ungleichungen in den anderen Grundstrukturen, folgt:

(2.3) (a) *Die Projektionen*

$$\mathrm{pr}_i\colon \quad \mathbb{X} \to \mathbb{R}, \qquad \mathbf{x} \mapsto x_i$$

auf die Koordinatenachsen, insbesondere auch Re und Im, sind stetig.

(b) *Eine $\mathbb{X}$-wertige Funktion*

$$t \mapsto \mathbf{f}(t) \qquad \left(= \big(f_1(t), f_2(t), f_3(t)\big),\ z.B.\right)$$

ist genau dann stetig, wenn die einzelnen Koordinatenfunktionen f_i stetig sind.

$\ulcorner$ (a) Die linke Ungleichung (2) besagt, daß pr_i lipstetig ist mit Lipschitz-Konstante 1. — (b) Ist $\mathbf{f}$ stetig, so ist nach **(2.2)**(c) auch jedes $f_i = \mathrm{pr}_i \circ \mathbf{f}$ stetig. Für die Hauptaussage von (b), daß nämlich die Stetigkeit der f_i die Stetigkeit des "Gesamtobjekts" $\mathbf{f}$ nach sich zieht, verwenden wir die rechte Ungleichung (2) mit $\mathbf{x} := \mathbf{f}(t)$, $\mathbf{a} := \mathbf{f}(t_0)$. Wenn wir für die f_i vereinfachend (1) annehmen, so ergibt sich

$$|\mathbf{f}(t) - \mathbf{f}(t_0)| \le \sum_{i=1}^{3} |f_i(t) - f_i(t_0)| \le \sum_{i=1}^{3} C_i |t - t_0|$$
$$= (C_1 + C_2 + C_3)|t - t_0|\ .$$

Somit ist $\mathbf{f}$ an der Stelle t_0 ebenfalls lipstetig, wobei $C := C_1 + C_2 + C_3$ als Lipschitz-Konstante dienen kann. $\lrcorner$

Für die analytische Praxis ist nun das folgende entscheidend:

(2.4) *Die in den Grundstrukturen $\mathbb{X}$ vorhandenen Operationen sind stetig.*

$\ulcorner$ Wir behandeln nur das Produkt von reellen Zahlen, das wir als eine Funktion $p(\cdot)$ der Vektorvariablen $\mathbf{x} = (x_1, x_2)$ betrachten:

$$p(\mathbf{x}) := x_1 \cdot x_2\ .$$

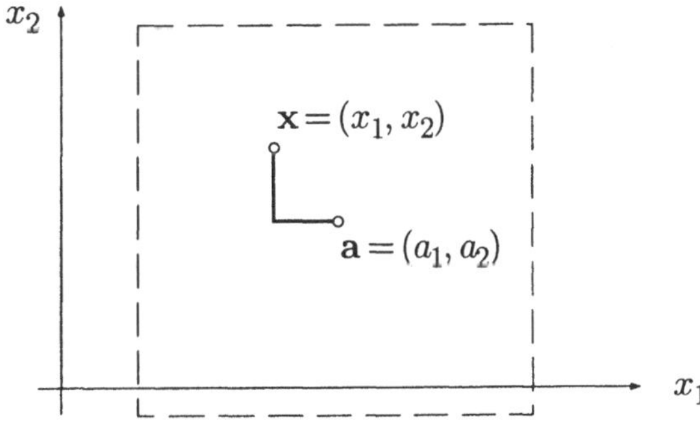

Fig. 2.2.15

Es genügt, die Stetigkeit von $p(\cdot)$ an einer fest gewählten Stelle $\mathbf{a} \in \mathbb{R}^2$ zu beweisen. Da wir dabei nur die Produkte von Zahlen $x_1 \doteq a_1$ und $x_2 \doteq a_2$ betrachten müssen, dürfen wir von vorneherein

$$\|\mathbf{x} - \mathbf{a}\| \leq 1$$

annehmen (Fig. 2.2.15). Wir erhalten dann folgende Kette von Ungleichungen:

$$\begin{aligned}
|p(\mathbf{x}) - p(\mathbf{a})| &= |x_1 x_2 - a_1 a_2| \\
&= |(x_1 - a_1)a_2 + a_1(x_2 - a_2) + (x_1 - a_1)(x_2 - a_2)| \\
&\leq |a_2|\,|x_1 - a_1| + |a_1|\,|x_2 - a_2| + |x_1 - a_1|\,|x_2 - a_2| \\
&\leq \|\mathbf{a}\|\,\|\mathbf{x} - \mathbf{a}\| + \|\mathbf{a}\|\,\|\mathbf{x} - \mathbf{a}\| + \|\mathbf{x} - \mathbf{a}\|^2 \\
&\leq (2\|\mathbf{a}\| + 1)\,\|\mathbf{x} - \mathbf{a}\| \ ;
\end{aligned}$$

somit ist $p(\cdot)$ lipstetig an der Stelle $\mathbf{a}$. $\lrcorner$

Aus den Sätzen **(2.2)**–**(2.4)** folgt insbesondere

(2.5) *Ein mit stetigen Funktionen gebildeter rationaler Ausdruck ist, soweit definiert, stetig.*

$\lceil$ Wir können zum Beispiel das Produkt $g := f_1 \cdot f_2$ von zwei stetigen Funktionen $f_1, f_2 : \ \mathrm{X} \curvearrowright \mathbb{R}$ als Zusammensetzung $g = p \circ \mathbf{f}$ von stetigen Funktionen interpretieren:

$$\begin{array}{ccccc}
\mathbf{f} & & & p & \\
\mathrm{X} & \curvearrowright & \mathbb{R}^2 & \to & \mathbb{R} \\
t & \mapsto & \big(f_1(t), f_2(t)\big) & \mapsto & f_1(t) \cdot f_2(t)
\end{array} \ .$$

Die erste Funktion ist stetig gemäß Prinzip **(2.3)**(b), die zweite nach Satz **(2.4)**, die Zusammensetzung nach **(2.2)**(c). $\lrcorner$

Wenn wir die Stetigkeit der Funktionen exp, cos, sin einmal voraussetzen, ergibt sich hieraus weiter mit Satz **(2.2)**(d): Alle elementaren Funktionen sind in ihrem Definitionsbereich stetig.

⑨ Die Potenzfunktionen $\mathrm{pot}_n \colon x \mapsto x^n$ sind als endliche Produkte von stetigen Funktionen $x \mapsto x$ stetig. Nach **(2.2)**(d) sind also auch die Wurzelfunktionen $\sqrt[n]{\cdot}$ stetig. — Die Funktion

$$f(x) := \frac{e^{1-\log^2 x}\,\arccos\frac{1}{1+x^2}}{\log\sin(1+e^x)}$$

ist, soweit definiert, stetig.

Die Stetigkeit garantiert nicht nur, daß mit den betreffenden Funktionen in vernünftiger Weise numerisch gearbeitet werden kann, sondern sie bildet auch die Grundvoraussetzung für fundamentale Sätze der Analysis, so für den folgenden **Zwischenwertsatz**. Es leuchtet ein, daß ein derartiger Satz für Funktionen, die Sprünge machen, nicht gilt.

(2.6) *Es sei* $f\colon [a,b] \to \mathbb{R}$ *eine stetige Funktion und*

$$f(a) < 0 < f(b) \ .$$

Dann besitzt f *im Intervall* $[a,b]$ *wenigstens eine Nullstelle* ξ.

⌐ Wir konstruieren durch fortgesetztes Halbieren des Intervalls $[a,b]$ rekursiv eine Folge von Intervallen $[a_k, b_k]$:

$$a_0 := a\ , \quad b_0 := b\ ;$$

$$[a_{k+1}, b_{k+1}] := \begin{cases} \left[a_k\,,\ \dfrac{a_k+b_k}{2}\right]\,, & \text{falls } f\!\left(\dfrac{a_k+b_k}{2}\right) > 0\,, \\[2ex] \left[\dfrac{a_k+b_k}{2}\,,\ b_k\right]\,, & \text{falls } f\!\left(\dfrac{a_k+b_k}{2}\right) \le 0\,. \end{cases}$$

Dann ist die Folge $a.$ monoton wachsend (Fig. 2.2.16), die Folge $b.$ monoton fallend, und es gilt für alle k:

$$b_k - a_k = \frac{1}{2^k}(b-a)\,, \qquad f(a_k) \le 0 < f(b_k)\ .$$

Hieraus folgt mit Satz **(1.1)**: Die beiden Folgen besitzen einen gemeinsamen Grenzwert ξ; wir behaupten natürlich: Es ist $f(\xi) = 0$.

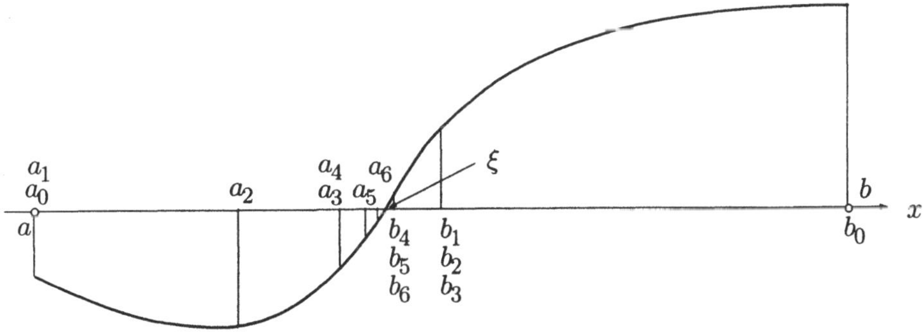

Fig. 2.2.16

Wir beweisen das indirekt und nehmen an, es sei etwa $f(\xi) =: 2\varepsilon > 0$. Da f an der Stelle ξ stetig ist, gibt es zu diesem ε einen Schlupf $\delta > 0$ mit

$$|x - \xi| < \delta \quad \Longrightarrow \quad |f(x) - f(\xi)| < \varepsilon \ .$$

Insbesondere ist dann $f(x) > \varepsilon > 0$ für alle $x \in]\xi - \delta, \xi]$. Da die a_k von unten gegen ξ konvergieren, gibt es bestimmt ein a_k in diesem Intervall (siehe die Fig. 2.2.17), und man hätte $f(a_k) > 0$ — ein Widerspruch. $\quad\lrcorner$

Mit Hilfe des Zwischenwertsatzes läßt sich zum Beispiel leicht beweisen, daß die Potenzfunktionen $\mathrm{pot}_n \colon \mathbb{R}_{\geq 0} \to \mathbb{R}_{\geq 0}$ surjektiv sind.

Die im Beweis von **(2.6)** angegebene Konstruktion einer Nullstelle ξ heißt **binäre Suche** und wird auch in der numerischen Praxis häufig verwendet. Wir behandeln dazu ein numerisches Beispiel.

⑩ Gegeben ist das Polynom dritten Grades

$$f(x) := x^3 - x - 1 \ .$$

Es ist $f(0) = -1$, $f(2) = 5$. Wir legen dann die folgende Tabelle an:

a_k	b_k	$\dfrac{a_k + b_k}{2}$	$f\left(\dfrac{a_k + b_k}{2}\right)$
0	2	1	-1
1		1.5	0.875
	1.5	1.25	-0.2969
1.25		1.375	0.2246
	1.375	1.3125	-0.0515
1.3125		1.34375	0.0826
	1.34375	1.328125	0.014576
	1.328125	1.320313	-0.018711
1.320313		1.324219	-0.002128
1.324219		1.326172	0.006209
	1.326172	1.325195	0.002037
	1.325195	1.324707	-0.000047

Folglich besitzt f die Nullstelle $\xi \doteq 1.3247$. $\quad\bigcirc$

⑪ Ist $B \subset \mathbb{R}^2$ eine beschränkte konvexe Menge mit glattem Rand ∂B, so gibt es einen geradlinigen Schnitt, der sowohl den Flächeninhalt wie den Umfang von B halbiert.

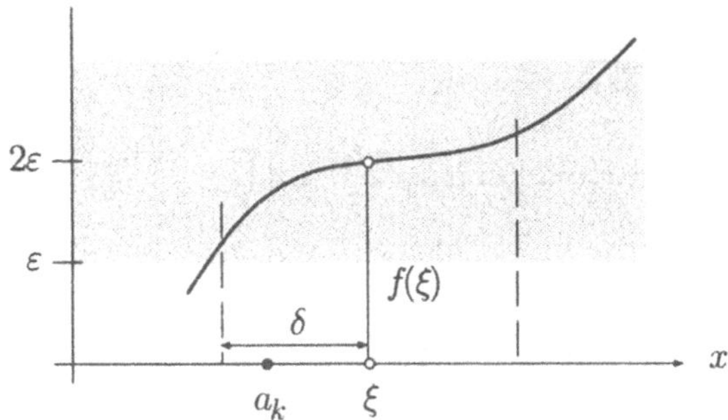

Fig. 2.2.17

⌐ Es bezeichne A den Flächeninhalt und L den Umfang von B. Wähle für ∂B eine Parameterdarstellung

$$\partial B : \quad s \mapsto \mathbf{z}(s) \qquad (0 \le s \le L)$$

mit der Bogenlänge als Parameter. Jeder geradlinige Schnitt durch zwei Punkte

$$\mathbf{z}(s), \quad \mathbf{z}\left(s + \tfrac{L}{2}\right) \qquad \left(0 \le s \le \tfrac{L}{2}\right)$$

halbiert den Umfang. Es bezeichne $a(s)$ den Flächeninhalt zur Rechten eines derartigen Schnittes. Ist zum Beispiel $a(0) < \frac{A}{2}$, so ist $a\left(\frac{L}{2}\right) = A - a(0) > \frac{A}{2}$. Es gibt daher ein $s_0 \in \left[0, \frac{L}{2}\right]$ mit $a(s_0) = \frac{A}{2}$. ⌙
○

Aufgaben

1. Die Funktion

$$f : \quad x \mapsto \sqrt{9 - \sqrt{25 - \sqrt{x}}}$$

wird als reellwertige Funktion der reellen Variablen x betrachtet.

(a) Bestimme den Definitionsbereich $\operatorname{dom}(f) =: D$ sowie den Wertebereich $\operatorname{im}(f) =: W$.

(b) Überlege: f ist Zusammensetzung von streng monotonen Funktionen und damit injektiv.

(c) Ⓜ Bestimme den analytischen Ausdruck der Umkehrfunktion

$$f^{-1} : W \to D .$$

(d) Ⓜ Zeichne die Graphen von f und von f^{-1}.

2. Produziere ein anregendes Beispiel von drei reellen Funktionen f, g, h, so daß für ein geeignetes Intervall I gilt:

$$h \circ g \circ f = \mathrm{id}_I \ .$$

3. Es sei $\#A = 5$, $\#B = 8$. Bestimme

  (a) die Anzahl der injektiven Abbildungen $f : A \to B$,

  (b) die Anzahl der surjektiven Abbildungen $g : B \to A$.

  (*Hinweis:* Für (b) gibt es keine einfache Formel.)

4. Ⓜ Es sei $f(x) := x^2 + 2x + 2$. Man bestimme, soweit möglich, die Umkehrfunktionen der Einschränkungen

  (a) $f \restriction \mathbb{R}_{\geq 0}$,   (b) $f \restriction [-2, 0]$,   (c) $f \restriction \mathbb{R}_{\leq -2}$.

5. Zwei reelle Größen x und y sind durch die Beziehung

$$\sqrt{1 + x} + \sqrt{1 + y} = 2$$

aneinander gekoppelt. Ist diese Beziehung monoton? Welche Intervalle der x- und der y-Achse werden dadurch aufeinander abgebildet? Figur!

6. Erfinde eine Funktion $f \colon \mathbb{R} \to \mathbb{N}$, die in jedem noch so kurzen Intervall jeden Wert $k \in \mathbb{N}$ annimmt.

7. Erfinde eine bijektive Abbildung von $\mathbb{R}_{\geq 0}$ auf $\mathbb{R}_{> 0}$.

8. Ⓜ Die vier Teilflächen in der Figur 2.2.18 sind gleich groß. Bestimme den Winkel α mit Hilfe eines Taschenrechners und binärer Suche (eine Tabelle anlegen!). Wieviel Schritte wären nötig, um α auf 10^{-6} Grad genau zu berechnen?

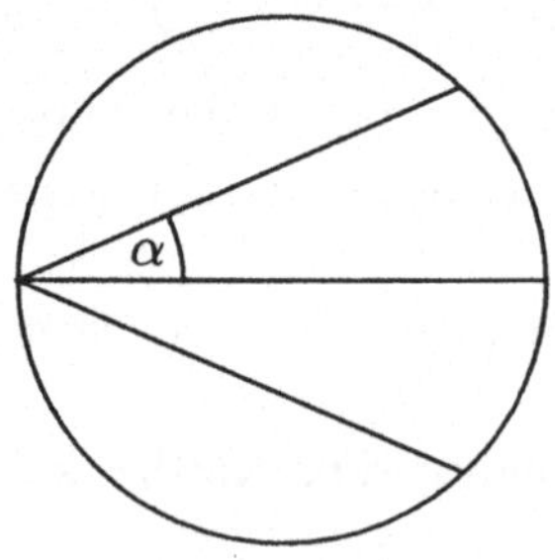

Fig. 2.2.18

9. ⓜ Man bestimme die Konstanten α und β sowie $f(-1)$, $f(1)$ derart, daß die Funktion

$$f(x) := \begin{cases} x^2 - \alpha x + \beta & (x < -1) \\ (\alpha + \beta)x & (-1 < x < 1) \\ x^2 + \alpha x - \beta & (x > 1) \end{cases}$$

auf der ganzen reellen Achse stetig wird, und zeichne den resultierenden Graphen von f. (*Hinweis:* Diese Aufgabe kann von A bis Z mit ⓜ gelöst werden.)

10. Eine Funktion $f\colon I \to \mathbb{R}$ heißt **unimodal**, wenn sie bis zu einer bestimmten Stelle $\xi \in I$ streng monoton wächst und anschließend streng monoton fällt.

(a) Erfinde einen Suchalgorithmus für ξ $(I = [a, b]$ vorausgesetzt$)$.

(b) Wende diesen Algorithmus an auf das Beispiel

$$f(t) := \sqrt{t} - e^t \qquad (0 \le t \le 1) .$$

11. Zeige: Ist $f\colon S^1 \to \mathbb{R}$ eine stetige Funktion auf der Peripherie des Einheitskreises, so gibt es zwei Diametralpunkte auf S^1, in denen f denselben Wert annimmt.

12. Verifiziere die folgenden Identitäten:

(a) $\arcsin x + \arccos x = \dfrac{\pi}{2} \qquad (0 \le x \le 1)$,

(b) $\tan(\arcsin x) = \dfrac{x}{\sqrt{1 - x^2}} \qquad (1 < x < 1)$.

2.3. Grenzwerte

Ist eine gegebene Funktion als stetig erwiesen, so ist man sicher, daß sie sich auf ihrem ganzen Definitionsbereich vernünftig verhält. Wenn wir aber das Verhalten einer Funktion in den Randzonen von dom (f) oder in der Nähe von isolierten Ausnahmepunkten (Beispiel: $\sin x/x$ bei $x := 0$) beschreiben wollen, so benötigen wir den Begriff des Grenzwerts.

Bevor wir damit beginnen, erläutern wir einige Begriffe aus der sogenannten allgemeinen Topologie, dem Teilgebiet der Mathematik, das sich mit Stetigkeit "an sich", mit der Konvergenz in unendlichdimensionalen Räumen und mit Ähnlichem befaßt.

Es sei A eine beliebige Teilmenge des Grundraums $\mathbb{X}$, z.B. von $\mathbb{C}$. Ein Punkt $a \in A$ ist ein **innerer Punkt** von A, wenn es eine (u.U. kleine) Vollkugel mit Zentrum a gibt, die noch ganz zu A gehört (Fig. 2.3.1). Man kann dann von a aus in jeder Richtung noch ein Stück weit gehen, ohne A zu verlassen. Eine Menge A, die nur aus inneren Punkten besteht, heißt **offen**. Als Faustregel kann das folgende dienen: Eine durch endlich viele strenge Ungleichungen definierte Menge ist offen.

Bsp: Das offene Intervall $]0, 1[$ ist offen in $\mathbb{R}$, die Kreisscheibe $\{z \in \mathbb{C} \mid |z| < 1\}$ ist offen in $\mathbb{C}$, und $\{(x, y, z) \mid 0 < z < 1 - \sqrt{x^2 + y^2}\}$ ist ein offener Kreiskegel im $\mathbb{R}^3$.

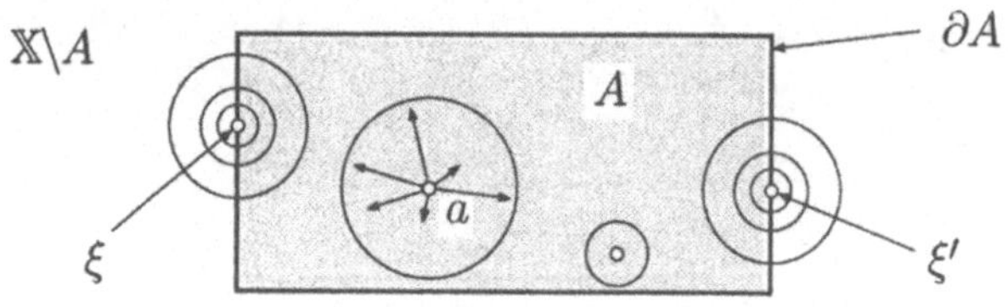

Fig. 2.3.1

Ein Punkt $\xi \in \mathbb{X}$, ob er nun zu A gehört oder nicht (Fig. 2.3.1), ist ein **Randpunkt** von A, wenn jede (noch so kleine) Vollkugel mit Mittelpunkt ξ sowohl die Menge A wie deren **Komplement** $\mathbb{X} \setminus A$ schneidet. Die Menge der Randpunkte von A wird mit ∂A bezeichnet. Die betrachtete Menge A heißt **abgeschlossen**, wenn $\partial A \subset A$ gilt, das heißt: wenn der Rand vollständig zu A dazugehört. Als Faustregel kann das folgende dienen: Eine durch Gleichungen und $\leq$-Ungleichungen definierte Menge $A \subset \mathbb{X}$ ist abgeschlossen.

Bsp: $\mathbb{R}_{\geq 0}$ und $[a, b]$ sind abgeschlossene Teilmengen von $\mathbb{R}$, die Ellipse $\{(x, y) \mid 2x^2 + 5y^2 \leq 7\}$ ist eine abgeschlossene Menge in der Ebene, und die x-Achse $\{(x, y, z) \in \mathbb{R}^3 \mid y = 0, \, z = 0\}$ ist eine abgeschlossene Menge im $\mathbb{R}^3$.

Wir betrachten also eine Funktion $f\colon \mathbb{X} \curvearrowright \mathbb{X}'$ und konzentrieren unsere Aufmerksamkeit auf einen bestimmten Punkt $\xi \in \mathbb{X}$, typischerweise einen Randpunkt von $\mathrm{dom}\,(f)$. Da wir das Verhalten von f studieren wollen, wenn "x nach ξ strebt", nehmen wir von vornherein an, daß es in beliebiger Nähe von ξ tatsächlich Punkte $x \in \mathrm{dom}\,(f)$ gibt. Die Frage nach dem Verhalten von $f(x)$ für $x \to \xi$ führt auf die Frage: Wie müßte man $f(\xi)$ vernünftigerweise definieren? Offenbar so, daß f (bzw. die "erweiterte" Funktion $\tilde{f}$) an der Stelle ξ stetig wird. Damit kommen wir auf die folgende Definition:

Die Funktion f besitzt an der Stelle ξ den **Grenzwert** η, in Zeichen:

$$\lim_{x \to \xi} f(x) = \eta \qquad \text{bzw.} \qquad f(x) \to \eta \quad (x \to \xi)\,,$$

wenn sich für beliebig kleine Toleranz $\varepsilon > 0$ ein Schlupf $\delta > 0$ angeben läßt, so daß für alle $x \in \mathrm{dom}\,(f)$ gilt (Fig. 2.3.2):

$$|x - \xi| < \delta, \quad x \neq \xi \qquad \Longrightarrow \qquad |f(x) - \eta| < \varepsilon\,.$$

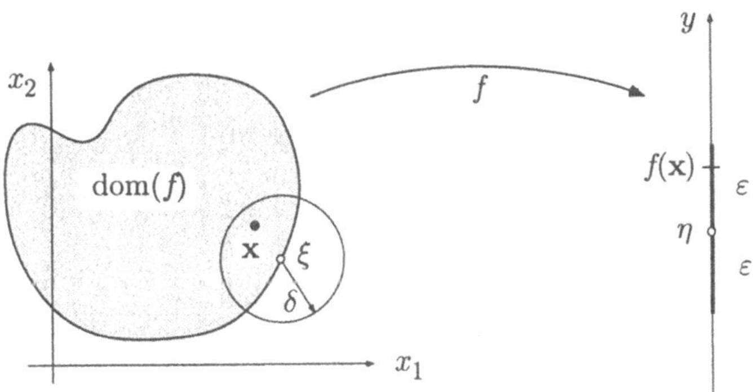

Fig. 2.3.2

Fig. 2.3.3 stellt diesen Sachverhalt im Graphenbild dar. Für jedes noch so kleine $\varepsilon > 0$ muß der Graph von f innerhalb des schraffierten "ε-Schlauches" verlaufen, sobald x nahe genug bei ξ liegt (aber $\neq \xi$ ist).
Erfreulicherweise benötigen wir die allgemeine Definition des Grenzwerts nur selten. Zur tatsächlichen Berechnung von Grenzwerten bedienen wir uns in erster Linie eines Vorrats an "Standardgrenzwerten",

$$Bsp\colon \qquad \lim_{z \to 0} \frac{\exp z - 1}{z} = 1\,, \qquad \lim_{x \to 0} \frac{\sin x}{x} = 1\,,$$

sowie einer Sammlung von Rechenregeln und Tricks, zum Beispiel der Regel von Bernoulli–de l'Hôpital (s.u.).

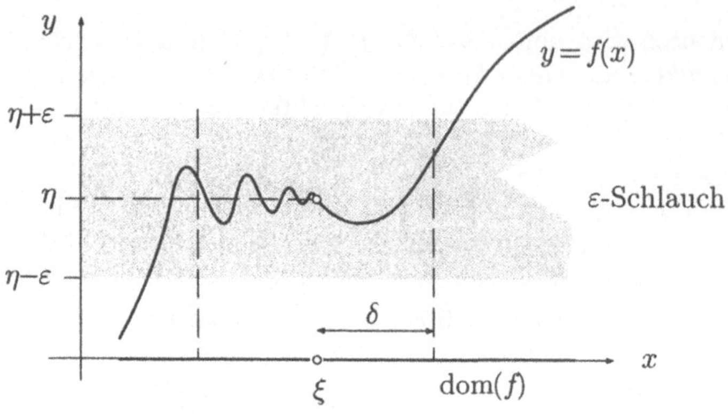

Fig. 2.3.3

Beachte, daß ein an der Stelle ξ eventuell schon vorhandener Funktionswert $f(\xi)$ beim Grenzübergang $x \to \xi$ nicht angeschaut wird. Ist tatsächlich $\xi \in$ dom (f), so kann man aber folgendes sagen:

$$f \text{ stetig an der Stelle } \xi \quad \Longleftrightarrow \quad \lim_{x \to \xi} f(x) = f(\xi) \ .$$

Dies ergibt sich unmittelbar aus den Definitionen.

① Die Funktion

$$f(t) := \frac{t^3 - 3t^2 - 3t + 10}{t^2 - 5t + 6}$$

ist an der Stelle $t := 2$ nicht definiert, da der Funktionsausdruck dort die Form $0/0$ annimmt. Nun gilt aber für alle $t \notin \{2, 3\}$:

$$f(t) = \frac{(t-2)(t^2 - t - 5)}{(t-2)(t-3)} = \frac{t^2 - t - 5}{t-3} =: g(t) \ ,$$

wobei nun die Funktion g ist an der Stelle 2 stetig ist. Somit folgt

$$\lim_{t \to 2} f(t) = \lim_{t \to 2} g(t) = g(2) = 3 \ .$$

$\bigcirc$

Bevor wir auf die angekündigten Rechenregeln kommen, ergänzen wir die Grunddefinition durch einige Zusätze.

Die reelle Achse $\mathbb{R}$ läßt sich durch die beiden **uneigentlichen Randpunkte** $-\infty$ und ∞ auf natürliche Weise "abschließen". Diese beiden Punkte sind keine reellen Zahlen, mit denen man rechnen, sondern "bloß gedachte Objekte", die man aber auf kohärente Weise in Grenzwertüberlegungen einbeziehen kann.

Ist f eine Funktion, deren Definitionsbereich beliebig große reelle Zahlen enthält,

Bsp: $$f\colon \mathbb{R}_{>0} \to \mathbb{R}\,, \quad f\colon \mathbb{N} \to \mathbb{C}\,,$$

so hat es einen Sinn, nach dem Verhalten von $f(x)$ zu fragen, wenn "x nach ∞ strebt". Hierzu müssen wir den Sachverhalt "x hinreichend nahe bei ∞" beschreiben, und dazu können wir offensichtlich keinen "Schlupf $\delta > 0$" brauchen. An seine Stelle tritt ein "Pflock" M wie folgt: Der Sachverhalt

$$\lim_{x \to \infty} f(x) = \eta \qquad \text{bzw.} \qquad f(x) \to \eta \quad (x \to \infty)$$

liegt vor, wenn sich für jede noch so kleine Toleranz $\varepsilon > 0$ ein Pflock M so setzen läßt, daß gilt:

$$x > M \quad \Longrightarrow \quad |f(x) - \eta| < \varepsilon\,.$$

In anderen Worten: Für jedes noch so kleine $\varepsilon > 0$ muß der Graph von f innerhalb des "ε-Schlauches" um den Wert η verlaufen, sobald x jenseits eines geeigneten Pflocks M liegt (Fig. 2.3.4). Je kleiner die vorgegebene Toleranz ist, desto weiter rechts wird man den Pflock einschlagen müssen.

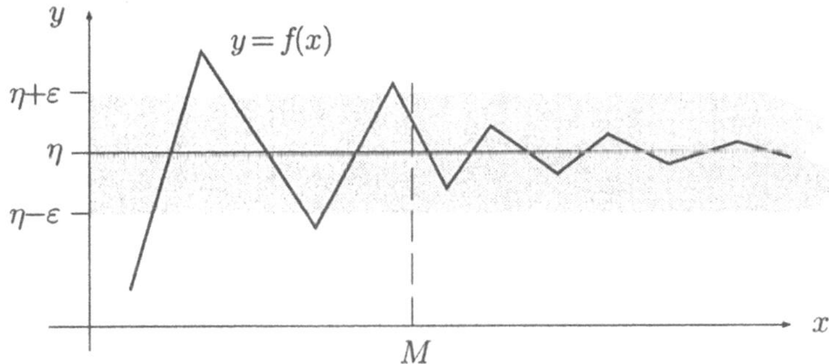

Fig. 2.3.4

② Ein "Standardgrenzwert" ist natürlich

$$\lim_{x \to \infty} \frac{1}{x} = 0\,.$$

Wir wollen das richtiggehend beweisen: Ist eine Toleranz $\varepsilon > 0$ vorgegeben, so setzen wir den Pflock $M := 1/\varepsilon$ (Fig. 2.3.5). Für beliebiges $x > M$ gilt dann

$$0 < \frac{1}{x} < \frac{1}{M} = \varepsilon\,;$$

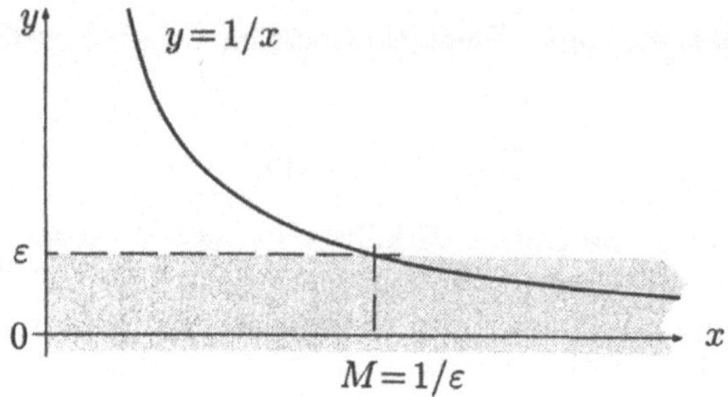

Fig. 2.3.5

wir haben daher, wie verlangt:

$$x > M \quad \Longrightarrow \quad \left|\frac{1}{x} - 0\right| < \varepsilon \, .$$

Der $\lim_{x \to \infty} \cos x$ existiert nicht, wie man ohne weiteres einer Figur entnimmt. Hingegen ist

$$\lim_{x \to \infty} \frac{\cos x}{x} = 0 \, ,$$

denn es gilt (Fig. 2.3.6)

$$\left|\frac{\cos x}{x}\right| \le \frac{1}{x} < \varepsilon \, ,$$

sobald $x > M := 1/\varepsilon$ ist.

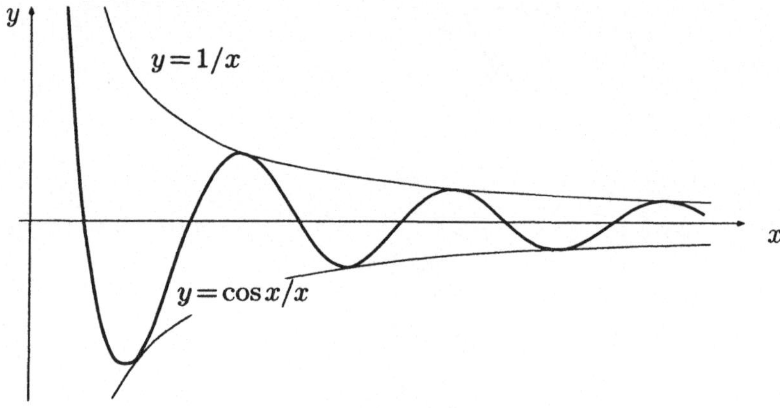

Fig. 2.3.6

Schon schwieriger ist

$$\lim_{x \to \infty} \frac{1}{2^x} = 0 \, .$$

Wir zeigen zunächst: Für alle $x \geq 0$ gilt

$$2^x > x \,. \tag{1}$$

$\ulcorner$ Die Menge $[\,1 \,.\,.\, 2^n\,]$ enthält insbesondere die $n+1$ Zahlen 1, 2, 4, ...,
2^n, und hieraus folgt schon $2^n \geq n+1$ für alle $n \in \mathbb{N}$. Setze jetzt $\lfloor x \rfloor =: n$;
dann folgt

$$2^x \geq 2^n \geq n+1 > x \,,$$

wobei wir stillschweigend vorausgesetzt haben, daß die Funktion $x \mapsto 2^x$
monoton wächst. $\quad\lrcorner$

Hiernach gilt bei vorgegebenem $\varepsilon > 0$:

$$0 < \frac{1}{2^x} < \frac{1}{x} < \varepsilon \,,$$

sobald $x > M := 1/\varepsilon$. $\quad\bigcirc$

Wir haben hier den Grenzübergang $x \to \infty$ für die unabhängige Variable x
betrachtet. Es ist aber auch möglich, wertseitig dem Sachverhalt

$$f(x) \to \infty \qquad (x \to \xi)$$

einen Sinn zu erteilen. Es sei also $f \colon \mathbb{X} \curvearrowright \mathbb{R}$ eine reellwertige Funktion und
ξ ein eigentlicher oder uneigentlicher Randpunkt von $\mathrm{dom}\,(f)$. Wir sagen, f
besitze an der Stelle ξ den **uneigentlichen Grenzwert** ∞, in Zeichen:

$$\lim_{x \to \xi} f(x) = \infty \qquad \text{bzw.} \qquad f(x) \to \infty \quad (x \to \xi) \,,$$

wenn sich für jede noch so große Schranke C ein Schlupf $\delta > 0$ (bzw. ein
Pflock M) finden läßt, so daß für alle $x \in \mathrm{dom}\,(f)$ gilt:

$$|x - \xi| < \delta \,, \ x \neq \xi \quad (\text{bzw. } x > M) \qquad \Longrightarrow \qquad f(x) > C \,.$$

Der Graph von f muß also für jedes noch so große C oberhalb des Niveaus
C verlaufen, sobald x hinreichend nahe bei ξ (bzw. hinreichend weit rechts)
liegt (Fig 2.3.7).

③ Es gilt

$$\lim_{x \to 0} \frac{1}{x^2} = \infty \,.$$

Ist nämlich ein $C > 0$ vorgegeben und

$$0 < |x - 0| < \delta := \frac{1}{\sqrt{C}} \,,$$

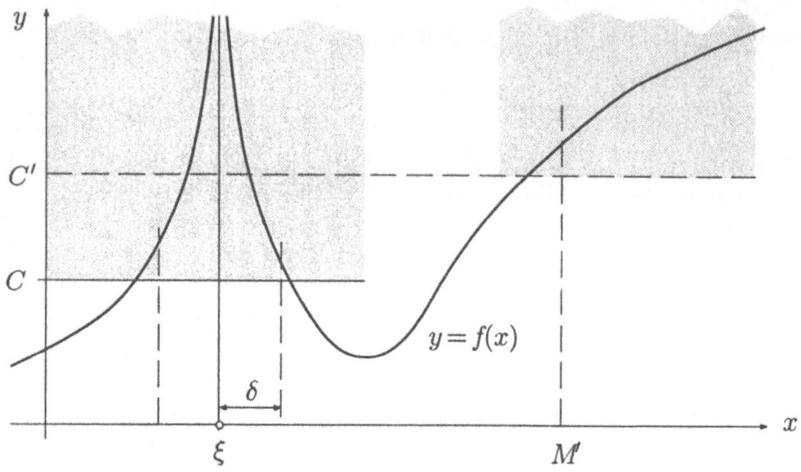

Fig. 2.3.7

so folgt

$$\frac{1}{x^2} > \frac{1}{\delta^2} = C \ .$$

Wie erwartet, gilt

$$\lim_{x \to \infty} 2^x \ = \ \infty \ .$$

Ist nämlich eine Schranke C vorgegeben, so folgt für alle $x > C$ $(=: M)$ wegen (1) die Abschätzung

$$2^x > x > C \ .$$

Wir treffen hier die folgende Vereinbarung: Ist irgendwo ∞ oder $-\infty$ als Grenzwert zugelassen, so wird das an der betreffenden Stelle ausdrücklich gesagt. Ohne diesbezüglichen Hinweis wird unter "Konvergenz" immer Konvergenz gegen einen endlichen Wert η verstanden. Sinngemäß dasselbe gilt für Zahlfolgen (s.u.).

Wir betrachten weiter für eine Funktion $f\colon \mathbb{R} \curvearrowright \mathbb{X}$ und einen festen Punkt $\xi \in \mathbb{R}$ den Grenzübergang $x \to \xi$, wobei aber nur die Funktionswerte $f(x)$ in Punkten $x > \xi$ berücksichtigt und die Funktionswerte links von ξ nicht dem Toleranztest unterzogen werden sollen (Fig. 2.3.8). Man schreibt dafür $x \to \xi+$ und nennt

$$\lim_{x \to \xi+} f(x) \ =: \ f(\xi+)$$

den **rechtsseitigen Grenzwert** von f an der Stelle ξ. Analog wird der **linksseitige Grenzwert** $f(\xi-)$ erklärt.

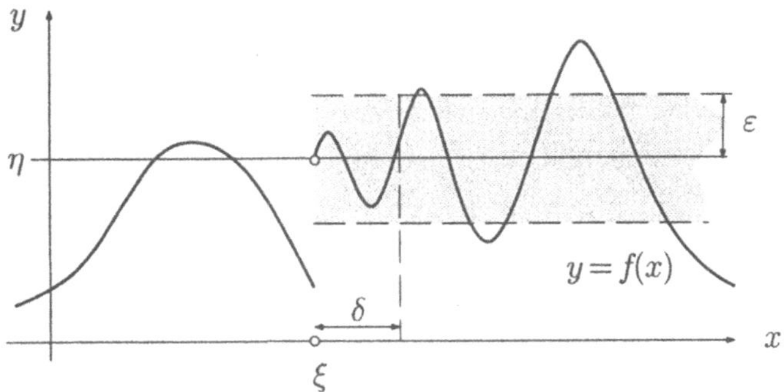

Fig. 2.3.8

Gilt $f(\xi+) = f(\xi)$, so ist f **rechtsseitig stetig** an der Stelle ξ. Gilt $f(\xi-) = f(\xi) = f(\xi+)$, so ist f an der Stelle ξ stetig, und umgekehrt. Existieren die einseitigen Grenzwerte $f(\xi+)$, $f(\xi-)$ und sind sie voneinander verschieden, so besitzt f an der Stelle ξ eine **Sprungstelle**. Eine bis auf isolierte Sprungstellen stetige Funktion heißt **stückweise stetig**.

④ Trivial ist
$$\operatorname{sgn}(0+) = 1 , \qquad \operatorname{sgn}(0-) = -1 .$$

Ist $n \in \mathbb{Z}$, so gilt
$$\lim_{x \to n+} \lfloor x \rfloor = n \quad (= \lfloor n \rfloor), \qquad \lim_{x \to n-} \lfloor x \rfloor = n - 1 \quad (\neq \lfloor n \rfloor) ;$$

für alle $\xi \neq \mathbb{Z}$ ist
$$\lim_{x \to \xi} \lfloor x \rfloor = \lfloor \xi \rfloor .$$

Die Funktion $x \mapsto \lfloor x \rfloor$ ist hiernach in den ganzzahligen Punkten nur rechtsseitig stetig, in allen übrigen Punkten stetig.

Weiter haben wir die "Standardgrenzwerte"
$$\lim_{x \to 0+} \frac{1}{x} = \infty , \qquad \lim_{x \to 0-} \frac{1}{x} = -\infty .$$

⌐ Es sei $C > 0$ eine beliebig große vorgegebene Schranke (Fig. 2.3.9) und $\delta := 1/C$. Dann gilt
$$0 < x < \delta \quad \Longrightarrow \quad \frac{1}{x} > \frac{1}{\delta} = C ,$$

wie verlangt. Ist zweitens $-\delta < x < 0$, so gilt $0 < -x < \delta$ und somit
$$\frac{1}{-x} > \frac{1}{\delta} = C .$$

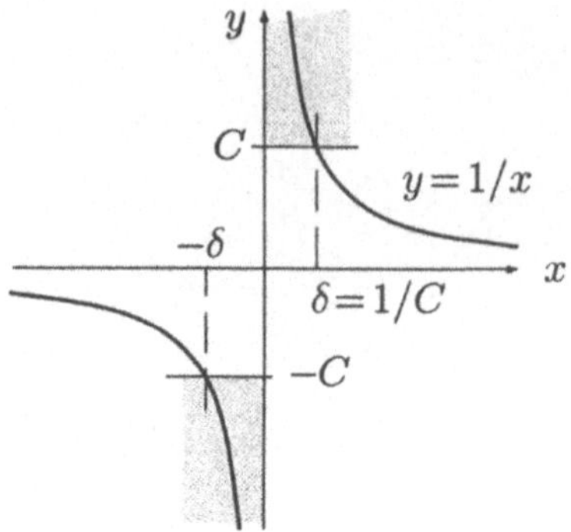

Fig. 2.3.9

In summa ergibt sich die erforderliche Implikation

$$-\delta < x < 0 \qquad \Longrightarrow \qquad \frac{1}{x} < -C \ . \qquad \qquad \lrcorner$$

Wir zeigen noch:

$$\lim_{x\to 0+} 2^{1/x} = \infty \ , \qquad \lim_{x\to 0-} 2^{1/x} = 0 \ .$$

Wir haben es hier mit "ineinandergeschachtelten Grenzwerten" zu tun, wofür es eigentlich eine allgemeine Rechenregel gibt (s.u.). Die Idee ist: Strebt x gegen $0+$, so strebt $y := 1/x$ gegen ∞ und folglich $2^{1/x} = 2^y$ auch gegen ∞. Der exakte Beweis verläuft folgendermaßen:

$\ulcorner$ Es sei eine Schranke $C > 0$ vorgegeben. Wegen $\lim_{y\to\infty} 2^y = \infty$ gibt es ein M mit

$$y > M \qquad \Longrightarrow \qquad 2^y > C \ . \tag{2}$$

Wegen $\lim_{x\to 0+} \frac{1}{x} = \infty$ gibt es weiter ein $\delta > 0$ mit

$$0 < x < \delta \qquad \Longrightarrow \qquad \frac{1}{x} > M \ . \tag{3}$$

Nehmen wir (2) und (3) zusammen, so folgt

$$0 < x < \delta \qquad \Longrightarrow \qquad 2^{1/x} > C \ ,$$

wie verlangt. — Ähnlich schließt man im zweiten Fall. $\qquad\qquad \lrcorner$

$\bigcirc$

Die eben verwendete Schlußweise läßt sich verallgemeinern zum Beweis des nachstehenden Satzes über zusammengesetzte ("ineinandergeschachtelte") Grenzwerte. Man beachte die Analogie zum Satz $(\mathbf{2.2})$(c) über die Stetigkeit von zusammengesetzten Funktionen. Der Satz handelt vom Konvergieren "an sich"; die darin auftretenden Punkte ξ, η, ζ dürfen daher auch uneigentlich sein.

$(\mathbf{2.7})$ *Existieren die Grenzwerte*

$$\lim_{x \to \xi} f(x) = \eta \,, \qquad \lim_{y \to \eta} g(y) \quad (=: \zeta)$$

(und ist g stetig im Punkt η, falls f diesen Wert überhaupt annimmt), so gilt

$$\lim_{x \to \xi} g(f(x)) = \lim_{y \to \eta} g(y) \,.$$

In anderen Worten: Unter den angegeben Voraussetzungen darf man in dem verschachtelten Ausdruck $\lim_{x \to \xi} g(f(x))$ die innere Funktion durch eine neue Variable y substituieren und y gegen den "inneren Grenzwert" η streben lassen. (Die in Klammern gesetzte Bedingung ist in den typischen Anwendungsfällen offensichtlich erfüllt, und wir verzichten darauf, sie jedesmal zu überprüfen. Es geht aber nicht ohne, wie das folgende Beispiel zeigt: Es sei

$$f(x) :\equiv 1 \,, \qquad g(y) := \begin{cases} 2 & (y = 1) \\ 3 & (y \neq 1) \end{cases} \,.$$

Dann ist $g(f(x)) \equiv 2$ und folglich $\alpha := \lim_{x \to 0} g(f(x)) = 2$. Hier strebt die innere Funktion mit $x \to 0$ gegen 1, was $\alpha = \lim_{y \to 1} g(y) = 3$ suggeriert.)

⑤ Es ist

$$\lim_{t \to \infty} 2^{1/t} = \lim_{y \to 0+} 2^y = 2^0 = 1 \,;$$

dabei haben wir stillschweigend benutzt, daß $y \mapsto 2^y$ stetig ist. — Es gilt

$$\lim_{x \to 0+} \left(x \cos \frac{1}{x}\right) = \lim_{y \to \infty} \left(\frac{1}{y} \cos y\right) = 0 \,,$$

und hieraus folgt weiter

$$\lim_{x \to 0+} \sqrt{4 + x \cos \frac{1}{x}} = \lim_{t \to 0} \sqrt{4 + t} = 2 \,,$$

denn $\sqrt{\cdot}$ ist stetig. ○

(2.8) *Es sei* $\mathbf{f} := (f_1, f_2, \ldots, f_n)$ *ein n-Tupel von Funktionen, die in der Umgebung des (eigentlichen oder uneigentlichen) Punktes ξ definiert sind und für $x \to \xi$ Grenzwerte besitzen:*

$$\lim_{x \to \xi} f_i(x) = a_i \qquad (1 \le i \le n) \ .$$

Dann gilt:

(a)
$$\lim_{x \to \xi} \mathbf{f}(x) = \mathbf{a} \ .$$

(b) *Ist $R\big(f_1(x), f_2(x), \ldots, f_n(x)\big)$ ein rationaler Ausdruck in den f_i und ist der Wert $R(a_1, a_2, \ldots, a_n)$ definiert, so gilt*

$$\lim_{x \to \xi} R\big(f_1(x), \ldots, f_n(x)\big) = R(a_1, \ldots, a_n) \ .$$

Die Behauptung (b) besagt, daß man an jeder Stelle des Ausdrucks den betreffenden Grenzwert einsetzen darf. Ist $R(a_1, \ldots, a_n)$ nicht definiert, etwa von der Form $1/0$ oder $0/0$, so muß man weitere Überlegungen anstellen. Unter (b) lassen sich natürlich unzählige einfachere Grenzwertregeln subsumieren (die man sonst einzeln beweisen müßte).

Bsp: $\lim_{x \to \xi}\big(f_1(x) \cdot f_2(x)\big) = a_1 \cdot a_2 \ .$

$\ulcorner$ (a) Aus der Ungleichung 2.2(2) folgt

$$|\mathbf{f}(x) - \mathbf{a}| \le \sum_{i=1}^{n} |f_i(x) - a_i| \ .$$

Es sei eine Toleranz $\varepsilon > 0$ vorgegeben. Ist x hinreichend nahe bei ξ, so ist jeder Summand rechter Hand $< \varepsilon/n$, also ist dann $|\mathbf{f}(x) - \mathbf{a}| < \varepsilon$.

(b) Nach Satz **(2.6)** ist die Funktion $\mathbf{y} \mapsto R(\mathbf{y})$ an der Stelle $\mathbf{a}$ stetig. Mit (a) und **(2.7)** folgt daher

$$\lim_{x \to \xi} R\big(\mathbf{f}(x)\big) = \lim_{\mathbf{y} \to \mathbf{a}} R(\mathbf{y}) = R(\mathbf{a}) \ . \hspace{4em} \lrcorner$$

Handlich ist das folgende **Vergleichskriterium**, womit wir unsere Regelkollektion abschließen:

(2.9) *Gilt für eine geeignete Konstante $C > 0$ in der Umgebung des Punktes ξ die Abschätzung*

$$|f(x)| \leq C \cdot g(x)$$

und ist $\lim_{x \to \xi} g(x) = 0$, so ist auch $\lim_{x \to \xi} f(x) = 0$.

$\ulcorner$ Es sei ein $\varepsilon > 0$ vorgegeben. Nach Voraussetzung über g gilt $g(x) < \varepsilon/C$ für alle hinreichend nahe bei ξ gelegenen x. Für diese x ist dann $|f(x) - 0| < \varepsilon$, wie verlangt. $\lrcorner$

⑥ Zu berechnen ist die Größe

$$Q := \lim_{x \to 1-} \frac{\sqrt{9 + 500 \cdot 2^{1/(x-1)} \cos \dfrac{1}{x-1}} + \dfrac{1}{\arcsin x} + e^x}{\dfrac{x^5 - 1}{x - 1} - \log(x^3 + x)} \,.$$

Es ist

$$\lim_{x \to 1-} 2^{1/(x-1)} = \lim_{y \to 0-} 2^{1/y} = 0 \,,$$

ferner gilt:

$$\frac{x^5 - 1}{x - 1} = x^4 + x^3 + x^2 + x + 1 \to 5 \qquad (x \to 1) \,,$$

da das Polynom rechter Hand an der Stelle 1 stetig ist. Wir erhalten daher mit Hilfe von **(2.8)**(b) und **(2.9)**:

$$Q = \frac{3 + \dfrac{2}{\pi} + e}{5 - \log 2} = 1.4755 \,. \qquad \bigcirc$$

① (Forts.) Die Ausgangsfunktion f besitzt an der Stelle $t := 2$ eine hebbare Unstetigkeit und ist für alle praktischen Zwecke identisch mit der Funktion

$$g(t) := \frac{t^2 - t - 5}{t - 3} = t + 2 + \frac{1}{t - 3} \,,$$

wobei wir den Ausdruck rechter Hand durch Ausführung der Division (mit Rest) erhalten haben. Es ist $\operatorname{dom}(g) = \mathbb{R} \setminus \{3\}$. Um einen globalen Überblick über das Verhalten der Funktion g zu gewinnen, berechnen wir die Schnittpunkte des Graphen von g mit den Koordinatenachsen sowie die Grenzwerte in den Endpunkten der Definitionsintervalle (Fig. 2.3.10). Es ist

$$g(0) = \frac{5}{3} \,;$$

$$g(t) = 0 \iff t^2 - t - 5 = 0 \iff t \in \left\{ \frac{1 + \sqrt{21}}{2}, \frac{1 - \sqrt{21}}{2} \right\} \,;$$

$$\lim_{t \to 3-} g(t) = -\infty \,, \qquad \lim_{t \to 3+} g(t) = \infty \,;$$

$$\lim_{t \to -\infty} g(t) = -\infty \,, \qquad \lim_{t \to \infty} g(t) = \infty \,,$$

und zwar ist die Gerade $y = t + 5$ Asymptote (s.u.) des Graphen sowohl für $t \to -\infty$ wie für $t \to \infty$. (Der Graph ist eine Hyperbel.) $\bigcirc$

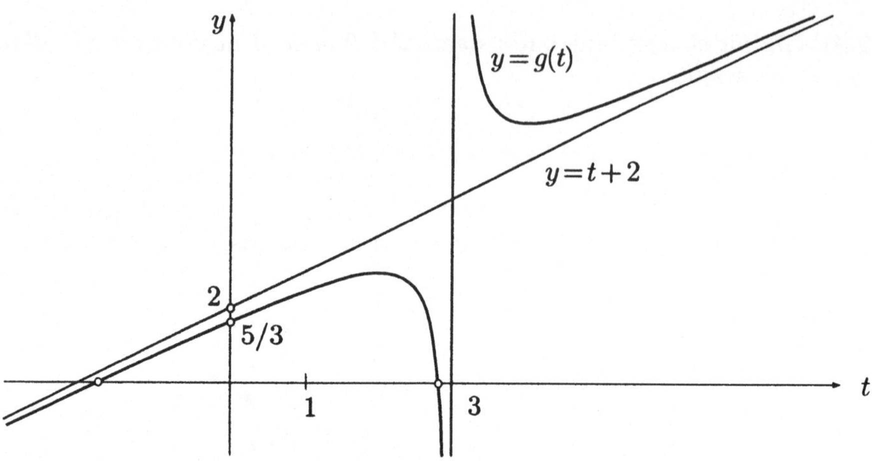

Fig. 2.3.10

Die $\mathbb{X}$-wertige Funktion f sei für alle $t > a$ definiert. Die Gerade

$$y = pt + q\ , \qquad p,\, q \in \mathbb{X} \text{ fest}\ ,$$

heißt **Asymptote** von $\mathcal{G}(f)$ (Fig. 2.3.11) für $t \to \infty$, wenn

$$\lim_{t \to \infty} \big(f(t) - (pt + q) \big) = 0$$

ist. Die Parameter p und q berechnen sich nach den Formeln

$$p = \lim_{t \to \infty} \frac{f(t)}{t}\ , \qquad q = \lim_{t \to \infty} \big(f(t) - pt \big)\ .$$

Nicht jedes $f \colon \mathbb{R}_{>a} \to \mathbb{X}$ besitzt eine Asymptote! Für $f(t) := t + \sqrt{t}$ strebt $\frac{f(t)}{t}$ zwar gegen 1, aber $f(t) - t$ gegen ∞.

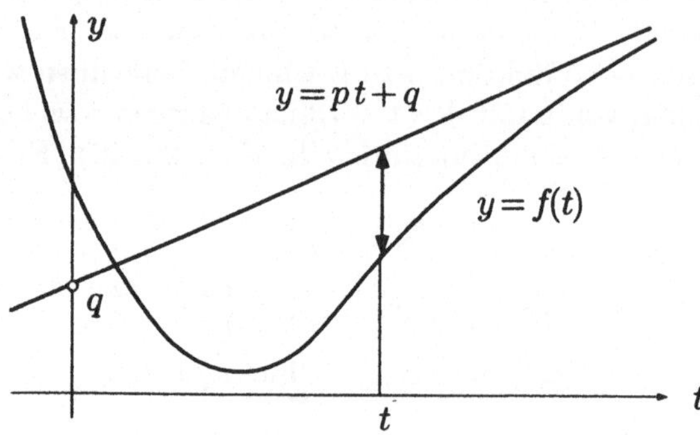

Fig. 2.3.11

Aufgaben

1. Ⓜ Bestimme die folgenden Grenzwerte, falls vorhanden:

(a) $\displaystyle\lim_{x\to-3}\frac{x^3+27}{x^4-81}$,

(b) $\displaystyle\lim_{x\to1}\frac{x^p-1}{x^q-1}$ $(p,q\in\mathbb{N}^*)$,

(c) $\displaystyle\lim_{x\to\infty}\sin(\sqrt{x})$,

(d) $\displaystyle\lim_{x\to\infty}\sin\left(\frac{2x-1}{(\sqrt{x}+1)^3}\right)$,

(e) $\displaystyle\lim_{x\to2+}\frac{x^2-14x+24}{|x-2|+|x^2-4|}$,

(f) $\displaystyle\lim_{x\to2-}\frac{x^2-14x+24}{|x-2|+|x^2-4|}$,

(g) $\displaystyle\lim_{x\to\infty}\left(\sqrt{x(x+a)}-x\right)$,

(h) $\displaystyle\lim_{n\to\infty}\frac{(3n-4)(n^2+1)}{7n(2n^2+10\,000)}$,

(i) $\displaystyle\lim_{n\to\infty}\left(\sqrt{n+1}-\sqrt{n}\right)$,

(j) $\displaystyle\lim_{n\to\infty}\left(n\left(1-\sqrt{1-\frac{a}{n}}\right)\right)$.

2. (a) Ⓜ Bestimme die Parameter α, β, γ so, daß die Differenz

$$\sqrt{t^4-2t^2+7t+1}-(\alpha t^2+\beta t+\gamma)$$

mit $t\to\infty$ gegen 0 strebt. (*Hinweis:* Mit der Summe der beiden erweitern.)

(b) Ⓜ Stelle eine instruktive Figur der resultierenden Situation her.

3. Bei den folgenden Funktionen bestimme man, soweit vorhanden, die zu $t\to\infty$ gehörigen Asymptoten:

(a) $f(t):=\dfrac{t}{t+\sqrt{t}}$,

(b) $g(t):=t\left(2-\sin\frac{1}{t}\right)$.

2.4. Folgen und Reihen

Im Grunde genommen können wir bis dahin nur *rationale* Zahlen und *rationale* Funktionen in rechtsgenügender Weise erfassen und manipulieren bzw. evaluieren. Quadratwurzeln, allgemein: n-te Wurzeln, sind zwar in $\mathbb{R}$ vorhanden, und die Wurzelfunktionen sind auch stetig, aber wir haben kein systematisches Verfahren, das den Wurzelexponenten n und ein beliebiges $c \geq 0$ als Input akzeptiert und $\sqrt[n]{c}$ mit vorgeschriebener Genauigkeit ausgibt. Oder: Wie rechnet ein Taschenrechner $\sin 23.5°$ aus?

Wir benötigen ein allgemeines Konstruktionswerkzeug für "analytische Objekte", Zahlen oder Funktionen, und zwar in zweierlei Hinsicht:

— Erstens geht es darum, neuartige Objekte begrifflich zu konzipieren und formelmäßig darzustellen.

$$\textit{Bsp:} \qquad e := \sum_{k=0}^{\infty} \frac{1}{k!} \ .$$

— Zweitens sollte man instandgesetzt werden, diese Objekte in endlich vielen Schritten mit jeder wünschbaren Genauigkeit (numerisch) zu berechnen.

Ein derartiges Konstruktionswerkzeug ist der Folgenbegriff und im Anschluß daran die Idee der "Reihe".

Man kann den Definitionsbereich $\mathbb{N}$ einer Folge

$$x.: \quad \mathbb{N} \to \mathbb{X}, \qquad k \mapsto x_k \tag{1}$$

als eine Teilmenge von $\mathbb{R}$ mit dem uneigentlichen Randpunkt ∞ betrachten oder als einen Grundbereich *sui generis* — jedenfalls heißt die Folge (1) **konvergent** gegen den **Grenzwert** $\xi \in \mathbb{X}$, in Zeichen:

$$\lim_{k \to \infty} x_k = \xi \qquad \text{bzw.} \qquad x_k \to \xi \quad (k \to \infty) \, ,$$

wenn es zu jedem $\varepsilon > 0$ einen Pflock k_0 gibt mit

$$k > k_0 \quad \Longrightarrow \quad |x_k - \xi| < \varepsilon \, .$$

Existiert kein derartiges $\xi \in \mathbb{X}$, so heißt die Folge (1) **divergent**. Hierunter fallen insbesondere die **uneigentlich konvergenten** Folgen, die sinngemäß erklärt sind.

Die Rechenregeln **(2.8)**, **(2.9)** gelten natürlich auch für Folgengrenzwerte. So hat man zum Beispiel

$$\forall k : |x_k| \leq C \cdot r_k \quad \wedge \quad \lim_{k \to \infty} r_k = 0 \qquad \Longrightarrow \qquad \lim_{k \to \infty} x_k = 0 \, . \tag{2}$$

Satz **(2.7)** über zusammengesetzte Grenzwerte liefert umgehend das folgende wichtige Prinzip (Fig. 2.4.1):

(2.10) *Ist* $\lim_{x \to \xi} f(x) = \eta$ *(bzw.: Ist f stetig an der Stelle ξ), so gilt für jede gegen ξ konvergente Punktfolge $x.$ in* dom (f):

$$\lim_{k \to \infty} f(x_k) = \eta \qquad \left(\text{bzw.} \lim_{k \to \infty} f(x_k) = f(\xi) \right) .$$

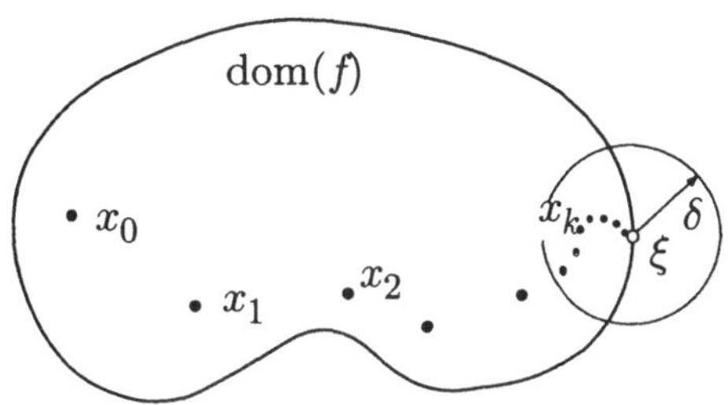

Fig. 2.4.1

①
$$\lim_{k \to \infty} \frac{1}{k} = 0 \, ;$$

$$\lim_{k \to \infty} \frac{(3k - 1)(k^2 + 5)}{(2k + 7)^3} = \lim_{k \to \infty} \frac{(3 - \frac{1}{k})(1 + \frac{5}{k^2})}{(2 + \frac{7}{k})^3} = \frac{3}{8} \, .$$

Betrachte weiter ein festes $q \in \mathbb{C}$. Wir behaupten: Ist $0 < |q| < 1$, so gilt

$$\lim_{k \to \infty} q^k \ - \ 0 \, .$$

$\ulcorner$ Nach Voraussetzung ist $\frac{1}{|q|} > 1$, also $\frac{1}{|q|} = 1 + \delta$ für ein $\delta > 0$. Es folgt

$$\frac{1}{|q|^k} = (1 + \delta)^k = 1 + k\delta + \ldots > k\delta$$

(binomischer Lehrsatz) und somit

$$|q^k| = |q|^k < \frac{1}{k\delta} \, .$$

Da hier die rechte Seite mit $k \to \infty$ gegen 0 strebt, folgt die Behauptung mit Hilfe des Vergleichskriteriums (2). $\lrcorner$

○

In der Praxis tritt folgende Situation immer wieder auf: Gesucht ist der Grenzwert ξ einer Folge $x.$, die in bestimmter Weise rekursiv definiert ist:

$$\left.\begin{aligned}x_0 &:= a \\ x_{k+1} &:= x_k + \Delta x_k \qquad (k \geq 0)\end{aligned}\right\} \quad ; \tag{3}$$

dabei ist es in der Regel so, daß das **Inkrement** Δx_k ohne großen Rechenaufwand berechnet werden kann. Die Rechnung wird abgebrochen, sobald die Inkremente vernachläßigbar klein werden, und man betrachtet das letzte berechnete x_k als Näherungswert für den gesuchten Grenzwert ξ.

Diese Situation liegt zum Beispiel vor beim Newtonschen Verfahren (s.u.) zur numerischen Berechnung von Nullstellen von Funktionen $f \colon \mathbb{R} \curvearrowright \mathbb{R}$. Die Rekursionsformel hat hier folgende Gestalt:

$$x_{k+1} = x_k + \frac{-f(x_k)}{f'(x_k)} \qquad (k \geq 0) \; .$$

Den Begriff der Reihe können wir unter demselben Aspekt betrachten. Ist $a.$ eine beliebige Folge in einer Grundstruktur $\mathbb{X}$, so kann man versuchen, der "unendlichen Summe"

$$\sum_{k=0}^{\infty} a_k \tag{4}$$

einen Sinn zu erteilen. Hierzu betrachtet man die Folge $s.$ der endlichen **Partialsummen**

$$s_n := \sum_{k=0}^{n} a_k = a_0 + a_1 + \ldots + a_{n-1} + a_n \; .$$

Die Folge $s.$ ist eine Folge der in (3) betrachteten Art: Offensichtlich gilt

$$s_{n+1} = s_n + a_{n+1} \qquad (n \geq 0) \, ,$$

es ist also $\Delta s_n = a_{n+1}$.

Man nennt (4) eine **(unendliche) Reihe**. Die Reihe ist **konvergent**, wenn die Folge $s.$ der Partialsummen einen endlichen Grenzwert besitzt. Der Ausdruck (4) bezeichnet dann auch diesen Grenzwert oder eben die **Summe** der Reihe.

② Es sei $q \in \mathbb{C}$ fest, $|q| < 1$. Dann gilt

$$\sum_{k=0}^{\infty} q^k = 1 + q + q^2 + q^3 + \ldots = \frac{1}{1-q}$$

(geometrische Reihe).

$\ulcorner\quad$ Aus

$$s_n(1-q) = (1+q+q^2+\ldots q^n)(1-q) = 1-q^{n+1}$$

(alles andere hebt sich heraus) folgt

$$s_n = \frac{1-q^{n+1}}{1-q}$$

und somit wegen $\lim_{n\to\infty} q^{n+1} = 0$ die Behauptung.$\qquad\lrcorner$

Die **harmonische Reihe**

$$\sum_{k=1}^{\infty} \frac{1}{k} = 1 + \frac{1}{2} + \frac{1}{3} + \frac{1}{4} + \ldots$$

ist divergent, obwohl die Summanden mit $k \to \infty$ gegen 0 konvergieren. Es gilt nämlich

$$s_{2n} - s_n = \frac{1}{n+1} + \frac{1}{n+2} + \ldots + \frac{1}{n+n} \geq n \cdot \frac{1}{2n} = \frac{1}{2}\;.$$

Wegen $s_{2^0} = s_1 = 1$ folgt hieraus

$$s_{2^r} \geq 1 + \frac{r}{2}$$

und damit $\lim_{n\to\infty} s_n = \infty$.

Die **alternierende harmonische Reihe**

$$\sum_{k=1}^{\infty} \frac{(-1)^{k-1}}{k} = 1 - \frac{1}{2} + \frac{1}{3} - \frac{1}{4} + \ldots$$

ist hingegen konvergent und besitzt die Summe $\log 2$ (s.u.).$\qquad\bigcirc$

Ist $c.$ eine Folge von positiven Zahlen, die monoton fallend gegen 0 konvergiert, so heißt

$$\sum_{k=0}^{\infty} (-1)^k c_k = c_0 - c_1 + c_2 - c_3 + \ldots$$

eine **alternierende Reihe**. Hierüber gilt der folgende Satz:

(2.11) *Alternierende Reihen sind konvergent. Ist s die Summe einer derartigen Reihe, so gilt für jedes n eine Fehlerabschätzung der Form*

$$s - s_n = (-1)^{n+1}\Theta c_{n+1}\,, \qquad 0 < \Theta < 1\,. \tag{5}$$

In Worten: *Der Abbrechfehler ist ein echter Bruchteil des ersten vernachläßigten Gliedes.*

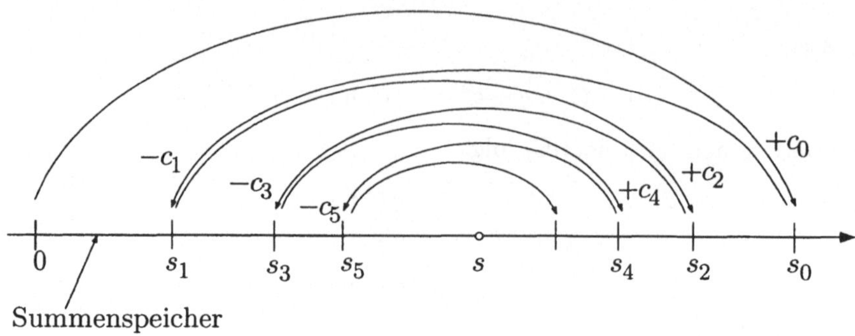

Fig. 2.4.2

$\qquad$ Da die c_k monoton abnehmen, bilden die "ungeraden" Partialsummen eine monoton wachsende und die "geraden" Partialsummen eine monoton fallende Folge (Fig. 2.4.2). Diese zwei Folgen sind nach Satz **(1.1)** konvergent, und wegen $c_k \to 0$ müssen die beiden Grenzwerte übereinstimmen. Die Abschätzung (5) entnimmt man ebenfalls der Fig. 2.4.2. $\qquad\lrcorner$

Die alternierende harmonische Reihe konvergiert nur, weil sich die positiven und die negativen Glieder ungefähr die Waage halten. Um damit $\log 2$ auf drei Stellen genau zu berechnen, müßte man 2000 Glieder berücksichtigen:

$$\sum_{k=1}^{2000} \frac{(-1)^{k-1}}{k} = 0.692897 \;, \qquad \log 2 = 0.693147 \;.$$

In der "praktischen Analysis" ist die Konvergenz einer Reihe (4) erst dann brauchbar, wenn die a_k betragsmäßig so rasch abnehmen, daß die zu (4) gehörige Betragsreihe

$$\sum_{k=0}^{\infty} |a_k| \;,$$

konvergiert. (Der Summenwert der Betragsreihe interessiert an sich nicht; es geht nur darum, daß er endlich ist.) Die Ausgangsreihe heißt in diesem Fall **absolut konvergent**. Absolut konvergente Reihen sind tatsächlich konvergent (ohne Beweis) und dürfen mehr oder weniger wie endliche Summen behandelt werden. Insbesondere darf man zwei derartige Reihen distributiv miteinander multiplizieren und die entstehenden " ∞^2 " Glieder (allenfalls zu "Paketen" zusammengefaßt) in irgendeiner Reihenfolge aufsummieren. Das heißt: Es gilt

$$\sum_{i=0}^{\infty} a_i \cdot \sum_{k=0}^{\infty} b_k = \sum_{(i,k)\in\mathbb{N}^2} a_i b_k \;.$$

Wir geben nun zwei Kriterien für absolute Konvergenz:

(2.12) *Gibt es ein $C > 0$, ein $q < 1$ und ein k_0 mit*

$$|a_k| \le C\,q^k \qquad \forall\, k > k_0\,, \tag{6}$$

so ist die Reihe $\sum_{k=0}^{\infty} a_k$ absolut konvergent.

$\ulcorner$ Nach allfälliger Vergrößerung von C dürfen wir annehmen, daß (6) für alle k gilt. Die Partialsummen

$$s_n := \sum_{k=0}^{n} |a_k|$$

der zu $\sum a_k$ gehörigen Betragsreihe bilden eine monoton wachsende und wegen

$$s_n \le \sum_{k=0}^{n} C q^k \le \frac{C}{1-q}$$

beschränkte Folge. $\lrcorner$

③   Betrachte für ein festes $\phi \in \mathbb{R}$ die Reihe

$$S := \sum_{k=0}^{\infty} \frac{\cos(k\phi)}{2^k}\,. \tag{7}$$

Diese Reihe ist wegen

$$\left| \frac{\cos(k\phi)}{2^k} \right| \le \left(\frac{1}{2} \right)^k$$

absolut konvergent. Ihre Summe läßt sich folgendermaßen berechnen:

$$S = \operatorname{Re} \sum_{k=0}^{\infty} \frac{e^{ik\phi}}{2^k} = \operatorname{Re} \sum_{k=0}^{\infty} \left(\frac{e^{i\phi}}{2} \right)^k = \operatorname{Re} \frac{1}{1 - e^{i\phi}/2}$$

$$= \operatorname{Re} \frac{1 - e^{-i\phi}/2}{(1 - e^{i\phi}/2)(1 - e^{-i\phi}/2)} = \frac{1 - \frac{1}{2}\cos\phi}{1 - \cos\phi + \frac{1}{4}} = \frac{4 - 2\cos\phi}{5 - 4\cos\phi}\,.$$

Sehen wir nachträglich ϕ als variabel an, so können wir dieses Ergebnis folgendermaßen interpretieren: Die Reihe (7) stellt die 2π-periodische Funktion

$$f(\phi) := \frac{4 - 2\cos\phi}{5 - 4\cos\phi}$$

(Fig. 2.4.3) als Summe von reinen Cosinus-Schwingungen ganzzahliger Kreisfrequenzen k dar. (7) ist die sogenannte *Fourier-Reihe* von f.   ◯

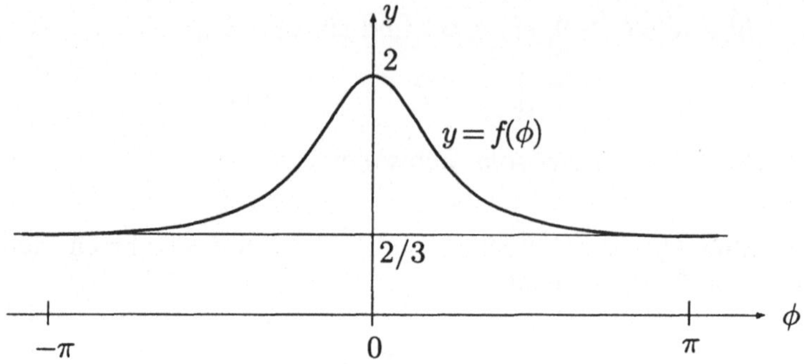

Fig. 2.4.3

Die von Satz **(2.12)** erfaßten Reihen konvergieren so gut wie die geometrische Reihe, also "linear". Das heißt konkret: Mit jedem zusätzlich berücksichtigten Term wird der Abbrechfehler, er ist von der Größenordnung

$$\frac{C}{1-q}\, q^{n+1}\,,$$

um denselben Faktor q verkleinert. Bei den Reihen, die nach dem folgenden Satz konvergieren, ist die Konvergenz viel langsamer.

(2.13) *Gibt es ein $C > 0$, ein $\delta > 0$ und ein k_0 mit*

$$|a_k| \leq C\,\frac{1}{k^{1+\delta}} \qquad \forall\, k > k_0\,,$$

so ist die Reihe $\sum_{k=0}^{\infty} a_k$ absolut konvergent.

⌐ Es genügt offenbar zu zeigen, daß die Reihe $\sum 1/k^{1+\delta}$ konvergiert, und hierfür wiederum genügt es, daß die Partialsummen

$$s_n := \sum_{k=1}^{n} \frac{1}{k^{1+\delta}}$$

beschränkt sind. Wie man der Figur 2.4.4 entnimmt, gilt für alle n:

$$s_n \leq 1 + \int_1^n \frac{1}{x^{1+\delta}}dx = 1 + \frac{1}{-\delta}(n^{-\delta} - 1) < 1 + \frac{1}{\delta}\,. \qquad \rfloor$$

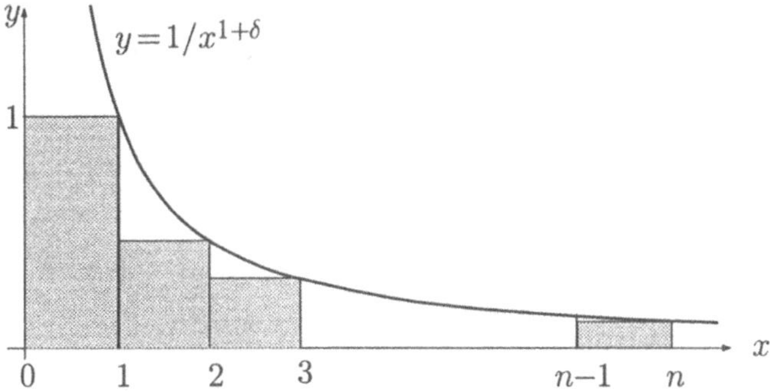

Fig. 2.4.4

Die im Beweis von Satz **(2.13)** verwendeten Vergleichsreihen konstituieren die sogenannte **Zetafunktion**

$$\zeta(s) := \sum_{k=1}^{\infty} \frac{1}{k^s} \qquad (s > 1)\,,$$

die in der Zahlentheorie eine große Rolle spielt. Wie Euler als erster bewiesen hat, ist

$$\zeta(2) = \sum_{k=1}^{\infty} \frac{1}{k^2} = \frac{\pi^2}{6}\,.$$

④ Wir betrachten für ein festes $\phi \in \left[0, \frac{\pi}{2}\right[$ die Reihe

$$\sum_{k=1}^{\infty} \frac{1}{k} \tan \frac{\phi}{k}\,.$$

Der Figur 2.4.5 entnimmt man die Abschätzung

$$\tan \frac{\phi}{k} \leq \frac{1}{k} \tan \phi\,;$$

somit ist

$$\left| \frac{1}{k} \tan \frac{\phi}{k} \right| \leq \tan \phi \cdot \frac{1}{k^2}\,,$$

und die betrachtete Reihe ist konvergent.   ◯

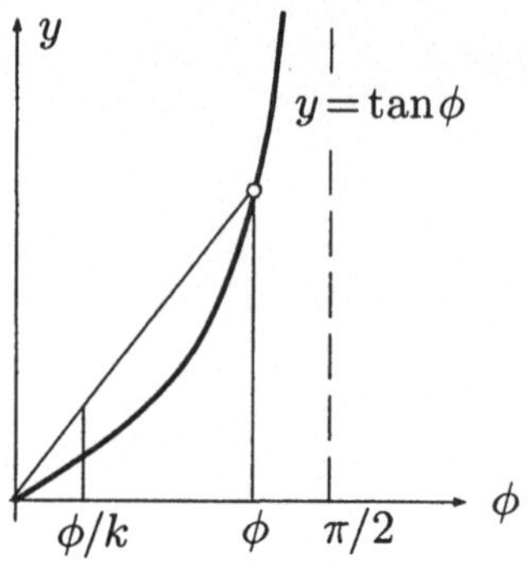

Fig. 2.4.5

Soviel zu den Reihen mit konstanten Gliedern. Viel interessanter sind natürlich Reihen von Funktionen, denn damit haben wir zum ersten Mal ein Mittel in der Hand, das uns aus dem Bereich der Polynome und der **rationalen Funktionen**

$$f(t) := \frac{a_n t^n + a_{n-1} t^{n-1} + \ldots + a_0}{b_m t^m + b_{m-1} t^{m-1} + \ldots + b_0}, \qquad b_m \neq 0,$$

herausführt und neue interessante Funktionen erschließt.

Ist $f.$ eine Folge von Funktionen mit gemeinsamem Definitionsbereich A:

$$f_k: \quad A \to \mathbb{X}, \qquad x \mapsto f_k(x) \qquad (k \in \mathbb{N}),$$

so wird durch

$$s(x) := \sum_{k=0}^{\infty} f_k(x) \tag{8}$$

eine Funktion $s(\cdot)$ definiert. Definitionsbereich von $s(\cdot)$ ist im allgemeinen nicht die ganze Menge A, sondern nur die Menge derjenigen $x \in A$, für die die Reihe (8) konvergiert, also der **Konvergenzbereich** der Reihe.

⑤ Legt man bei der **Exponentialreihe**

$$\exp x := \sum_{k=0}^{\infty} \frac{x^k}{k!} = 1 + x + \frac{x^2}{2!} + \frac{x^3}{3!} + \ldots$$

zum Beispiel dom $(f_k) = \mathbb{R}$ zugrunde, so ist auch dom $(\exp) = \mathbb{R}$ (s.u.).
Bei der Reihe

$$s(x) := \sum_{k=0}^{\infty} x^k \tag{8}$$

ist dom $(f_k) = \mathbb{R}$, aber dom $(s) = \,]\!-1, 1[\,$. Es ist allerdings wahr, daß s eine natürliche Fortsetzung $\tilde{s}$ auf ganz $\mathbb{R} \setminus \{1\}$ besitzt, nämlich die Funktion

$$\tilde{s}(x) := \frac{1}{1-x} \; .$$

Wer nur die Konvergenz verstanden hat, aber nicht dividieren kann, hat schon mit (8) eine hochinteressante neue Funktion produziert.

Die Reihe

$$\vartheta(x) := 1 + 2 \sum_{k=1}^{\infty} e^{-k^2 \pi x}$$

konvergiert im Intervall $\mathbb{R}_{>0}$. $\bigcirc$

Von den Funktionenreihen sind die Potenzreihen am verbreitetsten und am leichtesten zu handhaben, theoretisch und rechnerisch. Das folgende Prinzip stammt von Newton: *"Jede vernünftige Funktion f läßt sich an jeder Stelle im Inneren ihres Definitionsbereichs in eine Potenzreihe entwickeln oder als Potenzreihe ansetzen."* Die Theorie der Potenzreihen wird am besten verständlich, wenn man sie im Komplexen betrachtet, siehe dazu das Beispiel 2.1.③. Wir werden also wahlweise die reelle Variable x oder die komplexe Variable z benützen.

Es sei $a.$ eine ganz beliebige Folge von reellen oder komplexen Zahlen. Dann heißt

$$\sum_{k=0}^{\infty} a_k z^k = a_0 + a_1 z + a_2 z^2 + \ldots \tag{9}$$

eine **Potenzreihe** (an der Stelle 0); allgemein ist

$$\sum_{k=0}^{\infty} a_k (x - x_0)^k = a_0 + a_1 (x - x_0) + a_2 (x - x_0)^2 + \ldots$$

eine **Potenzreihe an der Stelle** x_0. Der Konvergenzbereich hängt ab von den Koeffizienten a_k: Streben zum Beispiel die Beträge $|a_k|$ mit $k \to \infty$ schnell gegen 0, so darf $|z|$ ziemlich groß sein, und die Reihe (9) konvergiert immer noch. Wenn die Beträge $|a_k|$ im Gegenteil mit $k \to \infty$ "exponentiell" anwachsen, so wird die Reihe nur für sehr kleine $|z|$ konvergieren. Im einzelnen gilt der folgende Satz:

(2.14) *Für jede Potenzreihe (9) gibt es eine wohlbestimmte Zahl ρ, $0 \leq \rho \leq \infty$, so daß die Reihe für $|z| < \rho$ absolut konvergiert und für $|z| > \rho$ divergiert. Es gilt*

$$\rho = \lim_{k \to \infty} \left| \frac{a_k}{a_{k+1}} \right| \qquad (\leq \infty),$$

falls dieser Grenzwert existiert.

Der Konvergenzbereich ist also im wesentlichen die Kreisscheibe

$$D_\rho := \{\, z \in \mathbb{C} \mid |z| < \rho \,\} \,;$$

die Zahl ρ heißt daher **Konvergenzradius** der Reihe. Über das Konvergenzverhalten auf dem Randkreis ∂D_ρ sagt der Satz nichts. Dies ist, wenn nötig,
im Einzelfall abzuklären.

$\ulcorner$ Wir betrachten nur den im Zusatz erwähnten Fall, wo sich die Koeffizienten besonders anständig verhalten. Es sei also

$$0 < |z| < \rho := \lim_{k\to\infty} \left| \frac{a_k}{a_{k+1}} \right| .$$

Dann ist $|z| = q^2\rho < q\rho < \rho$ für ein $q < 1$ (Fig. 2.4.6). Nach Definition des
Grenzwertes gibt es daher ein k_0 mit

$$\left| \frac{a_k}{a_{k+1}} \right| > q\rho \qquad \forall\, k > k_0 \,;$$

somit gilt für diese k die Beziehung

$$\frac{|a_k z^k|}{|a_{k+1} z^{k+1}|} > \frac{q\rho}{|z|} = \frac{1}{q} \,,$$

und das heißt

$$|a_{k+1} z^{k+1}| < q \cdot |a_k z^k| \qquad (k > k_0) \,.$$

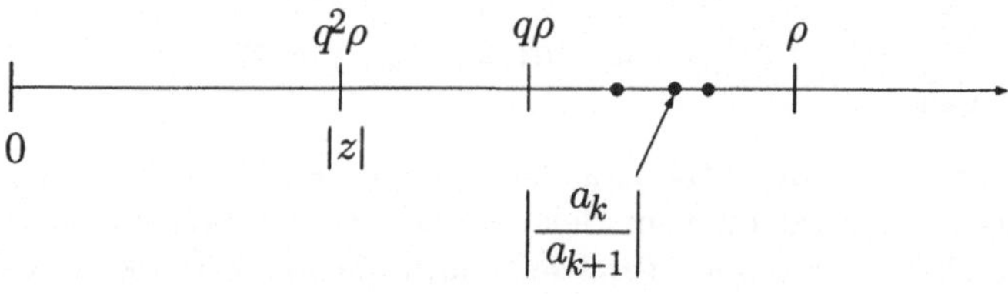

Fig. 2.4.6

Von der Nummer k_0 an werden also die Glieder unserer Potenzreihe von einem
zum nächsten betragsmäßig um wenigstens den Faktor $q < 1$ verkleinert.
Hieraus folgt mit vollständiger Induktion: Es gilt

$$|a_k z^k| \le C q^k \qquad (k > k_0)$$

für eine geeignete Konstante C. Nach **(2.12)** ist somit die Reihe (9) für das
betrachtete z absolut konvergent. — Ähnlich zeigt man, daß die Reihe (9)

für ein z mit $|z| > \rho$ divergiert, da die $|a_k z^k|$ in diesem Fall sogar nach ∞ streben. ⌐

⑤ (Forts.) Die Exponentialreihe

$$\exp z := \sum_{k=0}^{\infty} \frac{z^k}{k!} = 1 + z + \frac{z^2}{2!} + \frac{z^3}{3!} + \ldots$$

besitzt die Koeffizienten $a_k := 1/k!$, und es folgt

$$\left| \frac{a_k}{a_{k+1}} \right| = \frac{(k+1)!}{k!} = k + 1 \to \infty \qquad (k \to \infty) \ .$$

Der Konvergenzradius ist also ∞, und das heißt: Die Exponentialreihe ist für jedes $z \in \mathbb{C}$ absolut konvergent.

Bei der geometrischen Reihe $\sum_{k=0}^{\infty} x^k$ haben wir $a_k = 1$ für alle k; somit ist

$$\rho = \lim_{k \to \infty} \left| \frac{a_k}{a_{k+1}} \right| = 1 \ ,$$

wie erwartet. Aber auch die Reihe

$$\sum_{k=1}^{\infty} k^2 \, x^k = x + 4x^2 + 9x^3 + 16x^4 + \ldots$$

besitzt den Konvergenzradius 1 (obwohl die a_k gegen ∞ streben):

$$\lim_{k \to \infty} \left| \frac{a_k}{a_{k+1}} \right| = \lim_{k \to \infty} \frac{1}{(1 + \frac{1}{k})^2} = 1 \ .$$

Bei der Reihe
$$1 + 2x^2 + 4x^4 + 8x^6 + 16x^4 + \ldots \tag{10}$$

sind alle $a_k = 0$ (k ungerade); der nützliche Grenzwert existiert also nicht. Es liegt nahe, $x^2 =: u$ zu setzen; die Reihe (10) geht dann über in die Reihe

$$1 + 2u + 4u^2 + 8u^3 + \ldots = \sum_{j=0}^{\infty} b_j u^j$$

mit $b_j = 2^j$. Für diese Reihe ist

$$\left| \frac{b_j}{b_{j+1}} \right| = \frac{2^j}{2^{j+1}} = \frac{1}{2} \qquad (j \geq 0) \ ,$$

sie konvergiert daher im Bereich $|u| < \frac{1}{2}$. Der Konvergenzradius der ursprünglichen Reihe (10) ist somit $1/\sqrt{2}$. ◯

Im Inneren des Konvergenzbereichs stellt eine Potenzreihe eine stetige, ja
sogar beliebig oft differenzierbare Funktion dar. Man darf die Reihe dort
gliedweise differenzieren und integrieren (s.u.); ferner darf man zwei Potenzreihen miteinander multiplizieren, wobei (nach Zusammenfassung gleichar-
tiger Terme) die Potenzreihe der Produktfunktion entsteht.

Es gibt auch eine Art, mit Anfangsstücken (= Partialsummen) von konvergenten Potenzreihen zu rechnen wie mit endlichen Dezimalbrüchen. Damit
man weiß, welche Koeffizienten im Endergebnis noch als sicher gelten können,
empfiehlt es sich, den mit einer bestimmten Zahl von "signifikanten Stellen"
angeschriebenen Ausgangsreihen einen koeffizientenlosen, aber geeignet markierten Zusatzterm anzuhängen. Das sieht bei drei "signifikanten Stellen"
zum Beispiel so aus:

$$f(x) = 2 - \frac{x}{2} + 3x^2 + ?x^3 \, ,$$

und allgemein folgendermaßen:

$$f(x) = a_0 + a_1 x + \ldots + a_{r-1} x^{r-1} + ?x^r \, .$$

Dabei vertritt das Fragezeichen letzten Endes eine ganze Potenzreihe, denn
in Wirklichkeit ist ja

$$f(x) = a_0 + a_1 x + \ldots + a_{r-1} x^{r-1} + a_r x^r + a_{r+1} x^{r+1} + \ldots$$
$$= a_0 + a_1 x + \ldots + a_{r-1} x^{r-1} + \left(a_r + a_{r+1} x + a_{r+2} x^2 + \ldots \right) x^r \, .$$

Nur von dem Fragezeichen "unverschmutzte" Koeffizienten des Endergeb-
nisses sind sicher. Die folgenden Beispiele zeigen, wie die Rechnung im
einzelnen vor sich geht. — Das Computersystem Mathematica bezeichnet
in derartigen Rechnungen den Restterm $?x^r$ mit $\mathrm{O[x]}^r$.

⑥ Für cos und sin hat man die Entwicklungen

$$\cos x = 1 - \frac{x^2}{2} + \frac{x^4}{24} + ?x^6 \, ,$$
$$\sin x = x - \frac{x^3}{6} + \frac{x^5}{120} + ?x^7 = x \left(1 - \frac{x^2}{6} + \frac{x^4}{120} + ?x^6 \right)$$

(s.u.). Hieraus folgt

$$\tan x = x \, \frac{1 - \frac{1}{6} x^2 + \frac{1}{120} x^4 + ?x^6}{1 - \frac{1}{2} x^2 + \frac{1}{24} x^4 + ?x^6} \, .$$

Wir führen nun die Division tatsächlich aus und erhalten:

$$(1 - \tfrac{1}{6}x^2 + \tfrac{1}{120}x^4 + ?x^6) : (1 - \tfrac{1}{2}x^2 + \tfrac{1}{24}x^4 + ?x^6) = 1 + \tfrac{1}{3}x^2 + \tfrac{2}{15}x^4 + ?x^6$$
$$-1 + \tfrac{1}{2}x^2 - \tfrac{1}{24}x^4 + ?x^6$$
$$+\tfrac{1}{3}x^2 - \tfrac{1}{30}x^4 + ?x^6$$
$$-\tfrac{1}{3}x^2 + \tfrac{1}{6}x^4 + \tfrac{1}{72}x^6$$
$$+\tfrac{2}{15}x^4 + ?x^6$$
$$-\tfrac{2}{15}x^4 + \tfrac{1}{15}x^6$$
$$+?x^6$$

Die Potenzreihenentwicklung des Tangens an der Stelle 0 besitzt daher folgendes Anfangsstück:

$$\tan x = x + \frac{1}{3}x^3 + \frac{2}{15}x^5 + ?x^7 \ .$$

$\bigcirc$

⑦ Gesucht ist die Lösung $t \mapsto y(t)$ des Anfangswertproblems

$$\dot{y} = t + y + y^2 \ , \qquad y(0) = 1 \ .$$

(Diese Differentialgleichung läßt sich nicht "formelmäßig" lösen!) Wir machen den Ansatz
$$y(t) := 1 + \alpha t + \beta t^2 + \gamma t^3 + ?t^4 \tag{11}$$

mit unbestimmten Koeffizienten α, β, γ. Dann ist

$$\dot{y}(t) = \alpha + 2\beta t + 3\gamma t^2 + ?t^3 \ , \tag{12}$$

so daß wir im weiteren nur noch "auf t^2 genau" rechnen können. Wir benötigen noch

$$\begin{aligned} y^2(t) &= (1 + \alpha t + \beta t^2 + ?t^3)(1 + \alpha t + \beta t^2 + ?t^3) \\ &= 1 + 2\alpha t + (\alpha^2 + 2\beta)t^2 + ?t^3 \ . \end{aligned} \tag{13}$$

Setzen wir nun (11)–(13) in die Differentialgleichung ein, so ergibt sich

$$\alpha + 2\beta t + 3\gamma t^2 + ?t^3 = t + 1 + \alpha t + \beta t^2 + 1 + 2\alpha t + (\alpha^2 + 2\beta)t^2 + ?t^3 \ .$$

Koeffizientenvergleich führt auf die Gleichungen

$$\alpha = 2 \ , \qquad 2\beta = 1 + 3\alpha \qquad 3\gamma = \beta + \alpha^2 + 2\beta \ ,$$

aus denen sich α, β, γ nacheinander berechnen zu

$$\alpha = 2 \ , \qquad \beta = \frac{7}{2} \ , \qquad \gamma = \frac{29}{6} \ .$$

Damit können wir die gesuchte Funktion $y(\cdot)$ in der Form

$$y(t) = 1 + 2t + \frac{7}{2}t^2 + \frac{29}{6}t^3 + ?t^4$$
$$(\; =: \; p(t) + ?t^4 \;)$$

schreiben. Wir dürfen nun das Polynom $p(\cdot)$ in der Umgebung von $t := 0$ als Näherungsfunktion für die "wahre Lösung" $y(\cdot)$ betrachten, und zwar ist der Fehler für $t \to 0$ von der Größenordnung $C \cdot t^4$ oder, wie man üblicherweise schreibt:

$$|y(t) - p(t)| = O(t^4) \qquad (t \to 0) \; .$$

Als weiteres Beispiel zu den Potenzreihen betrachten wir die Binomialreihe und definieren zunächst für beliebiges $\alpha \in \mathbb{R}$ (ja sogar $\alpha \in \mathbb{C}$) und $k \in \mathbb{N}$ den **Binomialkoeffizienten** $\binom{\alpha}{k}$ durch

$$\binom{\alpha}{0} := 1 \,, \qquad \binom{\alpha}{k} := \frac{\alpha(\alpha-1) \cdot \ldots \cdot (\alpha-k+1)}{k!} \qquad (k \geq 1) \; .$$

Ist $\alpha \in \mathbb{N}$, so stimmt das mit der früheren Definition überein, und es ist $\binom{\alpha}{k} = 0$ für $k > \alpha$. Ist $\alpha \notin \mathbb{N}$, so sind alle Binomialkoeffizienten $\binom{\alpha}{k} \neq 0$. Wir notieren noch die Identität

$$\binom{\alpha}{k+1}(k+1) = \binom{\alpha}{k}(\alpha-k) \; . \tag{14}$$

Wir wählen nun ein festes α und bilden mit Hilfe der $\binom{\alpha}{k}$ die **Binomialreihe**

$$b_\alpha(x) := \sum_{k=0}^{\infty} \binom{\alpha}{k} x^k = 1 + \alpha x + \frac{\alpha(\alpha-1)}{2}x^2 + \ldots \; .$$

Ist $\alpha \in \mathbb{N}$, so ist b_α in Wirklichkeit ein Polynom, und es gilt nach dem binomischen Lehrsatz

$$\forall x \in \mathbb{R}: \quad b_\alpha(x) = (1+x)^\alpha \; .$$

Im weiteren sei daher $\alpha \notin \mathbb{N}$; dann sind alle $a_k := \binom{\alpha}{k} \neq 0$, und wir erhalten mit (14):

$$\left| \frac{a_k}{a_{k+1}} \right| = \left| \frac{\binom{\alpha}{k}}{\binom{\alpha}{k+1}} \right| = \left| \frac{k+1}{\alpha-k} \right| = \left| \frac{1+1/k}{\alpha/k - 1} \right| \to 1 \qquad (k \to \infty) \; .$$

Die Binomialreihe besitzt somit den Konvergenzradius 1. Wir zeigen nun:

(2.15) *Im Intervall $-1 < x < 1$ gilt*

$$\sum_{k=0}^{\infty} \binom{\alpha}{k} x^k = (1+x)^\alpha \ .$$

$\quad$ Die Behauptung legt nahe, die Hilfsfunktion

$$f(x) := b_\alpha(x)\,(1+x)^{-\alpha}$$

einzuführen. Wir müssen zeigen, daß $f(x) \equiv 1$ ist. Zunächst ist $f(0) = 1$. Weiter gilt

$$f'(x) = b'_\alpha(x)\,(1+x)^{-\alpha} + b_\alpha(x)(-\alpha)(1+x)^{-\alpha-1}$$
$$= (1+x)^{-\alpha-1}\big((1+x)b'_\alpha(x) - \alpha b_\alpha(x)\big) \ .$$

Im Inneren des Konvergenzintervalls dürfen wir die Binomialreihe gliedweise differenzieren und erhalten

$$b'_\alpha(x) = \sum_{k=1}^{\infty} \binom{\alpha}{k} k\, x^{k-1} = \sum_{k'=0}^{\infty} \binom{\alpha}{k'+1} (k'+1)\, x^{k'}$$
$$= \sum_{k=0}^{\infty} \binom{\alpha}{k} (\alpha - k)\, x^k \ ,$$

wobei wir (14) benutzt und am Schluß wieder k anstelle von k' geschrieben haben. Die beiden Darstellungen von $b'_\alpha(x)$ werden nun verwendet für die Berechnung von

$$(1+x)b'_\alpha(x) = \sum_{k=0}^{\infty} \binom{\alpha}{k} (\alpha - k)\, x^k + \sum_{k=0}^{\infty} \binom{\alpha}{k} k\, x^k = \sum_{k=0}^{\infty} \alpha \binom{\alpha}{k} x^k = \alpha\, b_\alpha(x) \ .$$

Somit ist $f'(x) \equiv 0$. Es folgt $f(x) \equiv 1$ und damit die Behauptung. $\quad\quad\lrcorner$

⑧ $\quad$ Wir betrachten den Wert $\alpha := -\frac{1}{2}$ und erhalten zunächst

$$\binom{-\frac{1}{2}}{k} = \frac{(-\frac{1}{2})(-\frac{1}{2}-1)\cdot\ldots\cdot(-\frac{1}{2}-(k-1))}{k!} = \frac{(-\frac{1}{2})(-\frac{3}{2})\cdot\ldots\cdot(-\frac{2k-1}{2})}{k!}$$
$$= (-1)^k \frac{1 \cdot 3 \cdot 5 \cdot \ldots \cdot (2k-1)}{2^k\, k!} \ .$$

Damit ergibt sich

$$\frac{1}{\sqrt{1-t}} = \big(1+(-t)\big)^{-1/2}$$
$$= \sum_{k=0}^{\infty} (-1)^k \frac{1 \cdot 3 \cdot 5 \cdot \ldots \cdot (2k-1)}{2^k\, k!} (-t)^k$$
$$= 1 + \frac{1}{2}t + \frac{1 \cdot 3}{2 \cdot 4}t^2 + \frac{1 \cdot 3 \cdot 5}{2 \cdot 4 \cdot 6}t^3 + \ldots \qquad (-1 < t < 1) \ .$$

Wir machen zur Übung noch die Probe: Aus

$$\frac{1}{\sqrt{1-t}} = 1 + \frac{1}{2}t + \frac{3}{8}t^2 + ?t^3$$

folgt

$$\frac{1}{1-t} = (1 + \frac{1}{2}t + \frac{3}{8}t^2 + ?t^3)(1 + \frac{1}{2}t + \frac{3}{8}t^2 + ?t^3)$$

$$= 1 + (\frac{1}{2} + \frac{1}{2})t + (\frac{3}{8} + \frac{1}{4} + \frac{3}{8})t^2 + ?t^3$$

$$= 1 + t + t^2 + ?t^3 \,,$$

wie erwartet.

Aufgaben

1. Für gegebene reelle Zahlen α und β wird die Folge $x_.$ rekursiv definiert durch

$$x_0 := \alpha \,, \qquad x_1 := \beta \,, \qquad x_n := \frac{1 + x_{n-1}}{x_{n-2}} \quad (n \geq 2) \,.$$

(a) Bestimme die Häufungspunkte dieser Folge. (*Hinweis:* Mit speziellen Werten von α und β experimentieren, bis eine Gesetzmäßigkeit zum Vorschein kommt.)

(b) Bestimme die Menge derjenigen Paare (α, β), die als Anfangsdaten ausgeschlossen werden müssen. Figur!

2. (a) Berechne den Konvergenzradius der Potenzreihe

$$\sum_{k=0}^{\infty} \frac{x^k}{\cosh(k\alpha)} \qquad (=: f(x)) \,,$$

dabei ist $\alpha > 0$ eine vorgegebene Zahl und $\cosh t := (e^t + e^{-t})/2$.

(b) Zeige: Die Funktion f genügt der Funktionalgleichung

$$f(e^{\alpha}x) + f(e^{-\alpha}x) \equiv \frac{2}{1-x} \,.$$

3. (M) Der Umfang U einer Ellipse mit Halbachsen a und b ist gegeben durch

$$U = 4a \int_0^{\pi/2} \sqrt{1 - \varepsilon^2 \sin^2 t} \, dt \,, \qquad \varepsilon := \frac{\sqrt{a^2 - b^2}}{a} \,.$$

Um einen für kleine Exzentrizität ε brauchbaren Näherungswert für U zu erhalten, kann man U nach Potenzen von ε entwickeln:

$$U = c_0 + c_1\varepsilon + c_2\varepsilon^2 + c_3\varepsilon^3 + c_4\varepsilon^4 + \dots \,.$$

Bestimme die Koeffizienten c_0 bis und mit c_4. Dabei kommen die folgenden Formeln zu Hilfe:

$$\sqrt{1+u} = 1 + \frac{u}{2} - \frac{u^2}{8} + ?u^3 \,, \qquad \int_0^{\pi/2} \sin^2 t \, dt = \frac{\pi}{4} \,, \qquad \int_0^{\pi/2} \sin^4 t \, dt = \frac{3\pi}{16} \,.$$

4. Es bezeichne a_n die Anzahl Arten, n Leute im Verhältnis 1:2 in zwei Gruppen einzuteilen. Berechne den Konvergenzradius der Potenzreihe

$$\sum_{n=0}^{\infty} a_n z^n = 1 + 3z^3 + \ldots .$$

5. Mit Hilfe der **Fibonacci-Folge**

$$a_0 := 0 , \qquad a_1 := 1 \qquad a_k := a_{k-1} + a_{k-2} \quad (k \geq 2)$$

wird folgende Potenzreihe gebildet:

$$\sum_{k=0}^{\infty} a_k z^k = z + z^2 + 2z^3 + 3z^4 + 5z^5 + \ldots . \qquad (*)$$

Zeige:

(a) Die Reihe $(*)$ konvergiert mindestens für $|z| < 1/2$ und stellt dort eine Funktion $f(z)$ dar.

(b) Es ist $f(z) = \dfrac{z}{1 - z - z^2}$. $\quad$ (*Hinweis:* Zeige $(1 - z - z^2)f(z) \equiv z$.)

(c) Die Funktion f besitzt eine Zerlegung der Form

$$f(z) = \frac{A}{1 - \lambda z} + \frac{B}{1 - \mu z}$$

und läßt sich daher als Summe von zwei geometrischen Reihen schreiben. Dies liefert eine zweite Darstellung von f als Potenzreihe und damit einen geschlossenen Ausdruck für die k-te Fibonacci-Zahl a_k.

6. (a) ⓂDie Funktion f sei in einer Umgebung von $x = 0$ definiert und genüge der Funktionalgleichung

$$f\big(f(x)\big) \equiv \frac{x}{1 - x} ;$$

endlich sei $f(0) = 0$. Bestimme die Koeffizienten α, β, γ, δ in der Entwicklung

$$f(x) = \alpha + \beta x + \gamma x^2 + \delta x^3 + ? x^4 .$$

(b) In Wirklichkeit ist f eine Funktion der einfachen Form $x \mapsto \dfrac{x}{cx + d}$. Bestimme c und d.

7. Die Folge $(a_n)_{n \geq 0} := (0, 1, 1, 3, 5, 11, 21, \ldots)$ entsteht mit Hilfe der Rekursionsformel $a_n := a_{n-1} + 2a_{n-2}$. Bestimme den Konvergenzradius der Potenzreihe $\sum_{n=0}^{\infty} a_n z^n$. (*Hinweis:* Die Quotienten a_n/a_{n+1} besitzen einen Grenzwert ρ. Dies ist nicht zu beweisen; es genügt, ρ zu bestimmen.)

8. Stelle ein Rekursionsschema auf, das reelle Zahlen x als Input akzeptiert und eine gegen 2^x konvergente Folge produziert. Dabei dürfen nur die vier Grundrechenarten, also weder Logarithmen noch Fakultäten, benützt werden. Schreibe ein Computerprogramm, das den vorgeschlagenen Algorithmus realisiert.

Hinweis:
$$2 = \left(1 - \frac{1}{2}\right)^{-1}.$$

9. Durch die Rekursionsvorschrift

$$z_0 := 1, \qquad z_{n+1} := \frac{1}{2}z_n + \frac{i}{z_n} \quad (n \geq 0)$$

wird eine Folge von komplexen Zahlen $z_n = x_n + iy_n$ definiert.

(a) Berechne z_0, z_1, z_2.

(b) Zeige mit vollständiger Induktion: Für alle $n \geq 0$ gilt $x_n \geq 0$, $y_n \geq 0$.

(c) Die z_n konvergieren mit $n \to \infty$ gegen eine gewisse komplexe Zahl ζ (ist nicht zu beweisen). Berechne ζ.

2.5. Die Exponentialfunktion

Die Exponentialfunktion

$$\exp z \; := \; \sum_{k=0}^{\infty} \frac{z^k}{k!}$$

ist für alle $z \in \mathbb{C}$ definiert. Den meisten Eigenschaften dieser Funktion liegt das folgende "Additionstheorem" zugrunde:

(2.16) *Für beliebige* $z, w \in \mathbb{C}$ *gilt*

$$\exp(z + w) \; = \; \exp z \cdot \exp w \; .$$

$\ulcorner$ Wir multiplizieren die beiden absolut konvergenten Reihen

$$\exp z \; := \; \sum_{k=0}^{\infty} \frac{z^k}{k!} \, , \qquad \exp w \; := \; \sum_{k=0}^{\infty} \frac{w^k}{k!}$$

miteinander und erhalten

$$\exp z \cdot \exp w \; = \; \sum_{j,\,k} \frac{1}{j!\,k!} z^j \, w^k \; .$$

Fassen wir in der Doppelsumme für jedes $r \geq 0$ die Glieder mit $k + j = r$ zu einem Paket zusammen und summieren anschließend über r, so ergibt sich:

$$\ldots \; = \; \sum_{r=0} \left(\sum_{k+j=r} \frac{1}{j!\,k!} z^j \, w^k \right)$$

und nach Erweiterung mit $r!$:

$$\ldots \; = \; \sum_{r=0}^{\infty} \frac{1}{r!} \left(\sum_{k=0}^{r} \frac{r!}{(r-k)!\,k!} z^{r-k} \, w^k \right)$$

$$= \; \sum_{r=0}^{\infty} \frac{1}{r!} (z + w)^r = \exp(z + w) \; ,$$

wie behauptet. $\quad\lrcorner$

Setzt man zur Abkürzung

$$\exp 1 = 1 + \frac{1}{1!} + \frac{1}{2!} + \frac{1}{3!} + \ldots \; =: \; e \qquad (\doteq 2.718) \, ,$$

so folgt aus **(2.16)** für jedes $n \in \mathbb{N}$:

$$\exp n = \exp(\underbrace{1 + 1 + \ldots + 1}_{n}) = (\exp 1)^n = e^n \,,$$

und durch ähnliche Überlegungen ergibt sich weiter:

$$\forall \frac{p}{q} \in \mathbb{Q}: \qquad \exp \frac{p}{q} = \sqrt[q]{e^p} = e^{p/q} \,,$$

was den Namen "Exponentialfunktion" hinreichend begründet. Es liegt nunmehr nahe, für beliebige $z \in \mathbb{C}$ zu definieren:

$$e^z := \exp z \,.$$

Wir verwenden in freier Weise abwechselnd beide Schreibweisen, je nach typographischer Zweckmässigkeit.

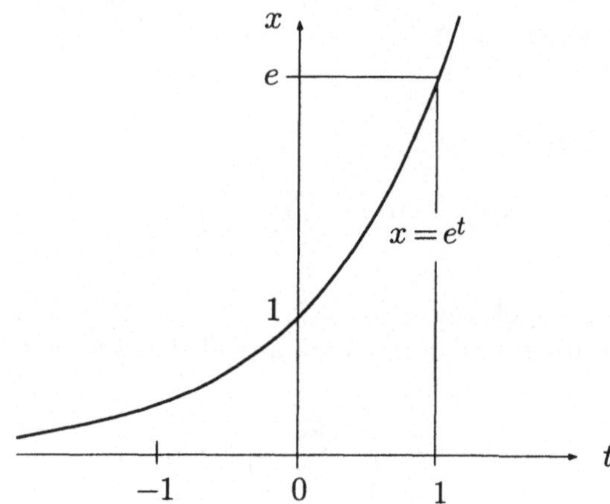

Fig. 2.5.1

Betrachten wir die Exponentialfunktion vorerst für reelle t, so können wir notieren (Fig. 2.5.1):

(2.17) (a) *Die Exponentialfunktion ist auf $\mathbb{R}$ positiv und streng monoton wachsend.*

(b) *Für jedes feste $q \in \mathbb{N}$ gilt:*

$$\lim_{t \to \infty} \frac{e^t}{t^q} = \infty \,; \qquad \lim_{t \to -\infty} e^t = 0 \,.$$

Die Exponentialfunktion wächst also mit $t \to \infty$ schneller als jede feste Potenz von t.

$\ulcorner$ (a) Wegen $e^t \cdot \left(e^{-t/2}\right)^2 = 1$ ist notwendigerweise $e^t > 0$. Für positives h ist $e^h = 1 + h + \ldots > 1$ und somit

$$e^{t+h} - e^t = (e^h - 1)e^t > 0 \, .$$

(b) Für jedes einzelne $q \in \mathbb{N}$ gilt

$$e^t > \frac{t^{q+1}}{(q+1)!} \qquad (t > 0) \, ,$$

und hieraus folgt

$$\frac{e^t}{t^q} > \frac{t}{(q+1)!} \qquad (t > 0) \, .$$

Der betrachtete Quotient strebt daher mit $t \to \infty$ gegen ∞. $\quad\lrcorner$

Die Exponentialfunktion bildet hiernach die reelle Achse bijektiv auf die positive reelle Achse $\mathbb{R}_{>0}$ ab, und es existiert die Umkehrfunktion

$$(\exp)^{-1} =: \log : \quad \mathbb{R}_{>0} \to \mathbb{R} \, ,$$

genannt **natürlicher Logarithmus** (Fig. 2.5.2). Damit gelten automatisch die Identitäten

$$\forall t \in \mathbb{R} : \qquad \log\!\left(e^t\right) = t \, , \qquad \forall x \in \mathbb{R}_{>0} : \qquad e^{\log x} = x \qquad (1)$$

(siehe Beispiel 2.2.$\textcircled{6}$); ferner hat man die Grenzwerte

$$\lim_{x \to 0+} \log x = -\infty \, , \qquad \lim_{x \to \infty} \log x = \infty \, .$$

Aus der Funktionalgleichung der Exponentialfunktion (Satz **(2.16)**) folgt diejenige des Logarithmus:

$$\textbf{(2.17)} \qquad \log(u \cdot v) = \log u + \log v \qquad (u, v \in \mathbb{R}_{>0}) \, ,$$

die bekanntlich dem Funktionieren des Rechenschiebers und der seinerzeitigen Bedeutung der (Zehner-)Logarithmen fürs numerische Rechnen zugrundeliegt: Sie verwandelt die Multiplikation in die (numerisch einfachere) Addition.

$\ulcorner$ Mithilfe von (1) ergibt sich nacheinander

$$\log(u \cdot v) = \log\!\left(e^{\log u} \cdot e^{\log v}\right) = \log\!\left(e^{\log u + \log v}\right) = \log u + \log v \, . \quad\lrcorner$$

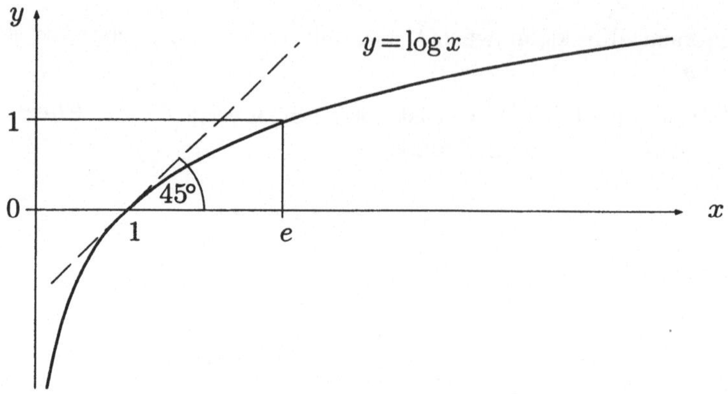

Fig. 2.5.2

Betrachte ein festes $a > 0$. Ähnlich wie vorher $\exp(p/q) = e^{p/q}$ beweist man nun mithilfe von **(2.17)**:

$$\log\left(a^{p/q}\right) = \frac{p}{q}\log a \qquad (p \in \mathbb{Z},\, q \in \mathbb{N}^*)\,,$$

und mit (1) folgt:

$$\forall\, \frac{p}{q} \in \mathbb{Q}: \qquad a^{p/q} = e^{\frac{p}{q}\log a}\,.$$

Dies legt nahe, für beliebiges reelles x die **allgemeine Potenz** a^x folgendermaßen zu definieren:

$$a^x := e^{x\log a} \qquad (a > 0,\, x \in \mathbb{R})\,.$$

Es gelten dann die üblichen Rechenregeln:

$$\begin{aligned}
\log(a^x) &= x\log a\,,\\
a^{x+y} &= a^x \cdot a^y\,,\\
(a \cdot b)^x &= a^x \cdot b^x\,,\\
(a^x)^y &= a^{xy}\,.
\end{aligned}$$

Während die Exponentialfunktion in ihrem Wachstumsverhalten stärker ist als jede noch so hohe Potenz $t \mapsto t^q$, ist die Logarithmusfunktion schwächer als jede noch so kleine Potenz $x \mapsto x^\alpha$ $(\alpha > 0)$:

(2.18) *Für jedes feste $\alpha > 0$ gilt*

$$\lim_{x \to \infty} \frac{\log x}{x^\alpha} = 0\,, \qquad \lim_{x \to 0+} \left(x^\alpha \log x\right) = 0\,.$$

$\ulcorner$ Man hat nacheinander

$$\lim_{x\to\infty} \frac{\log x}{e^{\alpha\log x}} = \lim_{y\to\infty} \frac{y}{e^{\alpha y}} = \frac{1}{\alpha}\lim_{t\to\infty} \frac{t}{e^t} = 0 \, ;$$

ähnlich schließt man bei der zweiten Behauptung. $\lrcorner$

Für spätere Zwecke und zur allgemeinen Bildung berechnen wir noch zwei Grenzwerte:

$$(\mathbf{2.19})(a) \qquad\qquad \lim_{z\to0} \frac{e^z - 1}{z} = 1 \, .$$

$$(b) \qquad\qquad \forall x \in \mathbb{R}: \qquad \lim_{n\to\infty} \left(1 + \frac{x}{n}\right)^n = e^x \, ;$$

insbesondere gilt $\lim_{n\to\infty} \left(1 + \dfrac{1}{n}\right)^n = e$.

$\ulcorner$ (a) Aus

$$e^z = 1 + z + \frac{z^2}{2!} + \frac{z^3}{3!} + \cdots$$

ergibt sich für beliebiges $z \neq 0$:

$$\frac{e^z - 1}{z} = 1 + \frac{z}{2!} + \frac{z^2}{3!} + \cdots =: g(z) \, .$$

Hier ist g eine (für alle z konvergente) Potenzreihe, mithin eine stetige Funktion, und es folgt

$$\lim_{z\to0} \frac{e^z - 1}{z} = \lim_{z\to0} g(z) = g(0) = 1 \, .$$

(b) Wir betrachten den Logarithmus des zu untersuchenden Ausdrucks und haben

$$\log\left(1 + \frac{x}{n}\right)^n = n \log\left(1 + \frac{x}{n}\right) = x \, \frac{\log(1 + \frac{x}{n}) - \log 1}{x/n} \, .$$

Mit $\dfrac{x}{n} =: h_n$ ergibt sich daher

$$\lim_{n\to\infty} \log\left(1 + \frac{x}{n}\right)^n = x \lim_{n\to\infty} \frac{\log(1 + h_n) - \log 1}{h_n} = x \log'(1) = x \, ,$$

wobei wir zuletzt von der Ableitung der Logarithmusfunktion Gebrauch gemacht haben. $(1 + \frac{x}{n})^n$ strebt daher gegen e^x, wie behauptet. $\lrcorner$

In den Anwendungen treten oft gewisse "symmetrische" Kombinationen von e^x und e^{-x} auf, die sogenannten **hyperbolischen Funktionen**. Wir beginnen mit der folgenden Bemerkung: Eine Funktion $f : \mathbb{X} \curvearrowright \mathbb{X}'$ heißt **gerade**, wenn gilt:

$$\forall\, x \in \mathrm{dom}\,(f): \qquad f(-x) \,=\, f(x)\,,$$

und **ungerade**, wenn gilt:

$$\forall\, x \in \mathrm{dom}\,(f): \qquad f(-x) \,=\, -f(x)\,;$$

dabei wird natürlich vorausgesetzt, daß dom$\,(f)$ bezüglich 0 symmetrisch ist. Die Potenzfunktionen $z \mapsto z^k$, $k \in \mathbb{Z}$, sind gerade für gerades k und ungerade für ungerades k. Die Potenzreihenentwicklung einer geraden (bzw. ungeraden) Funktion im Ursprung enthält nur Terme mit geraden (bzw. ungeraden) Exponenten.

Jede Funktion mit einem bezüglich 0 symmetrischen Definitionsbereich läßt sich in einen geraden und einen ungeraden "Anteil" zerlegen:

$$f(x) \;\equiv\; \underbrace{\frac{f(x) + f(-x)}{2}}_{\text{gerade}} \,+\, \underbrace{\frac{f(x) - f(-x)}{2}}_{\text{ungerade}}\;.$$

Führen wir diese Zerlegung für die Exponentialfunktion durch (Fig. 2.5.3), so erhalten wir als geraden Anteil den **hyperbolischen Cosinus**

$$\cosh x \;:=\; \frac{e^x + e^{-x}}{2} \qquad (x \in \mathbb{R})$$

und als ungeraden Anteil den **hyperbolischen Sinus**

$$\sinh x \;:=\; \frac{e^x - e^{-x}}{2} \qquad (x \in \mathbb{R})\,.$$

Diese Funktionen sind übers Komplexe mit den entsprechenden trigonometrischen Funktionen verwandt und besitzen formal analoge Additionstheoreme usw. wie jene. Mit Hilfe des "Additionstheorems" $e^{x+y} = e^x \cdot e^y$ beweist man leicht

$$\cosh^2 x - \sinh^2 x \;\equiv\; 1 \qquad (\textbf{hyperbolischer Pythagoras}),$$
$$\cosh(x + y) = \cosh x \cosh y + \sinh x \sinh y\,,$$
$$\sinh(x + y) = \sinh x \cosh y + \cosh x \sinh y\,.$$

Als Differenz einer streng monoton wachsenden und einer streng monoton fallenden Funktion ist sinh streng monoton wachsend; ferner gilt

$$\lim_{x \to \pm\infty} \sinh x \;=\; \pm\infty\,.$$

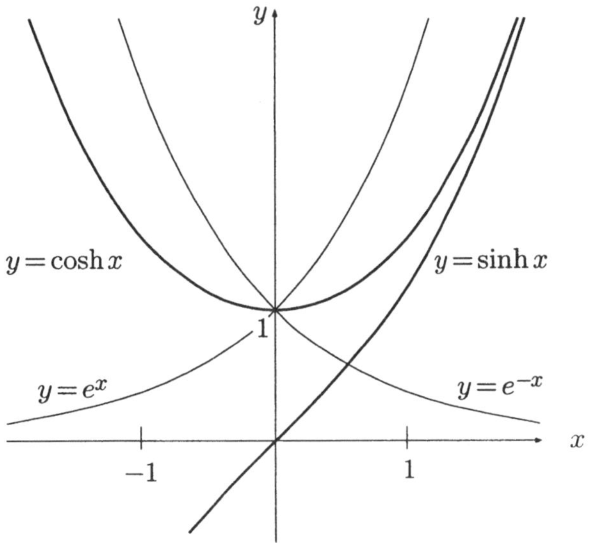

Fig. 2.5.3

Folglich existiert die Umkehrfunktion, genannt **Areasinus**:

$$(\sinh)^{-1} =: \operatorname{arsinh} : \quad \mathbb{R} \to \mathbb{R} .$$

Überraschenderweise läßt sich arsinh durch "schon bekannte" Funktionen ausdrücken. Aus $y = \sinh x$ folgt nämlich nacheinander

$$2y = e^x - e^{-x} , \qquad e^{2x} - 2ye^x - 1 = 0 , \qquad e^x = y \pm \sqrt{y^2 + 1} .$$

Da jedenfalls $e^x > 0$ ist, muß hier das obere Zeichen zutreffen, und wir erhalten $x = \log(y + \sqrt{y^2 + 1})$; das heißt, es gilt

$$\operatorname{arsinh} y = \log(y + \sqrt{y^2 + 1}) \qquad (y \in \mathbb{R}) .$$

Auf dem Intervall $\mathbb{R}_{\geq 0}$ wächst

$$x \mapsto \cosh x = \sqrt{\sinh^2 x + 1}$$

(als Zusammensetzung von wachsenden Funktionen) streng monoton von 1 bis ∞ und besitzt somit daselbst eine Umkehrfunktion **Areacosinus**:

$$(\cosh)^{-1} =: \operatorname{arcosh} : \quad \mathbb{R}_{\geq 1} \to \mathbb{R}_{\geq 0} ,$$

die sich ebenfalls durch Logarithmen ausdrücken läßt. Man erhält

$$\operatorname{arcosh} y = \log(y + \sqrt{y^2 - 1}) \qquad (y \geq 1) .$$

Wir definieren schließlich noch den **hyperbolischen Tangens** (Fig. 2.5.4) durch

$$\tanh x \; := \; \frac{\sinh x}{\cosh x} = \frac{e^x - e^{-x}}{e^x + e^{-x}} \; .$$

Aus

$$\tanh x = 1 - \frac{2e^{-2x}}{1 + e^{-2x}}$$

folgt: Der Graph des hyperbolischen Tangens nähert sich mit $x \to \infty$ "exponentiell" der Asymptote $y = 1$. Für die Umkehrfunktion **Areatangens**

$$(\tanh)^{-1} \; =: \; \text{artanh} \; : \qquad]{-1}, 1[\; \to \; \mathbb{R}$$

erhält man

$$\text{artanh}\, y \; = \; \frac{1}{2} \log \frac{1+y}{1-y} \qquad (-1 < y < 1) \; .$$

Von seinem Charakter her eignet sich der hyperbolische Tangens besonders zur Modellierung von Vorgängen, bei denen eine seit Urzeiten bestehende Situation evolutionär in eine andere dauerhafte Situation übergeht.

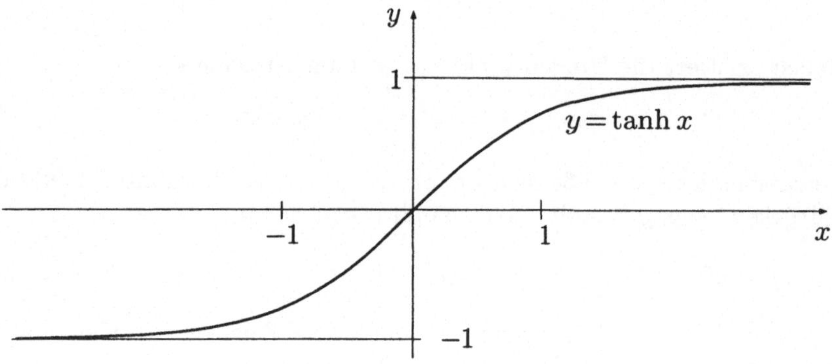

Fig. 2.5.4

In Abschnitt 1.7 wurde (vorläufig) als handliche Abkürzung die Schreibweise

$$\cos t + i \sin t \; =: \; e^{it}$$

eingeführt. Wir müssen zum Schluß zeigen, daß das mit den jetzigen definitiven Vorstellungen über die Exponentialfunktion konsistent ist; in anderen Worten: Wir müssen die Funktion

$$\text{cis}: \quad t \mapsto e^{it} \qquad (t \in \mathbb{R})$$

('cis' für ' $\cos + i \sin$ ') untersuchen.

Da die Exponentialreihe reelle Koeffizienten besitzt, gilt für beliebige $z \in \mathbb{C}$:

$$\exp \bar{z} = \overline{\exp z} \; .$$

⌐ Ist $a_k = \bar{a}_k$ für alle $k \geq 0$, so folgt

$$\sum_{k=0}^{\infty} a_k \bar{z}^k = \sum_{k=0}^{\infty} \bar{a}_k \, \overline{z^k} = \overline{\sum_{k=0}^{\infty} a_k z^k} \; . \qquad \lrcorner$$

Hieraus ergibt sich für beliebige reelle t:

$$\left| e^{it} \right|^2 = e^{it} \cdot \overline{e^{it}} = e^{it} \cdot e^{\overline{it}} = e^{it} \cdot e^{-it} = e^0 = 1 \; ;$$

die Punkte e^{it} liegen somit auf dem Einheitskreis $\partial D := \left\{ z \in \mathbb{C} \mid |z| = 1 \right\}$ der komplexen Ebene. Es gilt aber noch mehr:

(2.20) *Die Funktion $t \mapsto e^{it}$ wickelt die reelle t-Achse längentreu auf den Einheitskreis ∂D auf.*

⌐ Wir betrachten für ein beliebiges, aber festes t, $0 < t < 2\pi$, das Intervall $[0, t] \subset \mathbb{R}$ und sein Bild $\gamma \subset \partial D$. Die Bildmenge γ ist ein bei 1 beginnender Bogen auf ∂D. Teilen wir das Intervall $[0, t]$ in N gleiche Teile (Fig. 2.5.5), so bestimmen die Bilder der Teilungspunkte $t_k := kt/N$ $(0 \leq k \leq N)$ ein Sehnenpolygon γ_N mit Eckpunkten

$$z_k := e^{it_k} = e^{ikt/N} \; .$$

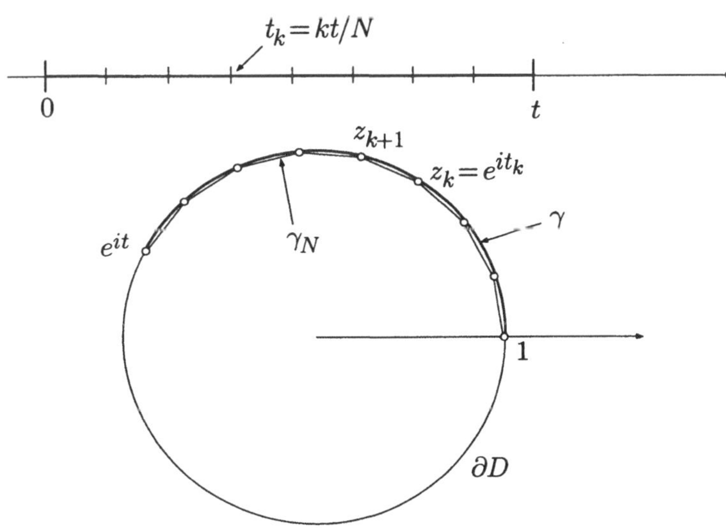

Fig. 2.5.5

Die Länge einer Teilstrecke ist gegeben durch

$$|z_{k+1} - z_k| = \left|e^{i(k+1)t/N} - e^{ikt/N}\right| = \left|e^{ikt/N}\right| \left|e^{it/N} - 1\right| = \left|e^{it/N} - 1\right|,$$

unabhängig von k, so daß sich die Länge des ganzen Sehnenpolygons berechnet zu

$$L(\gamma_N) = N \left|e^{it/N} - 1\right| = t \left|\frac{e^{it/N} - 1}{it/N}\right|.$$

Hieraus folgt mit **(2.19)**(a) und **(2.7)**:

$$L(\gamma) = \lim_{N \to \infty} L(\gamma_N) = t\,;$$

das heißt: Die von 1 bis e^{it} längs ∂D gemessene Bogenlänge beträgt gerade t, wie behauptet.
⌐

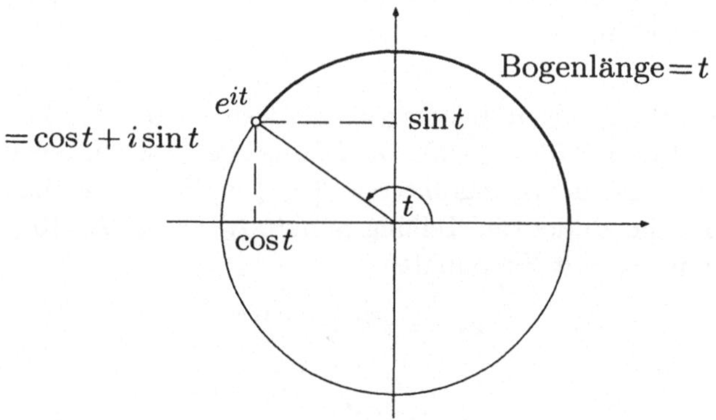

Fig. 2.5.6

Hiernach ist e^{it} der Punkt auf ∂D mit dem Argument t, also der Punkt $\cos t + i \sin t$ (Fig. 2.5.6), in Übereinstimmung mit unserer früheren Vereinbarung. Wir haben damit einen neuen Zugang zu den trigonometrischen Funktionen gewonnen. Sie sind mit der Exponentialfunktion (nicht nur formal, sondern tatsächlich) verknüpft durch die **Eulerschen Formeln**

$$\cos t = \operatorname{Re}(e^{it}) = \frac{e^{it} + e^{-it}}{2},$$
$$\sin t = \operatorname{Im}(e^{it}) = \frac{e^{it} - e^{-it}}{2i}.$$

Cosinus und Sinus stellen also im wesentlichen den geraden und den ungeraden Anteil der Funktion $t \mapsto e^{it}$ dar. Aus

$$e^{it} = 1 + it + \frac{(it)^2}{2!} + \frac{(it)^3}{3!} + \frac{(it)^4}{4!} + \ldots$$

ergeben sich durch Trennung von Real- und Imaginärteil die folgenden für alle $t \in \mathbb{R}$ konvergenten Potenzreihen von cos und sin:

$$\cos t = 1 - \frac{t^2}{2!} + \frac{t^4}{4!} - \frac{t^6}{6!} + \cdots = \sum_{j=0}^{\infty} \frac{(-1)^j \, t^{2j}}{(2j)!} \, ,$$

$$\sin t = t - \frac{t^3}{3!} + \frac{t^5}{5!} - \frac{t^7}{7!} + \cdots = \sum_{j=0}^{\infty} \frac{(-1)^j \, t^{2j+1}}{(2j+1)!} \, .$$

Aufgaben

1. Auf einem Taschenrechner stehen nur noch die Tasten $\boxed{1}$, $\boxed{=}$, $\boxed{+}$, $\boxed{\frac{1}{x}}$ und $\boxed{x^2}$ zur Verfügung. Berechne (mit akzeptablem Aufwand) eine brauchbare Approximation für e.

2. Ⓜ Es sei $c := \dfrac{\log 2}{2\pi} + i$. Dann ist

$$\gamma: \quad t \mapsto z(t) := e^{ct} \qquad (-\infty < t < \infty)$$

eine Kurve in der z-Ebene.

   (a) Bestimme die Momentangeschwindigkeit $\dot{z}(t)$ des laufenden Punktes.

   (b) Werden die Geschwindigkeitsvektoren $\dot{z}(t)$ im Ursprung angehftet, so bilden ihre Spitzen eine neue Kurve $\dot\gamma$ (den **Hodographen** von γ). In welcher geometrischen Relation stehen γ und $\dot\gamma$ zueinander?

   (c) Zeichne die beiden Kurven γ und $\dot\gamma$.

3. Es sei

$$f_0(x) := x \, , \qquad f_{n+1}(x) := e^{f_n(x)} \quad (n \geq 0) \, .$$

Berechne $\lim_{x \to -\infty} f_4(x)$.

4. Fritz macht sich hinter eine volle Literflasche Whisky seines Vaters. Er trinkt immer wieder einen minimalen Bruchteil λ des Inhalts und füllt mit Wasser nach, bis schließlich die Whiskykonzentration in der Flasche auf $\leq 1/2$ gesunken ist. Wieviel Liter Whisky und wieviel Liter Wasser hat Fritz dabei im ganzen getrunken? Berechne die Grenzwerte für $\lambda \to 0$.

5. Produziere eine Funktion $t \mapsto f(t)$ $(t > 0)$, die für $t \to \infty$ schneller wächst als jede Potenz t^n, $n \geq 0$, aber langsamer als irgendwelche Exponentialfunktionen $e^{\lambda t}$, $\lambda > 0$.

6. Jemand berechnet e^{-10} $(\approx 5 \cdot 10^{-5})$ mit Hilfe der Exponentialreihe und berücksichtigt alle Glieder bis und mit $10^{38}/38!$. Wieviel signifikante Dezimalstellen erhält sie ungefähr? $(39! \approx 2 \cdot 10^{46})$

7. Vergleiche das Wachstum der drei Funktionen

$$f(t) := t^{\sqrt{\log t}}\,, \qquad g(t) := (\log t)^{\log t}\,, \qquad h(t) := \exp(\sqrt{t}/\log t)$$

für $t \to \infty$. (*Hinweis:* Betrachte die Logarithmen von f, g und h.)

8. Berechne den Konvergenzradius der Potenzreihe $\sum_{k=0}^{\infty}(1 - \tanh(k\alpha))x^k$.

9. Produziere eine Funktion $f\colon \mathbb{R}_{>0} \to \mathbb{R}_{>0}$, für die gilt

$$f\big(f(t)\big) \equiv \sqrt{t}\,.$$

10. (a) Bestimme die sämtlichen komplexen Lösungen der Gleichung

$$\exp\frac{1 - i}{z} = 1\,.$$

(b) Bestimme die kleinstmögliche Kreisscheibe um $0 \in \mathbb{C}$, die alle Lösungen dieser Gleichung enthält. Figur!

11. (M) Wieviel gibt, sinngemäß, $\cos(i \log 2)$?

3. Differentialrechnung

3.1. Grundbegriffe, Rechenregeln

Anmerkung: Es ist zu vermuten, daß der Leser schon von der Ableitung
gehört hat. Zur Abwechslung und im Hinblick auf die mehrdimensionale
Differentialrechnung beginnen wir daher die Sache etwas anders.

Es sei

$$f: \quad \mathbb{R} \curvearrowright \mathbb{X}, \qquad t \mapsto f(t)$$

eine $\mathbb{X}$-wertige (zum Beispiel reellwertige) Funktion einer reellen Variablen t,
die man als "Zeit" interpretieren kann. Wir halten einen Punkt $t_0 \in \operatorname{dom}(f)$
bis auf weiteres fest und betrachten den von $f(t_0) =: y_0$ aus gemessenen
Wertzuwachs

$$\Delta f := f(t_0 + h) - f(t_0)$$

als Funktion des von t_0 aus gemessenen t-Zuwachses h. In anderen Worten:
Der "Arbeitspunkt" (t_0, y_0) wird zum Ursprung eines $(\Delta t, \Delta y)$-Koordinaten-
systems gemacht, und der Wertzuwachs Δf wird an der Stelle $\Delta t := h$ nach
oben abgetragen (Fig. 3.1.1). Dieses h hat man sich betragsmäßig klein vor-
zustellen. Ist t_0 ein Randpunkt von $\operatorname{dom}(f)$, so muß man sich auf $h \geq 0$ bzw.
$h \leq 0$ beschränken.

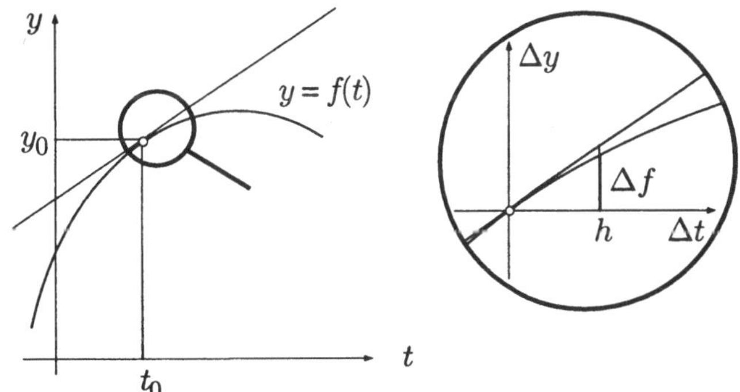

Fig. 3.1.1

Es ist ein fundamentales Faktum der Analysis, daß bei "guten" Funktionen
der Wertzuwachs Δf im Limes $h \to 0$ linear von h abhängt: Es gibt eine
Konstante A, die **momentane Zuwachsrate** von f an der Stelle t_0, mit

$$\Delta f \doteq A h \qquad (h \to 0) . \tag{1}$$

Ist f vektorwertig, also Parameterdarstellung einer Kurve im $\mathbb{R}^m$, so ist auch Δf vektorwertig, und A ist ein Vektor, der als Momentangeschwindigkeit interpretiert werden kann (s.u.).

Wir müssen der Formel (1) einen präzisen Sinn erteilen. Die Aussage (1) besitzt nur dann einen tatsächlichen Gehalt, wenn der durch das Zeichen '$\doteq$' implizierte Fehler

$$r(h) := \Delta f - A\,h$$

für $h \to 0$ wesentlich ("um Größenordnungen") kleiner ist als der in (1) hingeschriebene Term $A\,h$. Es müßte also

$$\frac{r(h)}{|Ah|} \to 0 \qquad (h \to 0)$$

gelten, und das ist im Normalfall $A \neq 0$ äquivalent mit $r(h)/h \to 0$ $(h \to 0)$. Aufgrund dieser Überlegungen definieren wir definitiv: Die Funktion $f \colon \mathbb{R} \curvearrowright \mathbb{X}$ heißt an der Stelle $t_0 \in \operatorname{dom}(f)$ **differenzierbar**, wenn es eine Konstante $A \in \mathbb{X}$ (und eine Funktion $r(\cdot)$) gibt, so daß folgendes gilt:

$$f(t_0 + h) - f(t_0) = A\,h + r(h)\,, \qquad \lim_{h \to 0} \frac{r(h)}{h} = 0\,. \tag{2}$$

Die Gleichung links in (2) definiert die Funktion $r(\cdot)$, und diese Funktion unterliegt der entscheidenden Bedingung rechts. Diese Bedingung impliziert weiter

$$\frac{f(t_0 + h) - f(t_0)}{h} - A \to 0 \qquad (h \to 0)\,,$$

so daß wir für die momentane Zuwachsrate A die folgende Formel erhalten:

$$A = \lim_{h \to 0} \frac{f(t_0 + h) - f(t_0)}{h} = \lim_{t \to t_0} \frac{f(t) - f(t_0)}{t - t_0} =: f'(t_0)\,.$$

Der angeschriebene und mit $f'(t_0)$ bezeichnete Grenzwert des Differenzenquotienten heißt bekanntlich **Ableitung** von f an der Stelle t_0. Die **einseitigen Ableitungen** $f'(t_0+)$ und $f'(t_0-)$ werden sinngemäß erklärt.

① Im Fall einer "Funktion $y = f(x)$" ist der Differenzenquotient

$$\frac{\Delta y}{\Delta x} = \frac{f(x) - f(x_0)}{x - x_0}$$

die Steigung der Sekante durch die Graphenpunkte $P_0 := (x_0, f(x_0))$ und $P := (x, f(x))$ (Fig. 3.1.2). Strebt x gegen x_0, so wandert P auf dem Graphen gegen den Punkt P_0, und die Sekante durch P_0 und P geht über in die Graphentangente im Punkt P_0. Die Steigung dieser Tangente ist gleich dem Grenzwert der Sekantensteigungen, also gleich $f'(x_0)$.   ◯

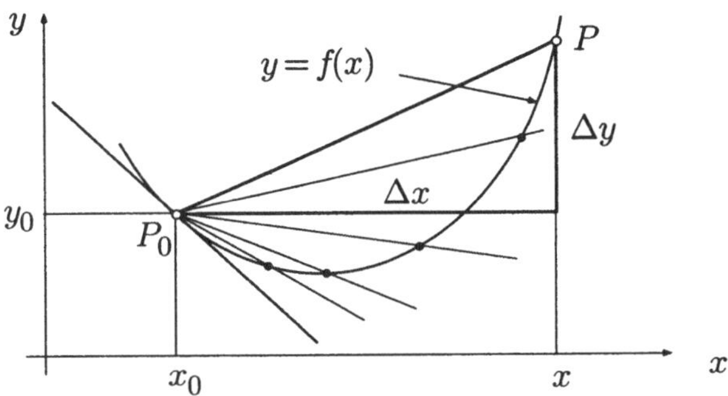

Fig. 3.1.2

Bevor wir hier weitermachen, wenden wir uns nocheinmal den Formeln (2)
zu. Es geht dort um die Größenordnung einer gewissen Fehlerfunktion $r(h)$
beim Grenzübergang $h \to 0$. Mit Hilfe des **Landauschen o-Symbols** lassen
sich derartige Sachverhalte in besonders kompakter Weise ausdrücken; man
muß sich allerdings ein wenig an diese o-Schreibweise gewöhnen.

Also: Da $\dfrac{r(h)}{h}$ mit $h \to 0$ gegen 0 geht, sagt man, $r(h)$ sei "klein oh von h",
und schreibt

$$r(h) = o(h) \qquad (h \to 0) \, .$$

Der Term $o(h)$ bezeichnet hier *nicht* den Funktionswert einer Funktion $o(\cdot)$
an der Stelle h, sondern "eine gewisse Funktion, die *nach Division durch h*
gegen 0 geht".

Allgemein: Es ist die Rede von einem bestimmten Grenzübergang $x \to \xi$.
Ein Term $o\big(p(x)\big)$ in einer Gleichung bezeichnet eine letzten Endes durch
diese Gleichung definierte Funktion $r(x)$, *von der man aber weiß, daß sie für*
$x \to \xi$ "von wesentlich kleinerer Größenordnung ist als $p(x)$", das heißt: daß
der Quotient $r(x)/p(x)$ gegen 0 geht. In anderen Worten: Die nennerfreie
Formel

$$f(x) = g(x) + o\big(p(x)\big) \qquad (x \to \xi)$$

ist äquivalent mit dem Sachverhalt

$$\lim_{x \to \xi} \frac{f(x) - g(x)}{p(x)} = 0 \, .$$

Bsp: $\qquad \dfrac{1}{t} = o(1) \qquad (t \to \infty) \, ,$

$$t^{1000} = o(e^t) \qquad (t \to \infty) \, ,$$

$$t^n + a_{n-1}t^{n-1} + \ldots + a_0 = t^n\left(1 + o(1)\right) \qquad (t \to \infty)\,,$$

$$\frac{3t^2 - 5t - 7}{t + 1} = 3t - 8 + o(1) \qquad (t \to \infty)\,,$$

$$\sqrt{1 + t} = 1 + \frac{t}{2} + o(t) \qquad (t \to 0)\,.$$

(Die zweitletzte Beziehung ergibt sich durch Ausführung der Polynomdivision; die letzte mag der Leser selber verifizieren, wenn er diesen Abschnitt zuende gelesen hat.)

Wegen $A = f'(t_0)$ sind wir damit in der Lage, den Inhalt von (2) in der folgenden prägnanten Formel auszudrücken:

$$\boxed{\; f(t_0 + h) - f(t_0) = f'(t_0)\,h + o(h) \qquad (h \to 0) \;} \tag{3}$$

Wird die unabhängige Variable t einer Parameterdarstellung $\gamma\colon t \mapsto \mathbf{x}(t)$ als "Zeit" interpretiert, so stellt der Ableitungsvektor eine Geschwindigkeit dar: Der Differenzenquotient

$$\frac{\Delta\mathbf{x}}{\Delta t} := \frac{\mathbf{x}(t) - \mathbf{x}(t_0)}{t - t_0} \qquad (t > t_0)$$

ist die "totale Ortsveränderung im Verhältnis zur insgesamt dafür benötigten Zeit" oder eben die **mittlere Geschwindigkeit** im Zeitintervall $[t_0, t]$, und der für $t \to t_0+$ resultierende Grenzwert $\mathbf{x}'(t_0)$ ist die **Momentangeschwindigkeit** oder einfach die **Geschwindigkeit** des laufenden Punktes zum Zeitpunkt t_0.

Ist $\mathbf{x}'(t_0) \neq \mathbf{0}$, so zeigt $\mathbf{x}'(t_0)$ in die Richtung der Kurventangente an der Stelle t_0. Um das einzusehen, betrachten wir die Sekanteneinheitsvektoren $\Delta\mathbf{x}/|\Delta\mathbf{x}|$ für $t \to t_0+$ (Fig. 3.1.3). Mit $t - t_0 =: h$ ergibt sich aufgrund von (3):

$$\frac{\Delta\mathbf{x}}{|\Delta\mathbf{x}|} = \frac{\mathbf{x}'(t_0)h + o(h)}{|\mathbf{x}'(t_0)h + o(h)|} = \frac{\mathbf{x}'(t_0) + o(1)}{|\mathbf{x}'(t_0) + o(1)|}\,.$$

Hieraus folgt

$$\lim_{h \to 0+} \frac{\Delta\mathbf{x}}{|\Delta\mathbf{x}|} = \frac{\mathbf{x}'(t_0)}{|\mathbf{x}'(t_0)|}\,,$$

womit der normierte Geschwindigkeitsvektor als Grenzlage der Sekanteneinheitsvektoren, mithin als Tangenteneinheitsvektor identifiziert ist.

② Betrachte zum Beispiel die Parameterdarstellung

$$\mathbf{x}(t) := t\mathbf{a} + t^2\mathbf{b} \qquad (-\infty < t < \infty)\,.$$

Es ergibt sich

$$\frac{\mathbf{x}(t) - \mathbf{x}(t_0)}{t - t_0} = \frac{(t - t_0)\mathbf{a} + (t^2 - t_0^2)\mathbf{b}}{t - t_0} = \mathbf{a} + (t + t_0)\mathbf{b}$$

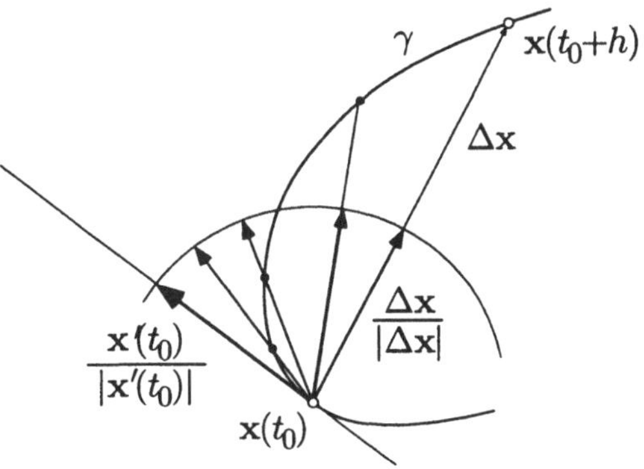

Fig. 3.1.3

und somit

$$\mathbf{x}'(t_0) = \lim_{t \to t_0} \big(\mathbf{a} + (t + t_0)\mathbf{b}\big) = \mathbf{a} + 2t_0\mathbf{b} \ .$$

Sind die Vektoren $\mathbf{a}$ und $\mathbf{b}$ linear unabhängig, so ist $\mathbf{x}'(t_0) \neq \mathbf{0}$ für alle $t_0 \in \mathbb{R}$, und die Bahnkurve (eine Parabel) besitzt in allen Punkten eine Tangente. Ist aber zum Beispiel $\mathbf{a} = \mathbf{0}$ und $\mathbf{b} \neq \mathbf{0}$, so besitzt die Bahnkurve (eine zweimal durchlaufene Halbgerade) im Ursprung einen Rückkehrpunkt. $\qquad\bigcirc$

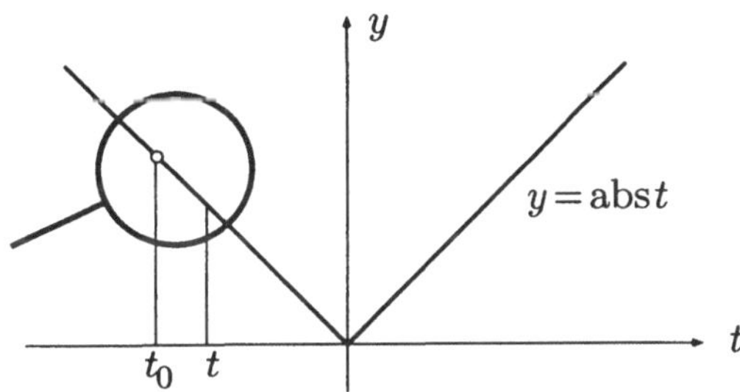

Fig. 3.1.4

③ Betrachte die Funktion

$$\operatorname{abs} t := |t| \qquad (t \in \mathbb{R}) \ .$$

Ist zunächst $t_0 \neq 0$, so besitzen alle hinreichend nahe bei t_0 gelegenen t dasselbe Vorzeichen wie t_0. Für diese t gilt daher

$$\operatorname{abs} t = \operatorname{sgn} t \cdot t = \operatorname{sgn} t_0 \cdot t \ .$$

Damit erhalten wir

$$m(t) := \frac{\operatorname{abs} t - \operatorname{abs} t_0}{t - t_0} = \frac{\operatorname{sgn} t_0 \cdot t - \operatorname{sgn} t_0 \cdot t_0}{t - t_0} = \operatorname{sgn} t_0 \ ,$$

und es folgt

$$\operatorname{abs}'(t_0) = \lim_{t \to t_0} m(t) = \operatorname{sgn} t_0 \qquad (t_0 \neq 0) \ .$$

Ist jedoch $t_0 = 0$, so hat man

$$m(t) = \frac{|t| - |0|}{t - 0} = \operatorname{sgn} t \qquad (t \neq 0) \ .$$

Der $\lim_{t \to 0} m(t)$ existiert nicht; folglich ist abs an der Stelle 0 nicht differenzierbar. Hingegen existieren dort die einseitigen Ableitungen

$$\operatorname{abs}'(0+) = \operatorname{sgn}(0+) = 1 \ , \qquad \operatorname{abs}'(0-) = \operatorname{sgn}(0-) = -1 \ .$$

Die Punkte $t_0 \in \operatorname{dom}(f)$, in denen f differenzierbar ist, bilden den Definitionsbereich der Funktion

$$f' : \qquad t \mapsto f'(t) \ ,$$

genannt **Ableitung** von f. Die Ableitung f' gibt für jeden "Zeit"punkt $t \in \operatorname{dom}(f')$ die momentane Zuwachsrate der Ausgangsfunktion f an. Anstelle von f' sind auch Bezeichnungen wie $\dot{f}$, $\frac{df(x)}{dx}$, Df und andere in Gebrauch.

Bsp: $\qquad\qquad\qquad\qquad \operatorname{abs}' = \operatorname{sgn} \restriction \mathbb{R}_{\neq 0} \ .$

③ Für die Exponentialfunktion hat man

$$m(t) := \frac{e^t - e^{t_0}}{t - t_0} = e^{t_0} \frac{e^{t - t_0} - 1}{t - t_0}$$

und somit nach **(2.19)**(a):

$$\exp'(t_0) = \lim_{t \to t_0} m(t) = e^{t_0} \ .$$

Da dies für alle $t_0 \in \mathbb{R}$ zutrifft, gilt

$$\exp' = \exp \qquad \text{bzw.} \qquad \frac{d}{dt} e^t = e^t \ , \tag{4}$$

das heißt: Die Exponentialfunktion wird durch Differentiation reproduziert.

Ist f an der Stelle t_0 differenzierbar, so ist die sogenannte **Trendfunktion**

$$m(t) \ := \ m_{f,t_0}(t) \ := \ \begin{cases} \dfrac{f(t) - f(t_0)}{t - t_0} & (t \neq t_0) \,, \\[2mm] f'(t_0) & (t = t_0) \end{cases}$$

an der Stelle t_0 stetig, und es gilt dann für alle $t \in \operatorname{dom}(f)$:

$$f(t) - f(t_0) = m(t)\,(t - t_0) \ . \tag{5}$$

Umgekehrt: Besteht eine Beziehung der Form (5) mit einer bei t_0 stetigen Funktion $m(\cdot)$, so ist f an der Stelle t_0 differenzierbar, und es gilt $f'(t_0) = m(t_0)$. Dieses (nennerfreie) Prinzip ist hilfreich beim Beweis der folgenden Rechenregeln:

(3.1)

(a) $$\mathbf{f} = (f_1, f_2, f_3) \quad \Longrightarrow \quad \mathbf{f}' = (f_1', f_2', f_3') \,,$$

insbesondere: $(u + iv)' = u' + i\,v'$;

(b) $$(f + g)' = f' + g' \,,$$
$$(\lambda f)' = \lambda\, f' \qquad (\lambda \in \mathbb{R} \ \text{bzw.} \ \in \mathbb{C}) \,;$$

(c) $$(f \cdot g)' = f' \cdot g + f \cdot g'$$

(analog für alle in den Grundstrukturen vorhandenen Produkte);

(d) $$(f/g)' = \frac{f' \cdot g - f \cdot g'}{g^2} \ ;$$

(e) $$\frac{d}{dt}\, g(f(t)) \ = \ g'(f(t)) \cdot f'(t) \qquad \textbf{(Kettenregel)};$$

(f) *Ist $f\colon \mathbb{R} \curvearrowright \mathbb{R}$ injektiv und $g := f^{-1}$ die Umkehrfunktion, so gilt*

$$g'(y) \ = \ \frac{1}{f'(g(y))}$$

in allen Punkten y, für die die rechte Seite definiert ist.

$\ulcorner$ Zum Beweis genügt es, jeweils eine feste Stelle t_0 zu betrachten, für die die rechte Seite der zu beweisenden Formel erklärt ist.

(c) Es gilt

$$\frac{f(t)g(t) - f(t_0)g(t_0)}{t - t_0} = \frac{f(t) - f(t_0)}{t - t_0}\, g(t) + f(t_0)\, \frac{g(t) - g(t_0)}{t - t_0}$$

$$\to\ f'(t_0)g(t_0) + f(t_0)g'(t_0) \qquad\qquad (t \to t_0)\,,$$

wobei wir stillschweigend benutzt haben, daß eine an der Stelle t_0 differenzierbare Funktion dort auch stetig ist (dies folgt aus (5)).

(e) Setzen wir zur Abkürzung $f(t) =: y$, $f(t_0) =: y_0$, so gilt

$$g\big(f(t)\big) - g\big(f(t_0)\big) = g(y) - g(y_0) = m_{g,y_0}(y) \cdot (y - y_0)$$

$$= m_{g,y_0}(y) \cdot \big(f(t) - f(t_0)\big)$$

$$= m_{g,y_0}\big(f(t)\big) \cdot m_{f,t_0}(t)\big) \cdot (t - t_0) =: m(t) \cdot (t - t_0)\,.$$

Man überzeugt sich, daß die Funktion $m(\cdot)$ an der Stelle t_0 stetig ist. Somit besitzt $g \circ f$ nach dem oben angeführten Prinzip an der Stelle t_0 die Ableitung

$$m(t_0) = m_{g,y_0}\big(f(t_0)\big) \cdot m_{f,t_0}(t_0) = g'(f(t_0))f'(t_0)\,.$$

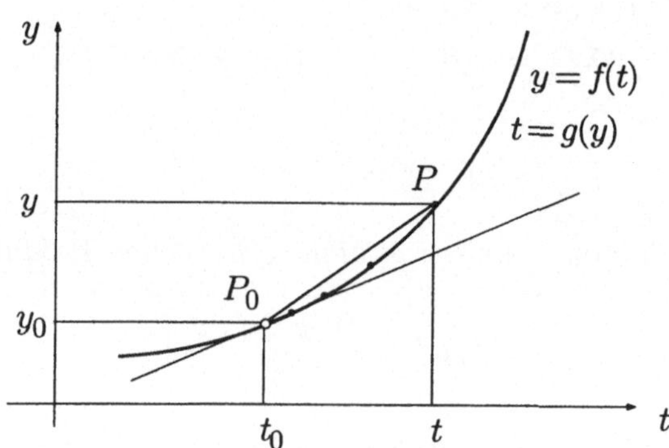

Fig. 3.1.5

(f) Wir verzichten auf einen richtiggehenden Beweis und verweisen auf die Figur 3.1.5. Es gilt

$$g'(y_0) \doteq \frac{g(y) - g(y_0)}{y - y_0} = \frac{t - t_0}{f(t) - f(t_0)} \doteq \frac{1}{f'(t_0)}\,. \qquad\qquad \lrcorner$$

③ (Forts.) Es sei f eine reell- oder komplexwertige Funktion und

$$F(t) := e^{f(t)}\,.$$

Dann ist

$$F'(t) = \exp'(f(t)) \cdot f'(t) = \exp(f(t)) \cdot f'(t) \ .$$

Es gilt daher

$$\frac{d}{dt}\, e^{f(t)} = f'(t) \cdot e^{f(t)} \ . \tag{6}$$

(Das Vertrauen in die Kraft des Kalküls wird hier etwas strapaziert. Die Überlegungen, die zu $\exp' = \exp$ geführt haben, lassen sich aber "im Komplexen" nachvollziehen.) $\bigcirc$

In diesem Beispiel ist die Kettenregel als Regel für das Ableiten von zusammengesetzten Funktionstermen benutzt worden; sie besitzt aber auch einen geometrischen Gehalt, der in der Fig. 3.1.6 dargestellt ist.

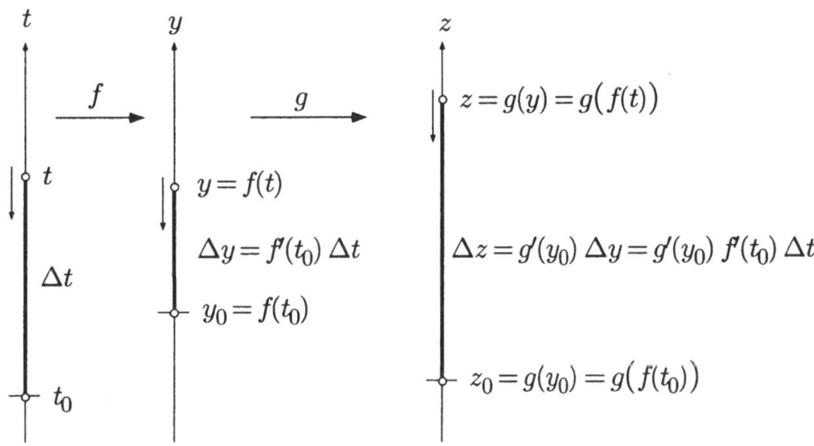

Fig. 3.1.6

Wir geben nun (zum Teil ohne Beweis) die Ableitungen der elementaren Grundfunktionen an. Die Rechenregeln setzen uns dann instand, die Ableitung irgendeiner elementaren Funktion zu berechnen.

$$\frac{d}{dt}\, t^k = k\, t^{k-1} \qquad (k \in \mathbb{Z}) \ .$$

Für $f(t) := 1$ und $g(t) := t$ ist

$$\frac{f(t) - f(t_0)}{t - t_0} \equiv 0 \ , \qquad \frac{g(t) - g(t_0)}{t - t_0} \equiv 1 \ ;$$

es folgt $\dfrac{d}{dt} 1 \equiv 0$, $\dfrac{d}{dt} t \equiv 1$. Weiter ergibt sich (vollständige Induktion nach $k \geq 0$):

$$\frac{d}{dt} t^{k+1} = \frac{d}{dt} (t \cdot t^k) = 1 \cdot t^k + t \cdot (k\, t^{k-1}) = (k+1)\, t^k \ .$$

Negative Exponenten werden mit der Quotientenregel auf den schon behandelten Fall zurückgeführt. $\quad\lrcorner$

$\blacktriangleright$
$$\frac{d}{dy} \log y = \frac{1}{y} \ .$$

$\ulcorner$ Der Logarithmus ist die Umkehrfunktion der Exponentialfunktion. Folglich gilt nach $(\mathbf{3.1})(\mathrm{f})$ und (4):

$$\log'(y) = \frac{1}{\exp'(\log y)} = \frac{1}{\exp(\log y)} = \frac{1}{y} \ . \qquad\lrcorner$$

$\blacktriangleright$
$$\frac{d}{dt} t^\alpha = \alpha\, t^{\alpha-1} \qquad (t > 0,\ \alpha \in \mathbb{R}) \ .$$

$\ulcorner$ Nach Definition der allgemeinen Potenz und (6) ist

$$\frac{d}{dt} t^\alpha = \frac{d}{dt} e^{\alpha \log t} = \alpha \log'(t) e^{\alpha \log t}$$

$$= \alpha \cdot \frac{1}{t} \cdot t^\alpha = \alpha\, t^{\alpha-1} \ . \qquad\lrcorner$$

$\blacktriangleright$
$$\frac{d}{dt} \cosh t = \sinh t \ , \qquad \frac{d}{dt} \sinh t = \cosh t \ .$$

$\blacktriangleright$
$$\frac{d}{dy} \operatorname{arcosh} y = \frac{1}{\sqrt{y^2 - 1}} \ , \qquad \frac{d}{dy} \operatorname{arsinh} y = \frac{1}{\sqrt{y^2 + 1}} \ .$$

$\ulcorner$ Ist $\operatorname{arsinh} y = t$, so ist $\sinh t = y$ und folglich nach dem hyperbolischen Pythagoras $\cosh t = \sqrt{y^2 + 1}$. Hiermit ergibt sich

$$\frac{d}{dy} \operatorname{arsinh} y = \frac{1}{\sinh'(\operatorname{arsinh} y)} = \frac{1}{\cosh(\operatorname{arsinh} y)} = \frac{1}{\sqrt{y^2 + 1}} \ . \qquad\lrcorner$$

$$\blacktriangleright \qquad \frac{d}{dt}\cos t = -\sin t\,, \qquad \frac{d}{dt}\sin t = \cos t\,.$$

⌐ Wird die Identität

$$\cos t + i\,\sin t = e^{it}$$

abgeleitet, so ergibt sich nach (6):

$$\cos' t + i\sin' t = i\,e^{it} = i\,(\cos t + i\sin t)$$
$$= -\sin t + i\cos t\,. \qquad\qquad ⌐$$

$$\blacktriangleright \qquad \frac{d}{dy}\arcsin y = \frac{1}{\sqrt{1-y^2}}\,.$$

$$\blacktriangleright \qquad \frac{d}{dt}\tan t = 1 + \tan^2 t = \frac{1}{\cos^2 t}\,, \qquad \frac{d}{dt}\tanh t = 1 - \tanh^2 t\,.$$

$$\blacktriangleright \qquad \frac{d}{dy}\arctan y = \frac{1}{1+y^2}\,, \qquad \frac{d}{dy}\operatorname{artanh} y = \frac{1}{1-y^2}\,.$$

Dies sollte genügen. Beachte, daß transzendente Funktionen, zum Beispiel arcsin oder log, durchaus algebraische oder sogar rationale Funktionen als Ableitungen haben können.

Aufgaben

1. Ⓜ Berechne die Ableitungen der folgenden Ausdrücke:

(a) $\displaystyle \log\frac{1+\sqrt{1-t^2}}{t}\,,$ (b) $\displaystyle \sqrt{\frac{\alpha+\beta t}{\alpha-\beta t}}\quad (\alpha,\,\beta > 0)\,,$

(c) $t^{1/3}(1-t)^{2/3}(1+t)^{1/2}\,,$ (d) $t^t\,,$

(e) $(\log\tan t)^{-1/3}\,,$ (f) $\operatorname{artanh}\sqrt{1-t^2}\,.$

Bestimme in jedem Fall den Definitionsbereich $D \subset \mathbb{R}$ sowie den Definitionsbereich D' der Ableitung.

2. Berechne die hundertste Ableitung der Funktion $f(t) := t^2\sin(2t)$.

3.2. Extrema

Es sei $B \subset \mathbb{X}$ ein vorgegebener Bereich (zum Beispiel ein Intervall, eine Halbebene, ein Würfel, eine Sphäre) und

$$f : \quad B \to \mathbb{R}, \qquad x \mapsto f(x)$$

eine reellwertige Funktion. Wir suchen nach dem "Maximum von f auf B". Nun ist die Wertmenge

$$W := \big\{ f(x) \ \big| \ x \in B \big\}$$

in aller Regel eine unendliche Menge, und da ist es gar nicht sicher, ob es überhaupt einen größten Wert gibt.

Betrachte für einen Moment eine ganz beliebige nichtleere Menge $M \subset \mathbb{R}$. Gibt es ein $s \in M$ mit $s \geq y$ für alle $y \in M$, so ist s das **maximale Element** von M und wird mit $\max M$ bezeichnet. Analog ist $\min M$ erklärt.

Bsp: Jede endliche Menge besitzt sowohl ein minimales wie ein maximales Element. Die Menge $[\,0, 1\,[$ besitzt kein maximales, die Menge $\big\{ 1, \frac{1}{2}, \frac{1}{3}, \frac{1}{4}, \ldots \big\}$ kein minimales Element.

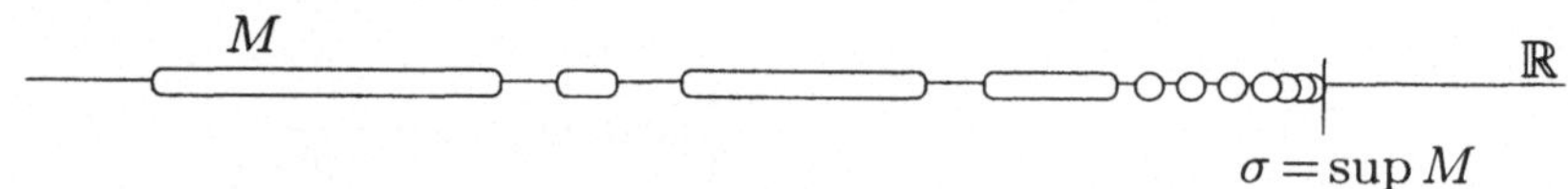

Fig. 3.2.1

Das **Supremum** $\sup M =: \sigma$ der Menge M ist folgendermaßen charakterisiert (Fig. 3.2.1): Es gibt in M keine Zahlen $> \sigma$; aber für jede Toleranz $\varepsilon > 0$ gibt es in M Zahlen $> \sigma - \varepsilon$. In anderen Worten: Das Supremum wird innerhalb M beliebig genau erreicht, vielleicht sogar angenommen (nämlich dann, wenn M ein maximales Element besitzt), aber sicher nicht überschossen. Ist M nach oben unbeschränkt, so wird $\sup M := \infty$ gesetzt. — Analog wird das **Infimum** $\inf M$ erklärt.

Es ist eine Grundtatsache der Analysis, daß $\sup M$ und $\inf M$ für jede nichtleere Menge $M \subset \mathbb{R}$ vorhanden und eindeutig bestimmt sind. Das hat mit der sogenannten *Vollständigkeit* von $\mathbb{R}$ zu tun und wäre mit Hilfe einer Axt zu beweisen (siehe den Schluß von Abschnitt 1.4).

Bezüglich unserer Funktion $f \colon B \to \mathbb{R}$ können wir also davon ausgehen, daß jedenfalls die beiden Größen

$$\inf W = \inf_{x \in B} f(x) \quad (\geq -\infty), \qquad \sup W = \sup_{x \in B} f(x) \quad (\leq \infty)$$

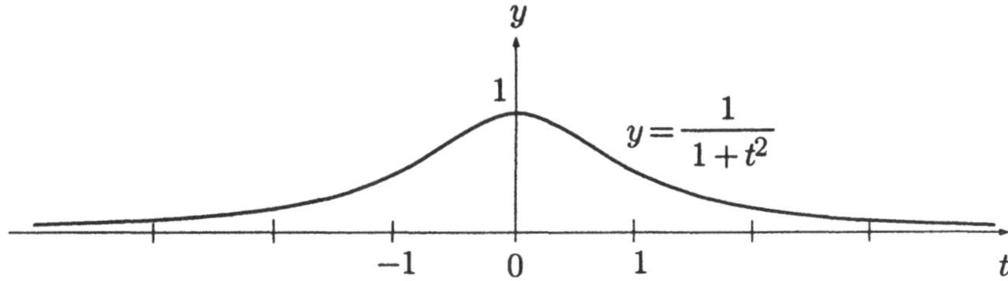

Fig. 3.2.2

vorhanden und wohlbestimmt sind.

Bsp:
$$\sup_{t\in\mathbb{R}}\frac{1}{1+t^2}=1\,,\qquad \inf_{t\in\mathbb{R}}\frac{1}{1+t^2}=0\qquad (\text{Fig. }3.2.2);$$

$$\sup_{t\in\mathbb{R}}e^t=\infty\,,\qquad \inf_{0<t<\pi/4}\cos t=1/\sqrt{2}\,.$$

Besitzt die Wertmenge W ein maximales Element, das heißt: Wird das Supremum tatsächlich angenommen, so spricht man vom **(globalen) Maximum** von f auf B und schreibt $\max_{x\in B} f(x)$ anstelle von $\sup_{x\in B} f(x)$. Es gibt dann mindestens einen Punkt $\xi\in B$ mit

$$f(\xi)\geq f(x)\qquad \forall\, x\in B\,.$$

Ein derartiger Punkt ξ ist eine **(globale) Maximalstelle** von f auf B. Die Menge dieser globalen Maximalstellen bezeichnen wir mit $S_{\max}(f\restriction B)$ oder einfach mit $S_{\max}$. — Analog werden das **(globale) Minimum** $\min_{x\in B} f(x)$ und **(globale) Minimalstellen** erklärt.

Bsp:
$$\max_{t\in\mathbb{R}}\frac{1}{1+t^2}-1\,,\qquad S_{\max}-\{0\}\,,\quad S_{\min}=\emptyset\,;$$

$$\min_{t\in\mathbb{R}}\cos t=-1\,,\qquad S_{\min}=\big\{\,(2k+1)\pi\ \big|\ k\in\mathbb{Z}\,\big\}\,.$$

Maximal- und Minimalstellen werden im Sammelbegriff **Extremalstellen** zusammengefaßt. Ob in einer konkreten Situation Extremalstellen vorhanden sind, hängt von f und vom Bereich B ab. Wir benötigen den folgenden Begriff: Eine Menge $B\subset\mathbb{X}$ ist **kompakt**, wenn sie abgeschlossen und beschränkt ist, das heißt: wenn der Rand ∂B zu B gehört und B ganz "im Endlichen" liegt.

Der folgende Satz ist fundamental:

(3.2) *Ist $B \subset \mathbb{X}$ kompakt und $f: B \to \mathbb{R}$ eine stetige reellwertige Funktion, so nimmt f auf B ein globales Maximum an.*

$\ulcorner$ Beweisidee: Nach Definition des Supremums

$$\sup_{x \in B} f(x) \; =: \; \sigma \qquad (\leq \infty)$$

gibt es eine Folge $x.$ in B mit

$$\lim_{k \to \infty} f(x_k) = \sigma \; . \tag{1}$$

Da B beschränkt ist, besitzt diese Folge einen Häufungspunkt ξ, und da B abgeschlossen ist, muß $\xi \in B$ sein (Fig. 3.2.3). Man kann nun eine Teilfolge

$$x'. \; : \quad n \mapsto x'_n \; := \; x_{k_n}$$

auswählen, die tatsächlich gegen ξ konvergiert:

$$\lim_{n \to \infty} x'_n \; = \; \xi \; . \tag{2}$$

Für diese Teilfolge gilt immer noch (1):

$$\lim_{n \to \infty} f(x'_n) \; = \; \sigma \; . \tag{1'}$$

Da f stetig ist, liefern (2) und (1') im Verein mit Satz **(2.10)**:

$$f(\xi) = \lim_{n \to \infty} f(x'_n) = \sigma \; . \qquad \lrcorner$$

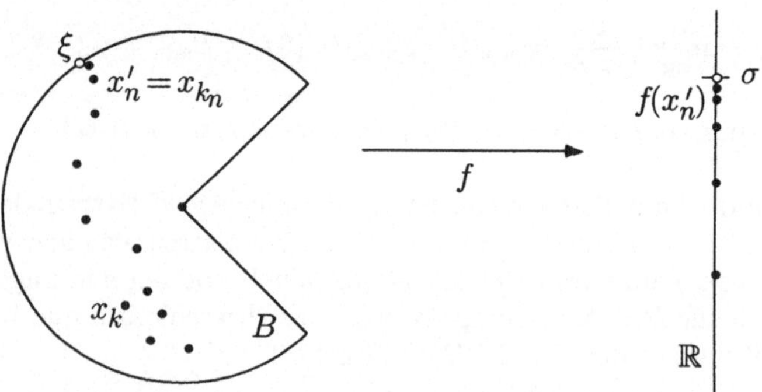

Fig. 3.2.3

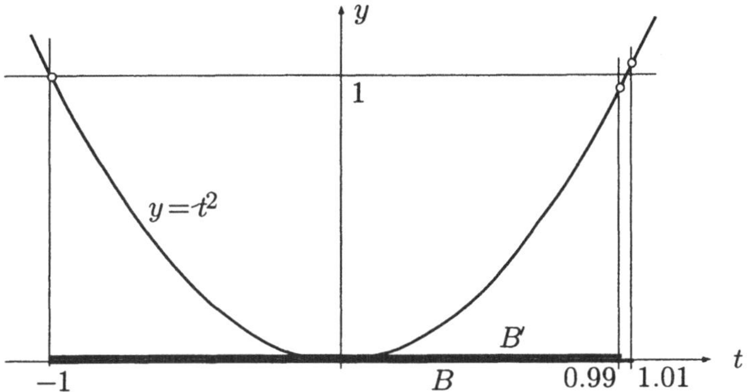

Fig. 3.2.4

Dieser Beweis ist (im Gegensatz zum Beweis des Zwischenwertsatzes (2.6))
nicht konstruktiv, das heißt: Er liefert keine Methode, im Anwendungsfall
eine Maximalstelle ξ tatsächlich zu finden. Das hängt damit zusammen,
daß der Maximalwert σ sehr genau bestimmt ist, der Ort, wo dieses Maximum angenommen wird, aber gar nicht. Es kommt aber noch schlimmer:
Eine kleine Änderung der Funktion f oder des Bereichs B ändert den Maximalwert nur wenig, kann aber eine radikale Änderung der Maximalstelle(n)
bewirken. Ähnliches ist zu sagen, wenn die "Problemdaten" f und B mit
Ungenauigkeiten behaftet sind.

① Betrachte die Funktion $f(t) := t^2$ auf dem Intervall $B := [-1, 1.01]$,
siehe die Fig. 3.2.4. Es ist

$$\max_{t\in B} f(t) = 1.01^2\,, \qquad S_{\max}(f\restriction B) = \{1.01\}\,.$$

Wird B ganz wenig abgeändert zu $B' := [-1, 0.99]$, so ergibt sich

$$\max_{t\in B'} f(t) = 1\,, \qquad S_{\max}(f\restriction B') = \{-1\}\,.$$

○

Dieser Sachverhalt kann katastophale praktische Konsequenzen haben: Wenn
sich ein Individuum unter gegebenen Bedingungen optimal verhält, so kann
schon eine minimale Veränderung dieser Bedingungen dieses Individuum dazu
veranlassen, sein Verhalten radikal zu ändern. Das wird bei 10^6 Individuen,
die den gleichen Verhältnissen unterworfen sind, bestimmt an einem andern
Ort Probleme verursachen; dabei ist der "Gewinn" für den Einzelnen und
auch im Gesamten minimal. Beispiel: Plötzlich kaufen alle Leute japanische
Autos.

Neben den globalen, das heißt: auf ganz dom $f =: B$ bezüglichen Extremalstellen werden **lokale Extremalstellen** wie folgt erklärt: Die Funktion $f\colon B \to \mathbb{R}$ ist im Punkt $\xi \in B$ **lokal maximal**, wenn es ein $\delta > 0$ gibt mit

$$x \in B \quad \wedge \quad |x - \xi| < \delta \quad \Longrightarrow \quad f(\xi) \geq f(x) \,.$$

Gemeint ist: Weit weg von ξ darf f schon noch größere Werte annehmen. Ist f an der Stelle ξ global maximal, so ist f dort erst recht lokal maximal.

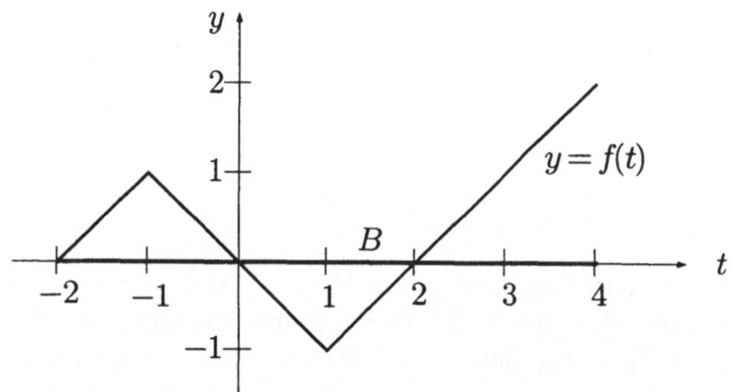

Fig. 3.2.5

② Es sei $B := [-2, 4]$ und f die in der Figur 3.2.5 dargestellte Funktion. Dann ist f an den Stellen -1 und 4 lokal maximal, bei 4 global maximal, an den Stellen -2 und 1 lokal minimal und bei 1 global minimal.   ◯

Was hat das alles mit Differentialrechnung zu tun? Antwort: Die Differentialrechnung bringt alle lokalen Extremalstellen im Inneren von B zum Vorschein. Vorderhand müssen wir uns natürlich auf Funktionen *einer* unabhängigen Variablen t beschränken.

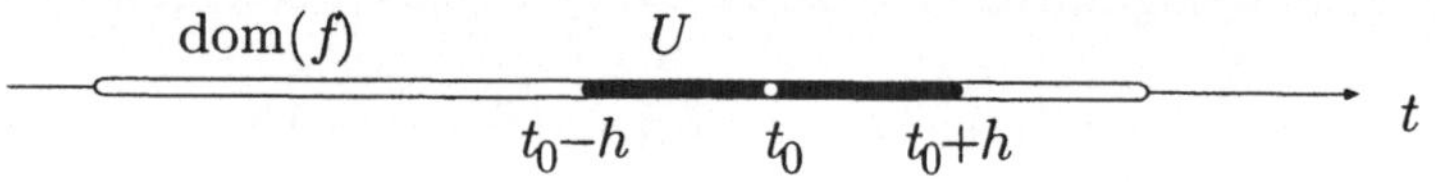

Fig. 3.2.6

Es sei also $f\colon \mathbb{R} \curvearrowright \mathbb{R}$ eine differenzierbare Funktion und t_0 ein innerer Punkt von dom(f) (Fig. 3.2.6). Es gibt dann ein $h > 0$ mit $\,]t_0 - h, t_0 + h[\, \subset$ dom(f). Der Punkt t_0 heißt **kritischer** oder **stationärer Punkt** von f, wenn $f'(t_0) = 0$ ist. Aufgrund von 3.1.(3) gilt dann

$$f(t) - f(t_0) = f'(t_0)(t - t_0) + o(t - t_0) = o(t - t_0) \qquad (t \to t_0) \,.$$

Der Zuwachs von f ist also für $t \to t_0$ von kleinerer Größenordnung als der Zuwachs $t - t_0$ der unabhängigen Variablen, daher der Name "stationär". Die Menge der kritischen Punkte von f auf B bezeichnen wir mit $S_{\mathrm{krit}}(f \restriction B)$ oder einfach mit S_{krit}.

③ Wir betrachten die Funktion

$$f(t) := \sin t + \frac{1}{2}\sin(2t) \qquad (0 \le t \le 2\pi)$$

(Fig. 3.2.7) mit der Ableitung

$$f'(t) = \cos t + \cos(2t) = \cos t + (2\cos^2 t - 1)$$
$$= (2\cos t - 1)(\cos t + 1) \, .$$

Die kritischen Punkte t müssen daher der Gleichung $\cos t = \frac{1}{2}$ oder der Gleichung $\cos t = -1$ genügen. Es ergibt sich

$$S_{\mathrm{krit}} = \left\{ \frac{\pi}{3}, \frac{5\pi}{3}, \pi \right\} \, .$$

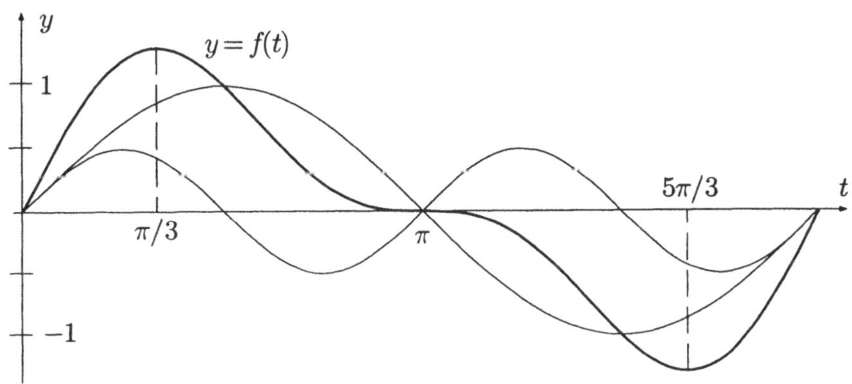

Fig. 3.2.7

Es gilt das folgende Lemma:

(3.3) *Es sei $f\colon \mathbb{R} \curvearrowright \mathbb{R}$ differenzierbar und t_0 ein innerer Punkt von* dom(f). *Ist f an der Stelle t_0 lokal extremal, so ist t_0 notwendigerweise ein kritischer Punkt von f, das heißt, es gilt $f'(t_0) = 0$.*

⌐ Es gilt

$$f(t) - f(t_0) = m(t)\,(t - t_0) \, ,$$

dabei bezeichnet $m(\cdot)$ die Trendfunktion von f an der Stelle t_0. Ist zum Beispiel $f'(t_0) = m(t_0) > 0$, so ist $m(t)$ in einer ganzen Umgebung $U :=$ $]t_0 - h, t_0 + h[$ des Punktes t_0 (Fig. 3.2.6) positiv, und wir haben

$$\forall t \in U : \qquad \mathrm{sgn}\,\big(f(t) - f(t_0)\big) = \mathrm{sgn}\,(t - t_0)\ .$$

Hiernach nimmt $f(t) - f(t_0)$ in U beiderlei Vorzeichen an, und f kann an der Stelle t_0 weder lokal maximal noch lokal minimal sein. $\quad\rfloor$

Dieses Lemma erhält nun folgende anwendungsorientierte Form:

(3.4) *Die stetige Funktion* $f\colon [a, b] \to \mathbb{R}$ *sei jedenfalls im Inneren von* $[a, b]$ *differenzierbar und besitze dort endlich viele kritische Punkte* $t_1,\ \ldots,\ t_r$. *Dann ist*

$$S_{\max}(f \upharpoonright [a, b]) \subset \big\{\, a,\, b,\, t_1,\, \ldots,\, t_r \,\big\} \tag{1}$$

und

$$\max_{a \leq t \leq b} f(t) \;=\; \max\big\{ f(a),\ f(b),\ f(t_1),\ \ldots,\ f(t_r) \big\}\ .$$

$\ulcorner$ Nach Satz **(3.2)** wird das Maximum tatsächlich angenommen, und zwar in einem der Punkte a, b oder in einem inneren Punkt ξ des Intervalls $[a, b]$. Ein derartiger Punkt ξ muß nach dem Lemma **(3.3)** ein kritischer Punkt von f sein, denn sonst wäre die Funktion dort nichteinmal lokal maximal. Die "Kandidatenliste" rechter Hand in (1) enthält daher alle Punkte des Intervalls $[a, b]$, die als globale Maximalstelle überhaupt in Frage kommen, und der tatsächliche Maximalwert von f läßt sich durch Wertvergleich in diesen Punkten ermitteln. $\quad\rfloor$

Beachte: Falls nur der Maximalwert $\max_{a \leq t \leq b} f(t)$ und die Menge $S_{\max}$ der Maximalstellen gefragt sind, ist es nach diesem Satz nicht nötig, zweite Ableitungen auszurechnen. Etwas anderes ist es, wenn zum Beispiel für eine Graphendiskussion oder für Stabilitätsbetrachtungen der Charakter der einzelnen kritischen Punkte untersucht werden soll (s.u.) .

④ Es sei σ die Verbindungsstrecke der beiden Punkte $A := (-1, 1)$, $B :=$ $(0, 2)$, und es sei $P := (p, 0)$ ein Punkt auf der x-Achse (Fig. 3.2.8). Welcher Punkt von σ liegt P am nächsten?

Der Figur entnimmt man ohne weiteres die folgende Lösung dieser Aufgabe: Ist $p \leq 0$, so liegt der Endpunkt A am nächsten, und ist $p \geq 2$, so liegt B am nächsten. Für $0 < p < 2$ ist der nächste Punkt ein innerer Punkt von σ, nämlich der Fußpunkt des Lotes von P auf σ.

Was können wir hieraus lernen? Unsere Aufgabe enthält einen Parameter p. Der kürzeste Abstand von P zu σ hängt natürlich "zahlenmäßig" von p ab, aber nicht nur das: Auch die *Gestalt* der Extremalsituation hängt von p ab

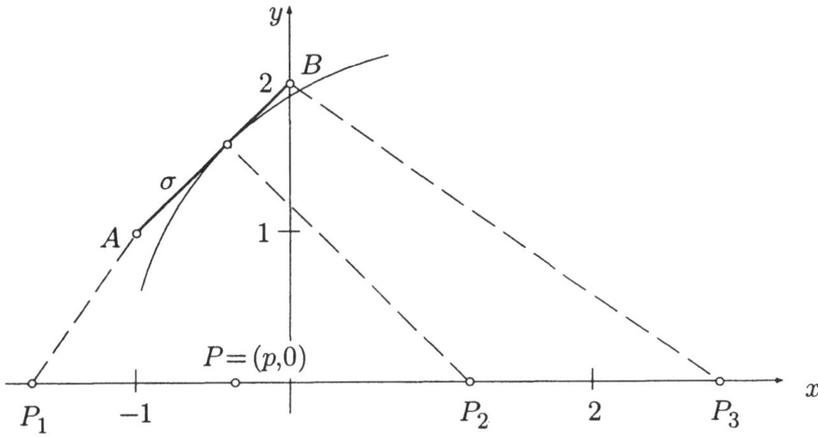

Fig. 3.2.8

und verändert sich an bestimmten Stellen der p-Achse (bei $p = 0$ und $p = 2$) radikal. Damit sind wir auf ein ziemlich universelles "Katastrophenprinzip" gestoßen: Enthält ein mathematisches Modell Parameter p, λ, ..., so muß man von vorneherein damit rechnen, daß für gewisse spezielle Werte der Parameter die Gesamtsituation umkippt zu einer vollständig neuen Gestalt.

Die rechnerische Behandlung der obigen Aufgabe überlassen wir dem Leser.

$\bigcirc$

⑤ Wir betrachten die mit λ parametrisierte Funktionenschar

$$f_\lambda(t) := t^3 - 3\lambda^2 t + 4\lambda$$

auf dem Intervall $[-2, 2]$. Jedes f_λ nimmt auf diesem Intervall ein globales Maximum M_λ und ein globales Minimum m_λ an. Diese beiden Größen sollen nun (als Funktionen von λ) bestimmt werden. Hierzu müssen wir für jedes feste $\lambda \in \mathbb{R}$ eine "Kandidatenliste" herstellen.

Zunächst ist

$$f_\lambda(-2) = -8 + 6\lambda^2 + 4\lambda =: \psi_1(\lambda), \qquad f_\lambda(2) = 8 - 6\lambda^2 + 4\lambda =: \phi_2(\lambda) .$$

Ferner gilt $f'_\lambda(t) = 3t^2 - 3\lambda^2$, und dies verschwindet in den beiden Punkten $t = \pm\lambda$. Diese beiden Punkte fallen für $|\lambda| \geq 2$ außer Betracht, da sie dann nicht im t-Intervall $\,]-2, 2[\,$ liegen. Die zugehörigen Funktionswerte

$$f_\lambda(-\lambda) = 2\lambda^3 + 4\lambda =: \phi_3(\lambda), \qquad f_\lambda(\lambda) = -2\lambda^3 + 4\lambda =: \phi_4(\lambda)$$

sind somit nur für $-2 < \lambda < 2$ zur Konkurrenz zugelassen. Die Funktionen $\phi_1(\lambda)$, ..., $\phi_4(\lambda)$ sind in der Fig. 3.2.9 simultan dargestellt, ϕ_3 und ϕ_4 nur in dem angegebenen Bereich. Die gesuchten Funktionen M_λ und m_λ lassen sich nun unmittelbar ablesen: Aufgrund von Satz **(3.4)** ist

$$M_\lambda = \max\{\phi_1(\lambda), \dots, \phi_4(\lambda)\}$$

und analog für m_λ. Damit erhalten wir die folgende Tabelle:

	$\lambda \leq -2$	$-2 < \lambda < -1$	$-1 \leq \lambda \leq 1$	$1 < \lambda < 2$	$\lambda \geq 2$
M_λ	$\phi_1(\lambda)$	$\phi_4(\lambda)$	$\phi_2(\lambda)$	$\phi_3(\lambda)$	$\phi_1(\lambda)$
m_λ	$\phi_2(\lambda)$	$\phi_3(\lambda)$	$\phi_1(\lambda)$	$\phi_4(\lambda)$	$\phi_2(\lambda)$

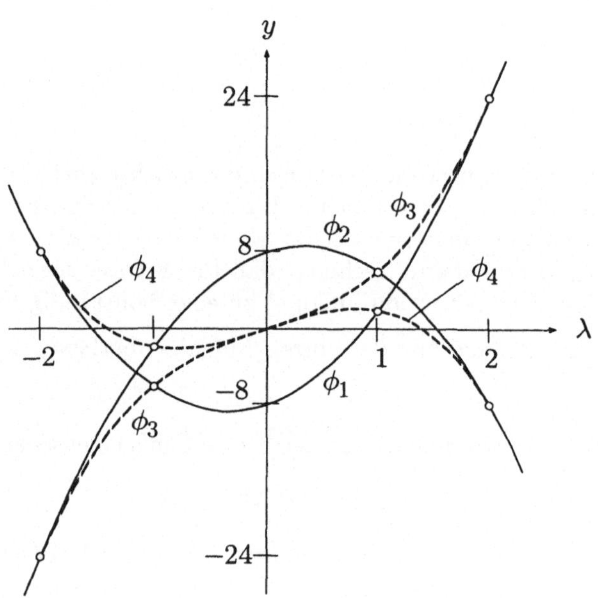

Fig. 3.2.9

Aufgaben

1. Bestimme Infimum und Supremum der folgenden Mengen. Welche dieser Mengen besitzen ein minimales oder ein maximales Element?

   (a) $\left\{ \dfrac{|x|}{1+|x|} \mid x \in \mathbb{R} \right\}$,   (b) $\left\{ \dfrac{x}{1+x} \mid x > -1 \right\}$,

   (c) $\left\{ x + \dfrac{1}{x} \mid \dfrac{1}{2} < x < 2 \right\}$,   (d) $\{ x \in \mathbb{R} \mid \exists y \in \mathbb{R} : x^2 + 5y^2 < 4 \}$.

2. Ⓜ Bestimme, soweit vorhanden, die globalen Extrema der Funktion

$$f(t) := (t^3 + 4t^2 + 9t + 9)\, e^{-t}\ .$$

Stelle ein Bild des Graphen von f her, das das gefundene Resultat bestätigt.

3. Ein Versuch besitze zwei mögliche Ergebnisse, die mit Wahrscheinlichkeiten p bzw. q $(= 1 - p)$ eintreten. Ein Maß für die Ungewißheit über den Ausgang des Versuchs ist die sogenannte Entropie

$$H := -p \log p - q \log q\ .$$

Für welchen Wert von p und q ist die Ungewißheit am größten? (*Hinweis:* $\lim_{x \to 0+} x \log x = 0$.)

4. Ein periodischer Vorgang wird beschrieben durch die Funktion

$$f(t) := \alpha \cos t + \cos(2t)\ .$$

Für welchen Wert des reellen Parameters α ist der Maximalausschlag (nach oben oder unten) minimal?

5. Eine Kugel soll in einen aufrechten Kreiskegel von minimalem Volumen gepackt werden. Bestimme den halben Öffnungswinkel des Kegels.

6. Auf der Ellipse $x^2 + 4y^2 = 4$ bestimme man diejenigen Punkte, die von dem Punkt $(c, 0)$, $0 < c < 2$, minimalen Abstand haben. Man zeichne die gesuchten Punkte für die Fälle $c := 3/4$ und $c := 9/5$.

7. Eine Zahl $a \geq 1$ soll in $n \geq 1$ gleiche Teile geteilt werden, so daß das Produkt der Teile möglichst groß wird. Bestimme n in Abhängigkeit von a. (*Hinweis:* Die Funktion $\phi(t) := (a/t)^t$ ist unimodal.)

8. Bestimme die größte Zahl, die als Produkt von positiven ganzen Zahlen der Summe 1996 dargestellt werden kann.

9. Betrachte die Funktion $f(t) := t^2$ $(t \in \mathbb{R})$ sowie das verschiebbare "Fenster" $[\lambda - 1, \lambda + 1]$ auf der t-Achse. Aufgabe: die beiden Funktionen

$$m(\lambda) := \min\bigl\{ f(t) \mid \lambda \ 1 \leq t \leq \lambda + 1 \bigr\}\ ,$$
$$M(\lambda) := \max\bigl\{ f(t) \mid \lambda - 1 \leq t \leq \lambda + 1 \bigr\}$$

zu bestimmen. Verlangt ist eine formelmäßige Darstellung (allenfalls mit Fallunterscheidungen) oder eine Figur, an der $m(\cdot)$ und $M(\cdot)$ unmittelbar abgelesen werden können.

10. Angenommen, Sie müßten an dem folgenden Spiel teilnehmen: Sie geben eine reelle Zahl x bekannt; hierauf wählt Ihr Gegner eine reelle Zahl y und gewinnt von Ihnen den Betrag

$$f(x, y) := (x^2 - 4)y^2 + 2(x + 4)y\ .$$

Welches x würden Sie wählen, und welches y hierauf Ihr Gegner?

3.3. Der Mittelwertsatz der Differentialrechnung

Wir beginnen mit dem intuitiv einleuchtenden **Satz von Rolle**:

(3.5) *Die Funktion* $f\colon [a,b] \to \mathbb{R}$ *sei stetig, und es sei* $f(a) = f(b)$. *Ist* f *im Inneren von* $[a,b]$ *differenzierbar, so gibt es einen Punkt* $\tau \in\,]a,b[$ *mit* $f'(\tau) = 0$.

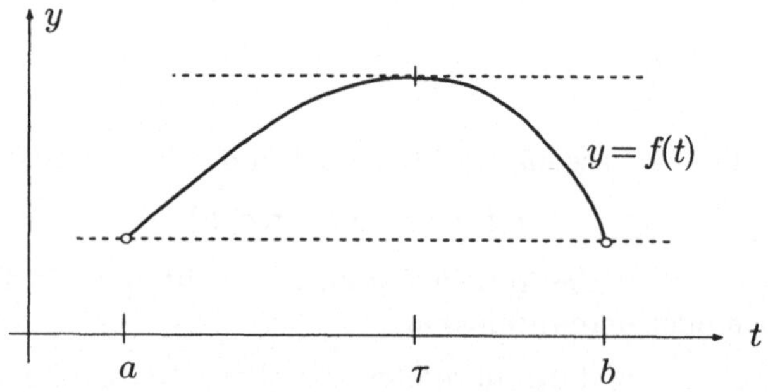

Fig. 3.3.1

$\ulcorner$ Ist f nicht konstant, so gibt es zum Beispiel Punkte $t \in\,]a,b[$ mit $f(t) > f(a)$, und das globale Maximum von f auf $[a,b]$ wird notwendigerweise in (mindestens) einem inneren Punkt τ angenommen (Fig. 3.3.1). An einer derartigen Stelle τ ist $f'(\tau) = 0$ nach Lemma **(3.3)**. $\lrcorner$

Für komplexwertige (und erst recht für vektorwertige) Funktionen gibt es *keine* derartige Aussage!

Bsp: Es ist $\operatorname{cis}(2\pi) = \operatorname{cis} 0$, aber $\operatorname{cis}' t \neq 0$ für alle t.

Der angekündigte **Mittelwertsatz der Differentialrechnung** erscheint in verschiedenen Varianten. Die erste davon ist (Fig. 3.3.2):

(3.6) *Es sei* $f\colon [a,b] \to \mathbb{R}$ *stetig und im Inneren von* $[a,b]$ *differenzierbar. Dann gibt es einen Punkt* $\tau \in\,]a,b[$ *mit*

$$\frac{f(b) - f(a)}{b - a} = f'(\tau) \qquad \text{bzw.} \qquad f(b) - f(a) = f'(\tau)\,(b - a)\,.$$

Anstelle von **(3.6)** beweisen wir etwas allgemeiner:

(3.6′) *Genügen* f *und* g *den Voraussetzungen von* **(3.6)** *und ist* $g'(t) \neq 0$ *für alle* $t \in\,]a,b[$, *so gibt es einen Punkt* $\tau \in\,]a,b[$ *mit*

$$\frac{f(b) - f(a)}{g(b) - g(a)} = \frac{f'(\tau)}{g'(\tau)}\,.$$

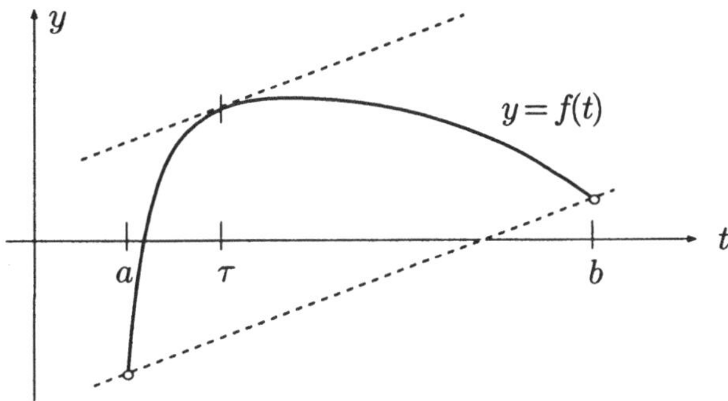

Fig. 3.3.2

$\ulcorner$ Wir setzen zur Abkürzung

$$f(b) - f(a) =: \Delta f , \qquad g(b) - g(a) =: \Delta g \quad (\neq 0)$$

und betrachten die Hilfsfunktion

$$h(t) := \Delta g \cdot f(t) - \Delta f \cdot g(t) .$$

Es ist

$$h(b) - h(a) = \Delta g \, \Delta f - \Delta f \, \Delta g = 0 ;$$

nach dem Satz von Rolle gibt es daher einen Punkt $\tau \in \,]a, b[$ mit

$$0 = h'(\tau) = \Delta g \, f'(\tau) - \Delta f \, g'(\tau) ,$$

und es folgt in der Tat

$$\frac{\Delta f}{\Delta g} = \frac{f'(\tau)}{g'(\tau)} . \qquad\qquad \lrcorner$$

Aus Satz **(3.6)** ergeben sich sofort die folgenden Aussagen, die nun nicht mehr auf einen unfaßbaren Punkt τ Bezug nehmen:

(3.7) *Ist f differenzierbar auf dem Intervall I und gilt*

$$|f'(\iota)| \leq M \qquad \forall \iota \in I ,$$

so besteht für beliebige $t_1, t_2 \in I$ die Abschätzung

$$|f(t_2) - f(t_1)| \leq M \, |t_2 - t_1| .$$

(3.8) *Ist $f'(t) \equiv 0$ auf dem Intervall $I \subset \mathbb{R}$, so ist f konstant auf I.*

Im Gegensatz zu **(3.5)** und **(3.6)** sind die Sätze **(3.7)** und **(3.8)** auch für komplexwertige und für vektorwertige Funktionen richtig (ohne Beweis).

Wir benutzen den Mittelwertsatz gerade zum Beweis der beliebten **Regel von Bernoulli-de l'Hôpital**. Es handelt sich dabei um eine einfache Methode zur Berechnung von gewissen Grenzwerten, die zunächst auf Ausdrücke der Form $0/0$ oder ∞/∞ führen.

(3.9) *Es seien f und g differenzierbare reellwertige Funktionen auf dem Intervall $]a, b[$ ($b := \infty$ zugelassen), und es sei*

$$\lim_{t \to b} f(t) = 0, \quad \lim_{t \to b} g(t) = 0 \qquad \text{(bzw. beide } = \infty\text{)},$$

aber $g'(t) \neq 0$ für alle t. Dann gilt

$$\lim_{t \to b} \frac{f(t)}{g(t)} = \lim_{t \to b} \frac{f'(t)}{g'(t)},$$

falls der Grenzwert rechter Hand existiert ($\pm\infty$ zugelassen).

⌐ Wir behandeln nur den Fall "$0/0$" und $b < \infty$, so daß wir ohne weiteres $f(b) = g(b) = 0$ annehmen dürfen (Fig. 3.3.3).

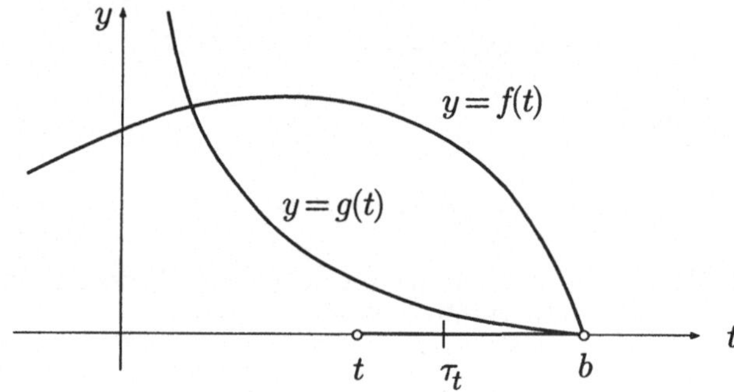

Fig. 3.3.3

Die Funktionen f und g erfüllen in Intervallen $[t, b]$ die Voraussetzungen von Satz **(3.6′)**. Es gibt daher für jedes $t < b$ einen Punkt $\tau_t \in]t, b[$ mit

$$\frac{f(t)}{g(t)} = \frac{f(b) - f(t)}{g(b) - g(t)} = \frac{f'(\tau_t)}{g'(\tau_t)}. \tag{1}$$

Es sei jetzt $\lim_{t\to b}\big(f'(t)/g'(t)\big) =: \lambda$. Beim Grenzübergang $t \to b-$ strebt notwendigerweise auch der Punkt τ_t gegen b und folglich die rechte Seite von (1) gegen λ, also auch die linke Seite. $\quad\quad\lrcorner$

Wir behandeln nun einige Beispiele.

①

$$\lim_{t\to 1+} \frac{2t^2 + t - 3}{t^3 - 3t + 2} = \lim_{t\to 1+} \frac{4t + 1}{3t^2 - 3} = \lim_{t\to 1+} \left[\frac{4t + 1}{3(t + 1)} \cdot \frac{1}{t - 1} \right] .$$

Hier strebt der erste Faktor rechter Hand mit $t \to 1+$ gegen $5/6$, der zweite gegen ∞, das Produkt also gegen ∞.

Es seien $\alpha, \beta > 0$. Bei der Funktion

$$h(t) := \frac{\log \cosh(\alpha t)}{\log \cosh(\beta t)}$$

streben Zähler und Nenner mit $t \to 0$ beide gegen 0 und mit $t \to \infty$ beide gegen ∞. Wegen

$$\frac{d}{dy} \log \cosh y = \log'(\cosh y) \cosh'(y) = \frac{\sinh y}{\cosh y} = \tanh y$$

erhalten wir daher einerseits

$$\lim_{t\to 0} h(t) = \lim_{t\to 0} \frac{\alpha \tanh(\alpha t)}{\beta \tanh(\beta t)} = \lim_{t\to 0} \frac{\alpha^2 (1 - \tanh^2(\alpha t))}{\beta^2 (1 - \tanh^2(\beta t))}$$
$$= \frac{\alpha^2}{\beta^2} ,$$

wobei wir Satz **(3.9)** gleich zweimal angewandt haben, und andererseits

$$\lim_{t\to\infty} h(t) = \lim_{t\to\infty} \frac{\alpha \tanh(\alpha t)}{\beta \tanh(\beta t)} = \frac{\alpha}{\beta} .$$

$\bigcirc$

Es sei I ein beliebiges Intervall. Eine Funktion $f\colon I \to \mathbb{R}$ heißt **(streng) monoton wachsend** auf I, wenn gilt:

$$t_1, t_2 \in I \quad \wedge \quad t_1 < t_2 \quad \Longrightarrow \quad f(t_1) < f(t_2) .$$

Der Mittelwertsatz liefert das folgende für die "Graphendiskussion" nützliche Monotoniekriterium:

(3.10) *Eine differenzierbare Funktion $f\colon I \to \mathbb{R}$ ist genau dann streng monoton wachsend auf dem Intervall I, wenn folgendes zutrifft:*

$$f'(t) \geq 0 \qquad \forall t \in I\,, \tag{2}$$

und auf keinem Teilintervall ist $f'(t) \equiv 0$.

$\llcorner$ Wir verzichten auf die Diskussion des "streng". — Ist f monoton wachsend, so sind alle Differenzenquotienten

$$\frac{f(t) - f(t_0)}{t - t_0} \geq 0\,,$$

also auch deren Grenzwerte. Umgekehrt: Ist $t_1 < t_2$, so gilt unter der Voraussetzung (2):

$$f(t_2) - f(t_1) = f'(\tau)\,(t_2 - t_1) \geq 0\,. \qquad\qquad \lrcorner$$

②   Betrachte die Funktion

$$f(t) := 5t^3 - 3t^5$$

mit der Ableitung

$$f'(t) = 15t^2 - 15t^4 = 15t^2(1 - t^2)\,.$$

Wie man sofort sieht, ist

$$f'(t) \begin{cases} = 0 & (t \in \{-1, 0, 1\})\,, \\ > 0 & (0 < |t| < 1)\,, \\ < 0 & (|t| > 1)\,. \end{cases}$$

Hiernach ist f im Intervall $[-1, 1]$ streng monoton wachsend und in den beiden Intervallen $\mathbb{R}_{\leq -1}$ und $\mathbb{R}_{\geq 1}$ streng monoton fallend (Fig. 3.3.4).   ○

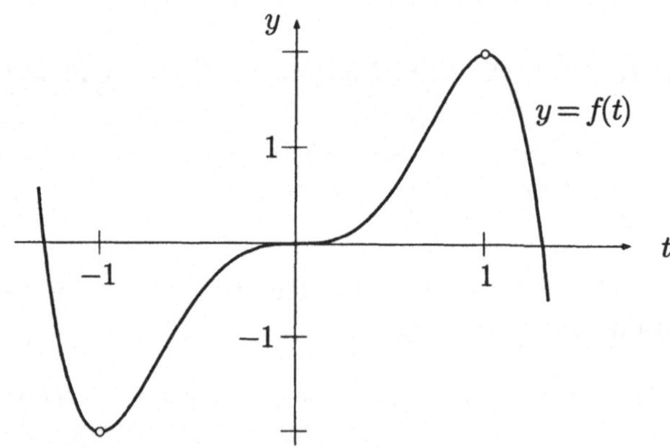

Fig. 3.3.4

Das Vorzeichen der ersten Ableitung f' gibt also Auskunft über die Monotonieeigenschaften von f längs dom(f). Wenn wir schon dabei sind, betrachten wir auch noch das Vorzeichen der zweiten Ableitung f''.

Gilt in einem Teilintervall $I \subset$ dom(f) durchwegs

$$f''(t) > 0\,,$$

so besagt **(3.10)**, angewandt auf f' anstelle von f: Die Funktion f' ist auf I streng monoton wachsend. Durchläuft also der Punkt $(t, f(t))$ den betreffenden Teil des Graphen $\mathcal{G}(f)$ von links nach rechts, so nimmt die Steigung der Tangente monoton zu (Fig. 3.3.5). Dann ist aber auch

$$\arg \mathbf{v}(\cdot) = \arg\big(1, f'(\cdot)\big) = \arctan f'(\cdot)$$

monoton wachsend, das heißt, die Tangente dreht sich in positivem Sinn. Man sagt, die Funktion sei in diesem Intervall **(nach unten) konvex**. Wie wir später zeigen werden, liegt der Graph einer konvexen Funktion immer oberhalb seiner Tangenten; diese werden im vorliegenden Zusammenhang auch **Stützgeraden** der betreffenden Funktion genannt.

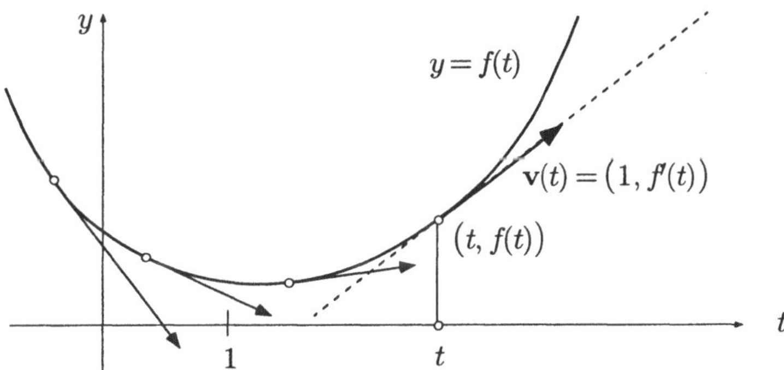

Fig. 3.3.5

Gilt jedoch in einem Intervall I durchwegs

$$f''(t) < 0\,,$$

so dreht sich die Tangente rechtsherum, wenn man $\mathcal{G}(f)$ von links nach rechts durchläuft (Fig. 3.3.6). Die Funktion f wird dann **konkav** (oder meinetwegen "nach oben konvex") genannt, und der Graph von f hängt unterhalb aller seiner Tangenten, die ihn gewissermaßen von oben "stützen".

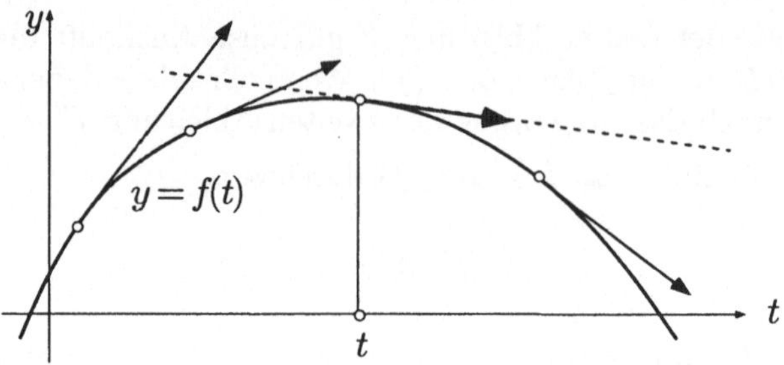

Fig. 3.3.6

③ Wir betrachten die Funktionen

$$b_\alpha(t) := (1 + t)^\alpha \qquad (t > -1)$$

(Binomialreihe!) für verschiedene Werte des reellen Parameters α. — Man erhält nacheinander

$$b'_\alpha(t) = \alpha(1 + t)^{\alpha-1} , \qquad b''_\alpha(t) = \alpha(\alpha - 1)(1 + t)^{\alpha-2} .$$

Wegen $b'_\alpha(0) = \alpha$ besitzt die Tangente, die $\mathcal{G}(b_\alpha)$ im Punkt $P_0 := (0, 1)$ berührt, die Gleichung

$$y = 1 + \alpha t .$$

Was nun das Vorzeichen von b''_α betrifft, so ist

$$\operatorname{sgn} b''_\alpha = \operatorname{sgn} \alpha \cdot \operatorname{sgn}(\alpha - 1) = \begin{cases} 1 & (\alpha > 1 \text{ oder } \alpha < 0), \\ -1 & (0 < \alpha < 1). \end{cases}$$

Die Funktion b_α ist somit konvex, falls $\alpha > 1$ oder $\alpha < 0$, und konkav, falls $0 < \alpha < 1$; in den Fällen $\alpha = 0$ und $\alpha = 1$ schließlich ist $\mathcal{G}(b_\alpha)$ eine Gerade, siehe die Fig. 3.3.7.

Da die Tangente im Punkt P_0 in jedem Fall eine Stützgerade des Graphen ist, ergibt sich als Nebenprodukt die sogenannte **Bernoullische Ungleichung**:

— Ist $\alpha \leq 0$ oder $\alpha \geq 1$, so gilt

$$(1 + t)^\alpha \geq 1 + \alpha t \qquad (t > -1) ;$$

— ist jedoch $0 \leq \alpha \leq 1$, so gilt

$$(1 + t)^\alpha \leq 1 + \alpha t \qquad (t > -1) .$$

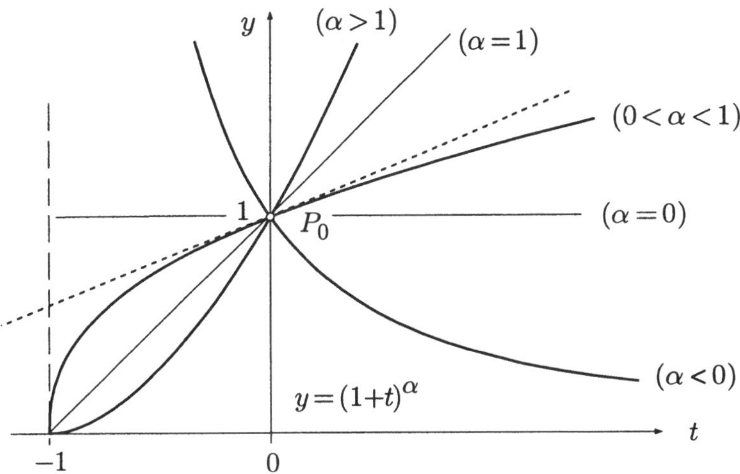

Fig. 3.3.7

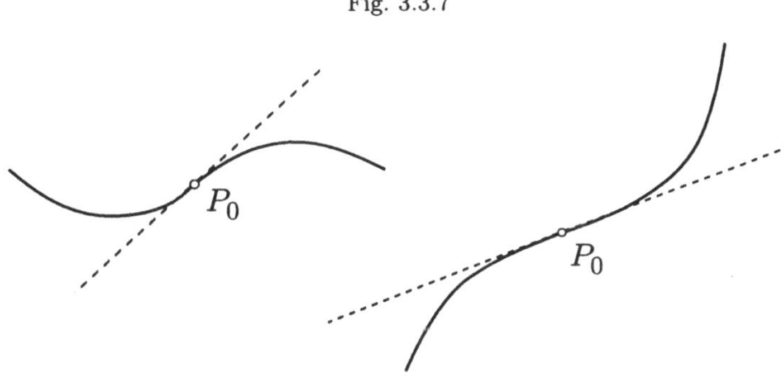

Fig. 3.3.8

Wechselt f'' an der Stelle t_0 das Vorzeichen:

$$f''(t_0) = 0 , \qquad (\operatorname{sgn} f'')(t_0-) = -(\operatorname{sgn} f'')(t_0+) ,$$

so geht f beim Durchlaufen des Punktes $P_0 := \big(t_0, f(t_0)\big)$ vom konkaven zum konvexen Charakter über, oder umgekehrt; der Graph besitzt an der Stelle P_0 einen **Wendepunkt** (Fig. 3.3.8).

(4) Die **kubischen Parabeln**, das sind die Graphen der Polynome

$$p(t) \ := \ at^3 + bt^2 + ct + d , \qquad a \neq 0 ,$$

besitzen alle einen Wendepunkt, denn

$$p''(t) = 6at + 2b$$

besitzt genau eine Nullstelle $t_0 := -\frac{b}{3a}$ und wechselt dort das Vorzeichen. In der Figur 3.3.9 sind zwei Varianten dargestellt.

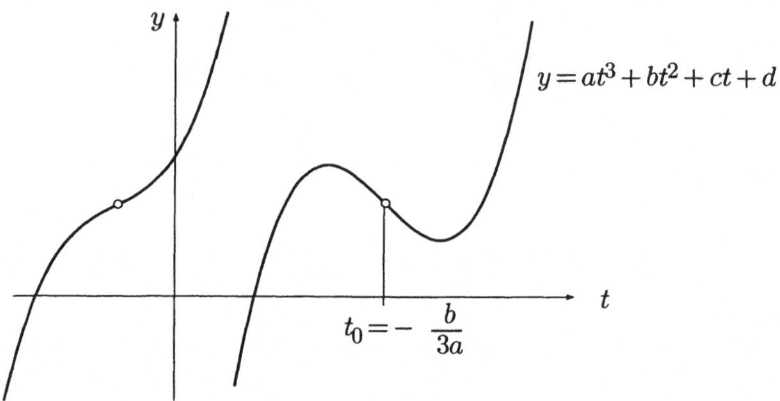

Fig. 3.3.9

In der nachstehenden Figur 3.3.10 werden die qualitativen Beziehungen zwischen den Graphen von f, f' und f'' nocheinmal zusammengefaßt.

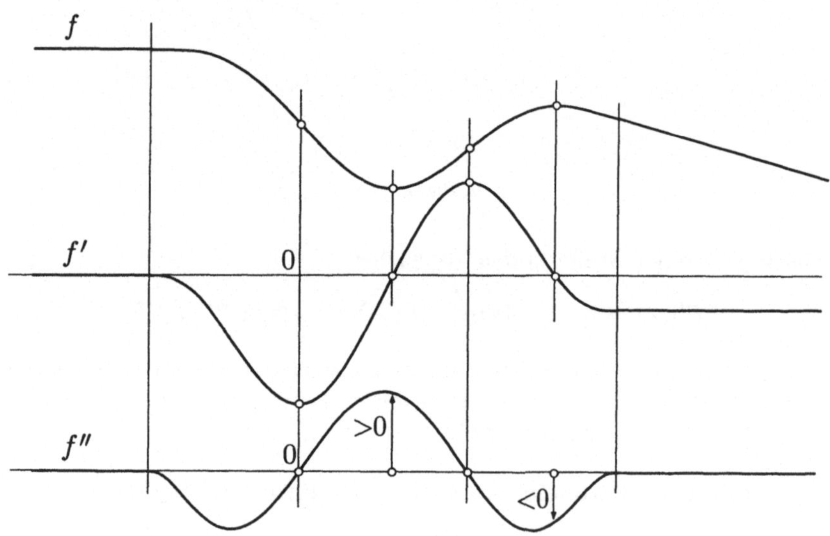

Fig. 3.3.10

Aufgaben

1. Zeige: Die Gleichung $x^2 = 2^x$ hat genau drei reelle Lösungen. (*Hinweis:* Betrachte die Funktion $f(x) := 2^x - x^2$. Mindestens drei Lösungen mit Zwischenwertsatz, höchstens drei Lösungen mit Hilfe des Satzes von Rolle, angewandt auf f / f' / f'' .)

2. Ⓜ Berechne die folgenden Grenzwerte:

   (a) $\displaystyle\lim_{t\to 0}\frac{t - \sin t}{t - \sinh t}$,

   (b) $\displaystyle\lim_{t\to \pi/2}\frac{\sin t + \sin(3t)}{\cos(2t)}$,

   (c) $\displaystyle\lim_{t\to 0}\frac{a^t - 1}{b^t - 1}$ $(a,\, b > 0)$,

   (d) $\displaystyle\lim_{t\to 0}\frac{\log(\cos t)}{\cosh t - 1}$,

   (e) $\displaystyle\lim_{t\to 1}\frac{t^\alpha - t^\beta}{t^{1/\beta} - t^{1/\alpha}}$ $\big(\alpha\beta(\alpha - \beta) \neq 0\big)$,

   (f) $\displaystyle\lim_{t\to 0}(1 + 2\sin t)^{\cot t}$ (*Hinweis:* Logarithmieren).

3.4. Taylor-Approximation

In der fundamentalen Beziehung 3.1.(3) ist enthalten, daß die Ableitung zur approximativen Berechnung von Funktionswerten herangezogen werden kann. Indem man nämlich den o-Term in 3.1.(3) vernachläßigt, erhält man die Möglichkeit, eine beliebige Funktion in der unmittelbaren Umgebung einer festen Stelle t_0 zu *linearisieren* und so mit bescheidenem Rechenaufwand approximativ zu berechnen:

$$f(t) \doteq f(t_0) + f'(t_0)(t - t_0) \qquad (t \doteq t_0) . \tag{1}$$

Eine Fehlerabschätzung ist damit allerdings nicht verbunden. Im Graphenbild läuft (1) darauf hinaus, daß $\mathcal{G}(f)$ in der Umgebung von $P_0 := \bigl(t_0, f(t_0)\bigr)$ durch die Tangente in P_0 ersetzt wird (Fig. 3.4.1).

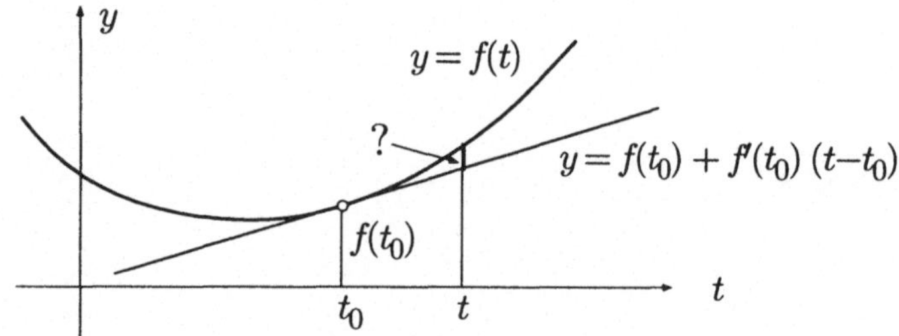

Fig. 3.4.1

① Gesucht ist ein Näherungswert für die Zahl $\sqrt[5]{1023}$. Hierzu betrachten wir die Funktion

$$f(t) := t^{1/5}$$

in der Umgebung der Stelle $t_0 := 1024$ und schreiben

$$f(1023) \doteq f(1024) + f'(1024)\,(1023 - 1024) .$$

Nun ist $f(1024) = (2^{10})^{1/5} = 4$, ferner hat man

$$f'(t) = \frac{1}{5}\, t^{\frac{1}{5}-1} = \frac{t^{1/5}}{5t}$$

und somit $f'(1024) = \frac{4}{5 \cdot 1024} = 0.00078125$. Damit erhalten wir

$$\sqrt[5]{1023} \doteq 4 + 0.00078125 \cdot (-1) = 3.99921875 .$$

Der Tabellenwert ist 3.999218445. $\qquad\bigcirc$

② Ist $|t|$ sehr klein gegenüber 1, in Zeichen: $|t| \ll 1$, so gilt

$$\frac{1}{1+t} \doteq 1 - t \ . \tag{2}$$

Die Funktion $f(t) := 1/(1+t)$ hat nämlich an der Stelle $t_0 := 0$ den Wert 1 und die Ableitung $f'(t) = -1/(1+t)^2$ den Wert -1.

Auf der Beziehung (2) beruht die Lebensweisheit, daß die Aussagen "A ist 2% teurer als B" und "B ist 2% billiger als A" kompatibel sind. Die analogen Aussagen mit 25% anstelle von 2% sind aber nicht mehr miteinander verträglich. ◯

Um bessere Approximationen und auch Fehlerabschätzungen zu erhalten, müssen wir die höheren Ableitungen ins Spiel bringen, die für eine Funktion $f \colon \mathbb{R} \to \mathbb{X}$ rekursiv wie folgt definiert sind:

$$f^{(0)} := f \ , \qquad f^{(k+1)} := \left(f^{(k)} \right)' \quad (k \geq 0) \ .$$

Anstelle von $f^{(k)}$ schreibt man auch $\dfrac{d^k}{dt^k} f(t)$, $D^k f$ und ähnlich.

③ Es sei $\lambda \in \mathbb{C}$ fest. Dann ist

$$\frac{d^k}{dt^k} e^{\lambda t} = \lambda^k e^{\lambda t} \ .$$

Mit vollständiger Induktion beweist man die **Leibnizsche Formel** für die n-te Ableitung eines Produkts:

$$(f \cdot g)^{(n)} = \sum_{k=0}^{n} \binom{n}{k} f^{(n-k)} \cdot g^{(k)} \ .$$

Ferner:

$$\frac{d^k}{dt^k} \frac{1}{1-t} = \frac{k!}{(1-t)^{k+1}} \ . \qquad\qquad ◯$$

Nun also zu unseren Approximationen. Um eine Indexstufe einzusparen, bezeichnen wir im folgenden den festgehaltenen "Arbeitspunkt" auf der t-Achse mit a statt mit t_0 und nehmen zunächst $a := 0$ an (die anvisierte Theorie ist natürlich translationsinvariant). Die Funktion $f \colon \mathbb{R} \to \mathbb{X}$ sei in der Umgebung der Stelle 0 so oft wie nötig differenzierbar. Dann ist die "nullte Taylor-Approximation von f an der Stelle 0" gegeben durch

$$f(t) \doteq f(0) \qquad (t \doteq 0) \tag{3_0}$$

und die "erste Taylor-Approximation" durch

$$f(t) \;\dot{=}\; f(0) + f'(0)\,t \qquad (t \dot{=} 0) \; . \tag{3_1}$$

Hier wird f in der Umgebung von $a := 0$ zunächst durch ein Polynom vom Grad ≤ 0 approximiert, dessen Wert an der Stelle 0 mit $f(0)$ übereinstimmt, dann durch ein Polynom vom Grad ≤ 1, dessen Wert und erster Ableitungswert an der Stelle 0 bzw. mit $f(0)$ und $f'(0)$ übereinstimmen. Es liegt nahe, diesen Gedanken weiterzuführen und im nächsten Schritt die Funktion f in der Umgebung von 0 "quadratisch" zu approximieren — gemeint ist: durch ein Polynom vom Grad ≤ 2, das auch noch die zweite Ableitung $f''(0)$ richtig wiedergibt.

Es soll also eine Folge von Polynomen

$$j^0 f, \; j^1 f, \; j^2 f, \; \cdots$$

('$j^r f$' ist ein Bezeichner!) mit folgenden Eigenschaften konstruiert werden:

(a)   Jedes $j^r f$ besitzt einen Grad $\leq r$.

(b)   Für $0 \leq k \leq r$ gilt

$$(j^r f)^{(k)}(0) \;=\; f^{(k)}(0) \; .$$

Die Forderung (b) scheint vernünftig, denn nach (a) sind $r + 1$ Koeffizienten zu bestimmen. Wir setzen noch $j^{-1} f(t) :\equiv 0$ und haben nach (3_0) und (3_1):

$$j^0 f(t) :\equiv f(0) \; , \qquad j^1 f(t) := f(0) + f'(0)t \; .$$

Für den allgemeinen Rekursionsschritt nehmen wir an, $j^{r-1} f$ sei bestimmt und besitze die verlangten Eigenschaften. Setzen wir zur Abkürzung

$$j^r f \;-\; j^{r-1} f \;=: \; p \; ,$$

so muß das (vorderhand unbekannte) Polynom p den folgenden Bedingungen genügen (und das ist dann auch hinreichend):

—   Der Grad von p ist $\leq r$.

— $p(0) = p'(0) = \ldots = p^{(r-1)}(0) = 0$.

     (Für $0 \leq k \leq r - 1$ müssen ja die k-ten Ableitungen von $j^{r-1} f$ und von $j^r f$ bei 0 mit denen von f übereinstimmen.)

— $p^{(r)}(0) = f^{(r)}(0)$.

     (Die r-te Ableitung von $j^{r-1} f$ ist $\equiv 0$, und $(j^r f)^{(r)}(0)$ sollte ja gleich $f^{(r)}(0)$ sein.)

Es gibt genau ein Polynom p, das diese Bedingungen erfüllt, nämlich

$$p(t) \;:=\; \frac{f^{(r)}(0)}{r!}\, t^r$$

(das war nicht schwer zu finden!). Folglich ist

$$j^r f = j^{r-1} f + \frac{f^{(r)}(0)}{r!}\, t^r\,,$$

und durch Aufsummieren erhalten wir definitiv

$$j^n f(t) = f(0) + f'(0)\,t + \frac{f''(0)}{2!}\,t^2 + \ldots + \frac{f^{(n)}(0)}{n!}\,t^n$$

$$= \sum_{k=0}^{n} \frac{f^{(k)}(0)}{k!}\,t^k\,.$$

Damit ist die durch (a) und (b) beschriebene Aufgabe gelöst: Das Polynom vom Grad $\le n$ mit den richtigen Ableitungswerten an der Stelle $a := 0$ ist gefunden. Man nennt $j^n f$ den n-Jet (oder auch das n-te **Taylorsche Approximationspolynom**) von f an der Stelle 0. Etwas allgemeiner ist

$$j_a^n f(t) := \sum_{k=0}^{n} \frac{f^{(k)}(a)}{k!}\,(t-a)^k$$

der **n-Jet von f an der Stelle** a. — Die formale Reihe

$$\sum_{k=0}^{\infty} \frac{f^{(k)}(a)}{k!}(t-a)^k$$

heißt **Taylor-Reihe von f an der Stelle** a; es handelt sich um eine Potenzreihe mit Mittelpunkt a. Die n-Jets $j_a^n f$ sind die Partialsummen dieser Reihe.

Die Figur 3.4.2 zeigt einige n-Jets der Sinusfunktion an der Stelle $a := 0$. Man erkennt deutlich, wie sich der t-Bereich, in dem j^n eine brauchbare Approximation liefert, mit wachsendem n vergrößert.

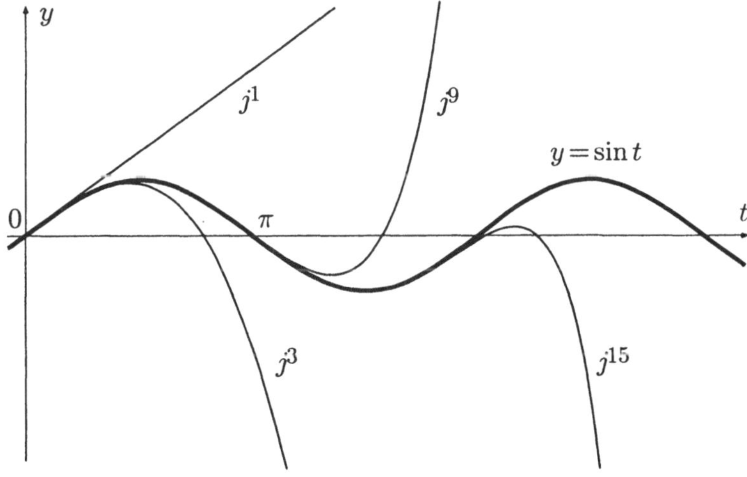

Fig. 3.4.2

Wir kommen nun zu dem analytischen Problem, herauszufinden, wie gut $j_a^n f$
die Ausgangsfunktion f in der Umgebung von a approximiert. Wir schreiben

$$f(t) = j_a^n f(t) + R_n(t) \tag{4}$$

und hoffen natürlich, daß das **n-te Restglied** $R_n(t)$, auch **Abbrechfehler**
genannt, für $t \doteq a$ und größeres n sehrsehr klein wird. Es gibt verschiedene
Darstellungen des Restglieds. Man benötigt sie für Konvergenzuntersuchun-
gen und für die numerische Abschätzung des Abbrechfehlers, nicht aber, um
den Funktionswert auf einem unerhörten Umweg doch noch exakt zu berechnen. Wir beweisen darüber:

(3.11) *Für ein geeignetes τ zwischen a und t hat das Restglied in (4) den
Wert*

$$R_n(t) \;=\; \frac{f^{(n+1)}(\tau)}{(n+1)!}\,(t-a)^{n+1}\,,$$

das heißt, es gilt

$$f(t) \;=\; \sum_{k=0}^{n} \frac{f^{(k)}(a)}{k!}\,(t-a)^k \;+\; \frac{f^{n+1}(\tau)}{(n+1)!}(t-a)^{n+1}\,.$$

Das Restglied sieht hier fast so aus wie das erste vernachläßigte Glied der
Taylor-Reihe. Wenn wir der Einfachheit halber voraussetzen, daß $f^{(n+1)}$ an
der Stelle a stetig ist, so folgt aus Satz **(3.11)** sofort:

(3.12) $\qquad\qquad R_n(t) \;=\; o\big((t-a)^n\big) \qquad (t \to a)\,.$

Das Restglied ist hiernach für $t \to a$ von kleinerer Größenordnung als der
letzte in $j_a^n f$ berücksichtigte bzw. auftretende Term (ausgenommen natürlich
im Fall $j_a^n f = 0$, wo $R_n(t) \equiv f(t)$ ist, s.u.).

Zum Beweis von **(3.11)** benötigen wir das folgende Lemma:

(3.13) *Es sei $t > a$. Ist g im Intervall $[a,t]$ hinreichend oft differenzierbar
und ist*

$$g(a) = g'(a) = \ldots = g^{(n)}(a) = 0\,, \tag{5}$$

so gilt für ein geeignetes $\tau \in {]a,t[}$:

$$g(t) = \frac{g^{(n+1)}(\tau)}{(n+1)!}\,(t-a)^{n+1}\,.$$

$\ulcorner$ Für $n = 0$ lautet die Behauptung: Es gibt ein $\tau \in {]a,t[}$ mit

$$g(t) = g'(\tau)\,(t-a)\,.$$

Dies trifft wegen $g(a) = 0$ zu nach Satz **(3.6)** (Mittelwertsatz der Differentialrechnung). Das Lemma sei daher richtig für n, und die Funktion g genüge neben (5) noch der zusätzlichen Bedingung

$$g^{(n+1)}(a) = 0 \, . \tag{6}$$

Betrachte neben g die weitere Funktion

$$h(t) := (t-a)^{n+2}$$

mit der Ableitung

$$h'(t) = (n+2)(t-a)^{n+1} \, .$$

Nach Satz **(3.7)** gibt es ein $\tau_1 \in \,]a, t[$ mit

$$\frac{g(t)}{(t-a)^{n+2}} = \frac{g(t) - g(a)}{h(t) - h(a)} = \frac{g'(\tau_1)}{h'(\tau_1)} = \frac{g'(\tau_1)}{(n+2)(\tau_1 - a)^{n+1}} \, . \tag{7}$$

Nun genügt g' wegen (5) und (6) auf dem Intervall $[a, \tau_1]$ der Induktionsvoraussetzung. Es gibt daher ein $\tau \in \,]a, \tau_1[$ (Fig. 3.4.3) mit

$$g'(\tau_1) = \frac{g'^{(n+1)}(\tau)}{(n+1)!} \, (\tau_1 - a)^{n+1} \, .$$

Setzen wir dies rechts in (7) ein, so ergibt sich gerade

$$\frac{g(t)}{(t-a)^{n+2}} = \frac{g^{(n+2)}(\tau)}{(n+2)!} \, ,$$

wie für die Induktion erforderlich. $\quad\lrcorner$

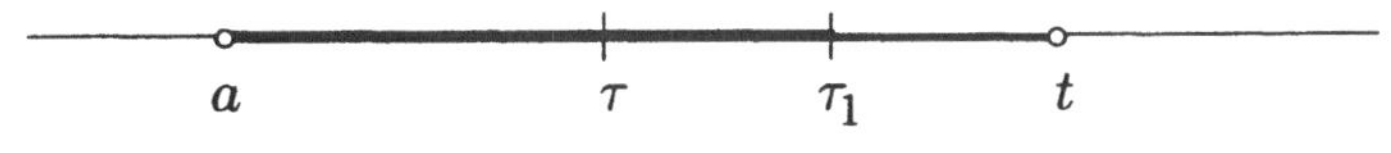

Fig. 3.4.3

Damit kommen wir zum Beweis von Satz **(3.11)**:

$\ulcorner$ Die Funktion $R_n(\cdot)$ ist definiert durch (4). Nach Konstruktion besitzt R_n an der Stelle a verschwindende Ableitungen bis zur Ordnung n und genügt damit den Voraussetzungen über g unseres Lemmas. Da $j_a^n f$ ein Polynom vom Grad $\le n$ ist, stimmt $R_n^{(n+1)}(\cdot)$ mit $f^{(n+1)}$ überein, und wir erhalten durch Anwendung des Lemmas:

$$R_n(t) = \frac{R_n^{(n+1)}(\tau)}{(n+1)!} \, (t-a)^{n+1} = \frac{f^{(n+1)}(\tau)}{(n+1)!} \, (t-a)^{n+1} \, . \quad\lrcorner$$

Wir bringen nun einige Beispiele und Anwendungen.

④ Es soll $\log 1.2$ mit Hilfe der Darstellung

$$\log t = j_1^n \log(t) + R_n(t)$$

auf 10^{-3} genau berechnet werden (Fig. 3.4.4). Der Tabelle

k	$f^{(k)}(t)$	$f^{(k)}(1)$
0	$\log t$	0
1	$1/t$	1
2	$-1/t^2$	-1
3	$2/t^3$	2
4	$-6/t^4$	

entnimmt man

$$\left| f^{(4)}(t) \right| \le 6 \qquad (t \ge 1)\,;$$

Satz **(3.11)** mit $a := 1$, $t := 1.2$ liefert daher die Abschätzung

$$|R_3(1.2)| = \frac{|f^{(4)}(\tau)|}{4!}\,(0.2)^4 \le \frac{6}{4!}\,(0.2)^4 = 4 \cdot 10^{-4}\,,$$

so daß wir R_3 vernachläßigen dürfen. Wir erhalten

$$\log 1.2 \doteq j_1^3 \log(1.2)$$

$$= 0 + 1 \cdot 0.2 + \frac{-1}{2}\,(0.2)^2 + \frac{2}{3!}(0.2)^3 = 0.18267$$

mit einem Fehler $\le 4 \cdot 10^{-4}$. Der Tabellenwert ist $\log 1.2 = 0.182321557$.

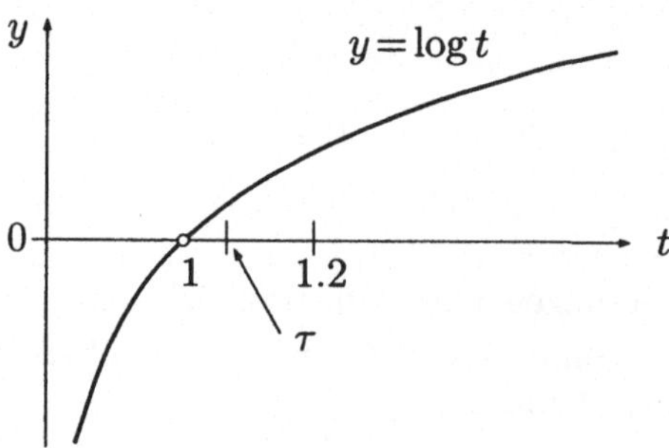

Fig. 3.4.4

⑤ Wir zeigen, daß der Graph einer konvexen Funktion $f\colon I \to \mathbb{R}$ oberhalb seiner Tangenten liegt.

⌐ Es gelte

$$\forall t \in I: \qquad f''(t) > 0 ,$$

und es sei $a \in I$ ein fest gewählter Punkt. Die Tangente in dem zu a gehörigen Graphenpunkt P_0 (Fig. 3.4.5) hat die Gleichung

$$y = f(a) + f'(a)(t - a) = j_a^1 f(t) .$$

Es sei $t \in I$, $t \neq a$, beliebig. Nach **(3.11)** gibt es ein τ zwischen t und a mit

$$f(t) = j_a^1 f(t) + \frac{f''(\tau)}{2}\,(t - a)^2 .$$

Hier ist der zweite Summand rechter Hand > 0.   ⌐○

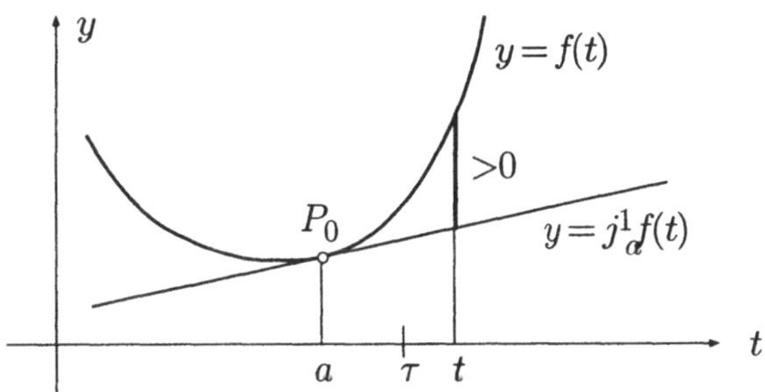

Fig. 3.4.5

Satz **(3.12)** setzt uns instand, das Verhalten einer Funktion in der Umgebung eines kritischen Punktes näher zu untersuchen. Wir zeigen:

(3.14) *Es sei t_0 ein kritischer Punkt der Funktion $f\colon \mathbb{R} \curvearrowright \mathbb{R}$, und zwar gelte für ein $n \geq 2$:*

$$f'(t_0) = f''(t_0) = \ldots = f^{(n-1)}(t_0) = 0 ,$$
$$f^{(n)}(t_0) =: A \neq 0 .$$

Ist n gerade, so besitzt f an der Stelle t_0 ein lokales Minimum, falls $A > 0$, und ein lokales Maximum, falls $A < 0$. Ist n ungerade, so besitzt f an der Stelle t_0 kein lokales Extremum, hingegen einen Wendepunkt.

⌐ Der Einfachheit halber sei $t_0 = 0$. Der Punkt t_0 ist definitionsgemäß ein innerer Punkt von dom (f) (Fig. 3.2.6), somit kann die Größe $t - t_0 = t$ im folgenden beiderlei Vorzeichen annehmen. Nach Satz **(3.12)** ist

$$f(t) = j_0^n f(t) + o(t^n)$$
$$= f(0) + \frac{A}{n!} t^n + o(t^n) \qquad (t \to 0) ,$$

denn alle übrigen Glieder des n-Jets entfallen. Wir schreiben das in der Form

$$f(t) - f(0) = t^n \left(\frac{A}{n!} + o(1) \right) \qquad (t \to 0) .$$

Wegen $A \neq 0$ gilt daher für alle hinreichend nahe bei 0 gelegenen t:

$$\operatorname{sgn} \big(f(t) - f(0) \big) = \operatorname{sgn} \big(t^n \big) \cdot \operatorname{sgn} A .$$

Hieraus folgen alle Behauptungen bezüglich eines allfälligen lokalen Extremums. — Es sei weiter $n \geq 3$ ungerade. Wenden wir Satz **(3.12)** auf f'' an, so ergibt sich in ähnlicher Weise

$$f''(t) = j_0^{n-2} f''(t) + o(t^{n-2})$$
$$= t^{n-2} \left(\frac{A}{(n-2)!} + o(1) \right) \qquad (t \to 0)$$

und somit

$$\operatorname{sgn} f''(t) = \operatorname{sgn} t \cdot \operatorname{sgn} A$$

für alle t in der Nähe von 0. Folglich wechselt f'' an der Stelle 0 das Vorzeichen, wie behauptet. $\quad\lrcorner$

⑥ Es sollen die kritischen Stellen der Funktion

$$f(t) := (t - 3)^3 (t + 2)^2$$

untersucht werden. — Wir unterlassen tunlichst, das Produkt rechter Hand auszumultiplizieren, und berechnen nacheinander

$$f'(t) = (t - 3)^2 (t + 2) \big(3(t + 2) + 2(t - 3) \big)$$
$$= 5(t - 3)^2 (t + 2) t ,$$
$$f''(t) = 5(t - 3) \big(2(t + 2)t + (t - 3)t + (t - 3)(t + 2) \big)$$
$$= 5(t - 3)(4t^2 - 6) = 20(t - 3)(t - \sqrt{3/2})(t + \sqrt{3/2}) ,$$
$$f'''(t) = 20 \left(\left(t^2 - \frac{3}{2} \right) + (t - 3)2t \right) .$$

Es gibt daher die drei kritischen Stellen -2, 0, 3. Wir legen die folgende Tabelle an, in die wir auch noch die zwei weiteren Nullstellen $\pm\sqrt{3/2}$ von f'' aufnehmen:

t_k	$f(t_k)$	$f'(t_k)$	$f''(t_k)$	$f'''(t_k)$	Typ
-2	0	0	-250		lokales Minimum
0	-108	0	90		lokales Maximum
3	0	0	0	150	Wendepunkt
$\pm\sqrt{3/2}$		$\neq 0$	0	$\neq 0$	Wendepunkte

Diese Tabelle findet ihre graphische Bestätigung in der Figur 3.4.6.

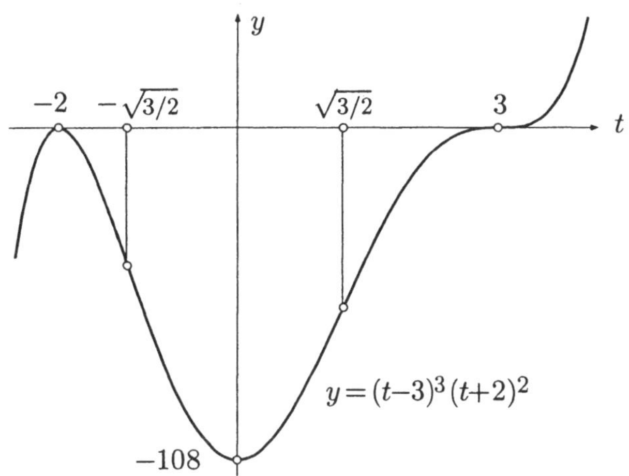

Fig. 3.4.6

Wir machen nun einen Exkurs in ganz andere Gefilde und behandeln das
Verfahren von Newton zur approximativen Lösung von Gleichungen der Form

$$f(x) \;=\; 0\,,$$

f eine gegebene Funktion. Die unabhängige Variable bezeichnen wir hier
mit x, um den Eindruck einer "Unbekannten" zu vermitteln. Außerdem
läßt sich das Verfahren auf mehrdimensionale Situationen, das heißt: auf n
Gleichungen in n Unbekannten, übertragen.

Die Idee ist genial einfach (Fig. 3.4.7). Es sei x_0 ein irgendwie gefundener
Näherungswert für eine (unbekannte) Lösung ξ der obigen Gleichung. Wir
ersetzen dann $\mathcal{G}(f)$ durch die Tangente T_0 im Punkt $\bigl(x_0, f(x_0)\bigr)$ und schneiden diese Tangente statt $\mathcal{G}(f)$ mit der x-Achse. Es ist zu erwarten, daß der
Schnittpunkt x_1 näher bei ξ liegt als x_0. Das Verfahren läßt sich beliebig oft
wiederholen und liefert eine Folge $x.$, die unter günstigen Umständen gegen
ξ konvergiert. (Es kann aber auch schiefgehen, wie Fig. 3.4.8 zeigt.)

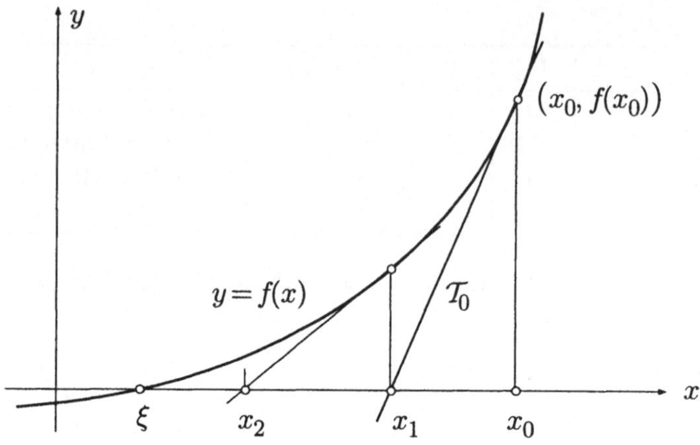

Fig. 3.4.7

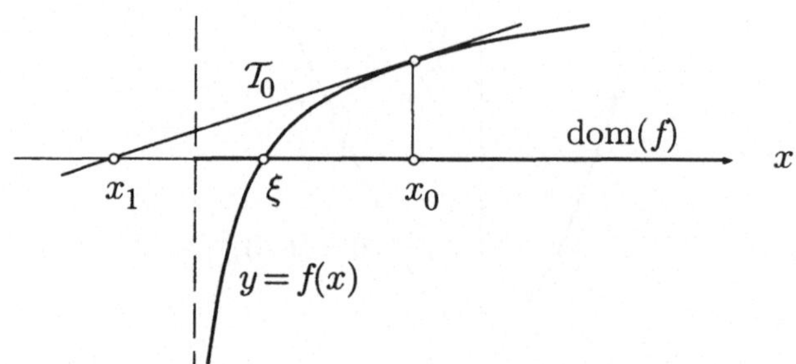

Fig. 3.4.8

Die geometrische Konstruktion läßt sich analytisch wie folgt nachvollziehen:
Die Graphentangente T_0 besitzt die Gleichung

$$y = f(x_0) + f'(x_0)\,(x - x_0)$$

und schneidet daher die x-Achse an der Stelle

$$x_1 = x_0 - \frac{f(x_0)}{f'(x_0)}\;.$$

Dieselbe Formel gilt auch für den allgemeinen Schritt $x_n \mapsto x_{n+1}$. Infolge-
dessen wird das Newtonsche Verfahren durch folgende Rekursionsvorschrift
beschrieben:

$$\boxed{\begin{aligned} &x_0 : \quad \text{hinreichend nahe bei } \xi \\[2mm] &x_{n+1} := x_n - \frac{f(x_n)}{f'(x_n)} \end{aligned}}$$

Wir wollen nun das Konvergenzverhalten der Folge x. untersuchen, wobei wir geeignete Annahmen treffen, die sicherstellen, daß x_0 unter den gegebenen Umständen "hinreichend nahe bei ξ" liegt. (In der Praxis werden diese Bedingungen natürlich nicht immer verfiziert. Man beginnt einfach mit einem plausiblen Näherungswert x_0 zu rechnen und sieht dann sehr bald, ob es klappt.)

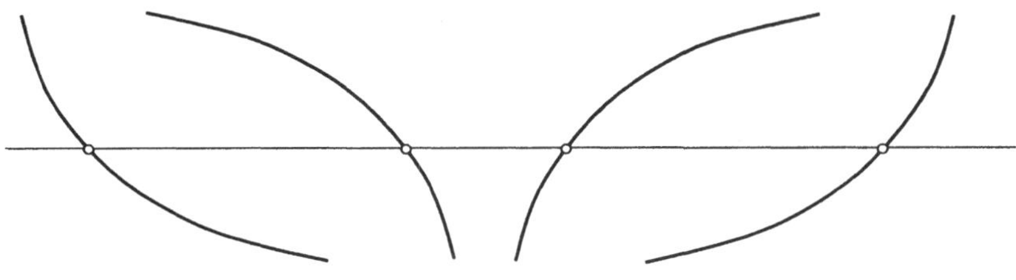

Fig. 3.4.9

Es sei ein Intervall $I := [a, b]$ so bestimmt, daß gilt:

(a′)
$$f(a) \cdot f(b) < 0 \,,$$

(b′)
$$\forall x \in I : \quad f'(x)f''(x) \neq 0 \,.$$

Der Graph von $f \restriction I$ hat dann eine der vier in Fig. 3.4.9 dargestellten Formen. Insbesondere ist f streng monoton auf I und besitzt somit genau eine Nullstelle $\xi \in I$. Wir nehmen etwa an, es sei $f' > 0$ und $f'' > 0$ auf I und setzen $x_0 := b$. (Je nachdem, ob f' und f'' gleiches oder verschiedenes Vorzeichen haben, ist $x_0 := b$ oder $x_0 := a$ zu wählen.) Dann treffen die folgenden Bedingungen für $n = 0$ zu:

(a)
$$\xi < x_n \,,$$

(b)
$$\forall x \in \,]\xi, x_n] : \quad f(x) > 0 \,, \quad f'(x) > 0 \,, \quad f''(x) > 0 \,.$$

Damit ergibt sich für x_1 jedenfalls

$$x_1 = x_0 - \frac{f(x_0)}{f'(x_0)} < x_0 \,.$$

Wir entwickeln nun die Funktion f an der Stelle x_0 nach Taylor: Nach Satz **(3.11)** gibt es einen Punkt x^* zwischen x_0 und ξ (Fig. 3.4.10) mit

$$0 = f(\xi) = f(x_0) + f'(x_0)(\xi - x_0) + \frac{f''(x^*)}{2!}(\xi - x_0)^2 \,.$$

Nach Division mit $f'(x_0)$ folgt hieraus

$$0 = \frac{f(x_0)}{f'(x_0)} - x_0 + \xi + \frac{f''(x_0)}{2f'(x_0)}(x_0 - \xi)^2 \,,$$

und das heißt

$$x_1 - \xi = \frac{f''(x^*)}{2f'(x_0)}\,(x_0 - \xi)^2 \,. \tag{8}$$

Hier ist die rechte Seite > 0 wegen (b). Es gilt daher

$$\xi < x_1 < x_0 \,,$$

und folglich treffen die Bedingungen (a) und (b) auch für $n = 1$ zu.

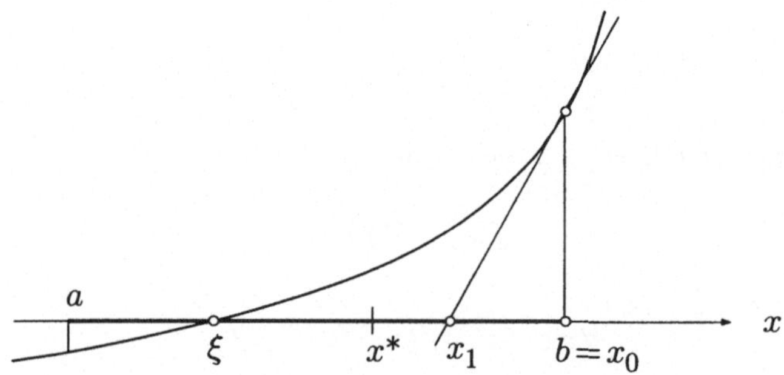

Fig. 3.4.10

Mit vollständiger Induktion ergibt sich: Die Folge $x.$ ist monoton fallend und nach unten beschränkt durch ξ. Sie besitzt daher einen Grenzwert $\xi' \in [\xi, x_0]$. Wir führen nun in der Rekursionsformel

$$x_{n+1} = x_n - \frac{f(x_n)}{f'(x_n)} \qquad (n \geq 0)$$

den Grenzübergang $n \to \infty$ durch und erhalten

$$\xi' = \xi' - \frac{f(\xi')}{f'(\xi')} \,.$$

Es folgt $f(\xi') = 0$, das heißt: $\xi' = \xi$, wie erwartet.

Das Newtonsche Verfahren liefert also in der Tat die gesuchte Nullstelle ξ. Man kann aber noch mehr sagen: Ist n hinreichend groß, so ist x_n schon recht nahe bei ξ und ebenso der in (8) auftretende Punkt $x^* \in \,]\xi, x_n[$. Wir dürfen daher schreiben

$$x_{n+1} - \xi \doteq C(x_n - \xi)^2 \qquad (n \text{ hinreichend groß})$$

mit

$$C := \frac{f''(\xi)}{2f'(\xi)} \ .$$

Dies ist folgendermaßen zu interpretieren: Das Newtonsche Verfahren **konvergiert quadratisch**, da sich die Abweichung $x_n - \xi$ mit jedem Schritt im wesentlichen quadriert. Anders ausgedrückt: Ist C von der Größenordnung 1, so wird (nach einer gewissen Anfangsphase) die Anzahl der richtigen Dezimalstellen in der Näherung $x_n \doteq \xi$ mit jedem Schritt verdoppelt.

⑦ Wir haben in Beispiel 1.3.⑥ mit Hilfe der Rekursionsformel

$$x_{n+1} := \frac{1}{2}\left(x_n + \frac{c}{x_n}\right)$$

eine Folge $x.$ konstruiert, die sehr rasch gegen $\sqrt{c}$ konvergiert. Das Geheimnis kann nun gelüftet werden: Man kommt auf diese Formel, indem man auf die Gleichung

$$f(x) := x^2 - c = 0$$

das Newtonsche Verfahren anwendet. Es ist nämlich

$$x - \frac{f(x)}{f'(x)} = x - \frac{x^2 - c}{2x} = \frac{1}{2}\left(x + \frac{c}{x}\right) \ . \qquad\qquad \bigcirc$$

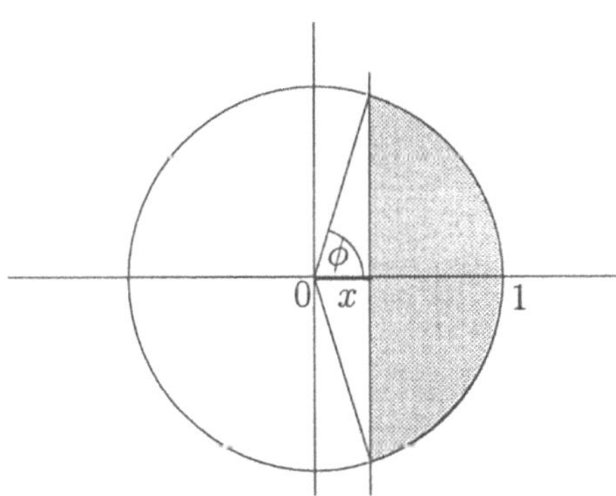

Fig. 3.4.11

⑧ Von einem kreisförmigen Kuchen (Fig. 3.4.11) soll durch einen geradlinigen Schnitt ein Drittel abgeteilt werden. In welchem Abstand vom Mittelpunkt ist der Schnitt zu führen?

Verwenden wir als Hilfsvariable den halben Zentriwinkel ϕ, so ist der Flächeninhalt A des abgeteilten Stückes gegeben durch

$$A = \frac{1}{2}\, 2\,\phi - \frac{1}{2}\sin(2\phi) \ ,$$

so daß wir die Gleichung

$$f(\phi) := \phi - \frac{1}{2}\sin(2\phi) - \frac{\pi}{3} = 0$$

auflösen müssen. Es ist $f(0) < 0$ und $f\left(\frac{\pi}{2}\right) > 0$. Wir leiten ab und erhalten

$$f'(\phi) = 1 - \cos(2\phi), \qquad f''(\phi) = 2\sin(2\phi) .$$

Die Rekursionsformel lautet daher

$$\phi_{n+1} = \phi_n - \frac{\phi_n - \frac{1}{2}\sin(2\phi_n) - \frac{\pi}{3}}{1 - \cos(2\phi_n)} .$$

Da f' und f'' im Intervall $]0, \frac{\pi}{2}[$ gleiches Vorzeichen besitzen, wählen wir mit Vorteil $\phi_0 := \pi/2$ und erhalten

$$\phi_1 = \frac{\pi}{2} - \frac{\frac{\pi}{2} - 0 - \frac{\pi}{3}}{1 - (-1)} = \frac{5\pi}{12} .$$

Die weiteren Werte sind:

$\phi_0 = 1.57079$
$\phi_1 = 1.30899$
$\phi_2 = 1.3026736661$
$\phi_3 = 1.3026628373\ldots$
$\phi_4 = 1.3026628373\ldots$

Der gesuchte Abstand x beträgt daher

$$x = \cos\phi \doteq 0.2649 .$$

Wir kehren zurück zur Taylor-Entwicklung.

Ist eine Funktion in der Umgebung von a beliebig oft differenzierbar, so kann man die Taylor-Reihe

$$\sum_{k=0}^{\infty} \frac{f^{(k)}(a)}{k!} (t - a)^k =: j_a^{\infty} f(t)$$

bilden, und es stellt sich natürlich die Frage, ob die Taylor-Reihe die Funktion f **darstellt**, das heißt: ob in einem geeigneten Intervall $I :=]a - \rho, a + \rho[$ die Identität

$$f(t) = \sum_{k=0}^{\infty} \frac{f^{(k)}(a)}{k!} (t - a)^k \qquad (t \in I) \tag{9}$$

zutrifft.

⑨ Ist f zufälligerweise ein Polynom vom Grad $\leq n$, also

$$f(t) := a_n t^n + a_{n-1} t^{n-1} + \ldots + a_1 t + a_0 \,, \qquad (10)$$

so ist von vorneherein

$$j_0^\infty f \;=\; j_0^n f = f \,,$$

denn erstens verschwinden alle Ableitungen von f der Ordnung $> n$, und zweitens gibt es nur *ein* Polynom vom Grad $\leq n$, dessen Ableitungen bis zur Ordnung n bei 0 gegebene Werte annehmen. Es folgt: Eine Polynomfunktion (10) ist schon ihre eigene Taylorreihe an der Stelle 0. Man kann aber noch mehr sagen: Für beliebiges $a \in \mathbb{R}$ ist $j_a^\infty f \, (= j_a^n f)$ nichts anderes als "das nach Potenzen von $(t - a)$ entwickelte Polynom f" und stimmt wertmäßig für alle t mit $f(t)$ überein. $\bigcirc$

Um die obige Frage zu entscheiden, müßte man untersuchen, ob das Restglied

$$R_n(t) \;=\; \frac{f^{(n+1)}(\tau)}{(n+1)!} \, (t - a)^{n+1}$$

auf einem t-Intervall $I \;:= \;]a - \rho, a + \rho[$ mit $n \to \infty$ gegen 0 strebt. Im allgemeinen ist das der Fall, das heißt, es läßt sich ein Intervall I finden, auf dem (9) gilt.

⑩ Die Funktion

$$f(t) \;:=\; \frac{1}{1 - t}$$

besitzt die Ableitungen

$$f^{(k)}(t) \;=\; \frac{k!}{(1 - t)^{k+1}} \qquad (k \geq 0)$$

(siehe Beispiel ③). Somit ist

$$j_0^\infty f \,(t) = \sum_{k=0}^{\infty} \frac{f^{(k)}(0)}{k!} \, t^k$$

$$= \sum_{k=0}^{\infty} t^k \;=\; 1 + t + t^2 + \ldots \,,$$

und hier stellt die rechte Seite in der Tat auf dem Intervall $]{-}1, 1[$ die Funktion f dar. $\bigcirc$

Es gibt aber auch Gegenbeispiele:

⑪   Für jedes feste $n \geq 0$ gilt

$$\lim_{t \to 0} \frac{e^{-1/t^2}}{t^n} = \lim_{y \to \infty} \frac{e^{-y}}{y^{n/2}} = \lim_{y \to \infty} \frac{y^{n/2}}{e^y} = 0 \, ;$$

das heißt, es ist

$$e^{-1/t^2} = o(t^n) \qquad (t \to 0)$$

für jedes n. Hieraus folgt (ohne Beweis): Sämtliche Ableitungen der Funktion

$$f(t) \; := \; \begin{cases} e^{-1/t^2} & (t \neq 0), \\ 0 & (t = 0) \end{cases}$$

(Fig. 3.4.12) an der Stelle 0 sind 0. Dann ist aber auch

$$j_0^\infty f \; = \; 0 \qquad (\neq f) \, .$$

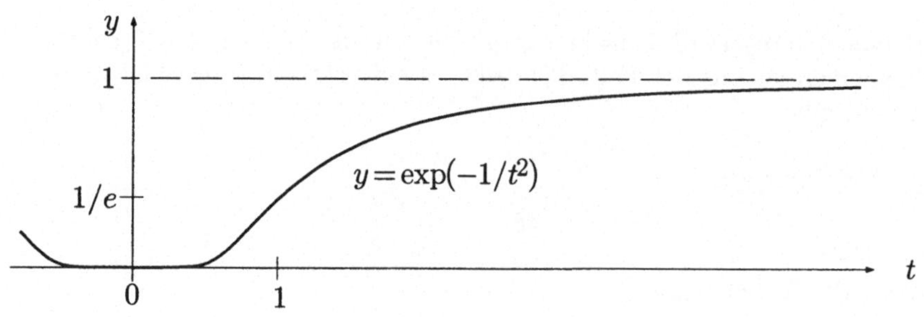

Fig. 3.4.12

Folgendes ist jedoch immer richtig:

(3.15) *Ist $f \colon I \to \mathbb{X}$ durch eine Potenzreihe definiert:*

$$f(t) \; := \; \sum_{k=0}^{\infty} c_k (t - a)^k \qquad (t \in I) \, ,$$

so ist diese Reihe auch schon die Taylor-Reihe von f an der Stelle a, das heißt, es gilt

$$c_k = \frac{f^{(k)}(a)}{k!} \qquad (k \in \mathbb{N}) \, .$$

$\ulcorner$ Wir dürfen die gegebene Potenzreihe gliedweise differenzieren (ohne Beweis), wobei dann der "vorderste" Term wegfällt:

$$f'(t) = \sum_{k=1}^{\infty} c_k \, k \, (t - a)^{k-1} \, .$$

Nach $r \geq 1$ derartigen Schritten ergibt sich

$$f^{(r)}(t) = \sum_{k=r}^{\infty} c_k \, k(k - 1) \cdots (k - r + 1) \, (t - a)^{k-r} \, .$$

Wenn wir das an der Stelle $t := a$ evaluieren, so liefert rechter Hand nur der konstante Term, also derjenige mit $k = r$, einen Beitrag, und wir erhalten

$$f^{(r)}(a) = c_r \, r! \, . \qquad\qquad \lrcorner$$

Aufgaben

1. (M) Bestimme die Taylor-Reihe der Funktion

$$f(t) := \frac{1}{1 - t^2}$$

   an der Stelle 0. Interpretiere das Ergebnis. (*Hinweis:* f läßt sich als Summe von zwei "einfacheren" Funktionen schreiben.)

2. Bestimme das Taylor-Polynom $j_0^2\tan(t)$ sowie eine im Intervall $-\frac{\pi}{6} \leq t \leq \frac{\pi}{6}$ gültige Fehlerabschätzung. (*Hinweis:* Verwende wiederholt $\tan' = 1 + \tan^2$.)

3. Aus dem Additionstheorem für den Tangens folgt relativ leicht die Formel

$$\frac{\pi}{4} = \arctan \frac{1}{2} + \arctan \frac{1}{3} \, .$$

   Man benütze diese Formel und die Taylor-Entwicklung des Arcustangens, um $\pi/4$ mit einem Fehler von höchstens 10^{-4} zu berechnen.

4. Jemand möchte sinh 1 auf hundert Dezimalstellen genau berechnen. Wieviele Glieder der Taylor-Entwicklung $j_0^\infty\sinh$ muß sie berücksichtigen?

5. (M) Die Gleichung $z^2 - 3z + 27 = 0$ besitzt eine Lösung in der Nähe von $z_0 := 1 + 5i$. Man führe zwei Newton-Schritte durch zur Bestimmung eines besseren Näherungswerts z_2.

6. Ⓜ Es sei

$$f(t) := \frac{t - t^3/3}{2 - t} \ .$$

Berechne das Taylor-Polynom $j_0^7 f(t)$ und zeichne in einer einzigen Figur (den Ausschnitt passend wählen) die Graphen von f, $j_0^1 f$, $j_0^2 f$, $\ldots$, $j_0^5 f$.

7. Ⓜ Entwickle die Funktion $f(t) := t^5$ an der Stelle $a := 2$ nach Taylor. Um genau zu sein: Verlangt ist das Polynom $j_2^3 f(t)$.

8. Bestimme die Taylor-Entwicklung der Funktion $f(t) := \cos t \cosh t$ an der Stelle $a := 0$.

   (a) Berechne die ersten sechs nichtverschwindenden Terme mit Hilfe von Ⓜ.

   (b) Erwünscht wäre eine Formel für den n-ten Koeffizienten. (*Hinweis:* Stelle f als Summe von Exponentialfunktionen dar.)

9. Ein divisionsfreier Algorithmus zur Berechnung von Kehrwerten: Fasse den Kehrwert einer Zahl $c \in \,]\,0, 2\,[$ als Lösung der Gleichung

$$\frac{1}{x} - c = 0$$

auf und wende das Newtonsche Verfahren an. Es resultiert eine einfache Rekursionsformel, die mit $x_0 := 1$ beginnend eine schnell gegen $1/c$ konvergente Folge x. produziert. Für eine Fehlerabschätzung betrachte man die weitere Folge $y_n := c x_n - 1$.

10. Behandle die Aufgabe 2.2.8 nocheinmal mit Hilfe des Newtonschen Verfahrens. Vergleiche die Konvergenzraten.

11. Ausgehend vom Näherungswert $x_0 := 1$ bestimme man mit Hilfe des Newtonschen Verfahrens die Nullstelle der Funktion $f(x) := x^2$. Man berechne explizit den n-ten Näherungswert x_n. Wie gut ist die Konvergenz, und warum ist sie nicht besser?

12. Die Funktion f ist für $x \neq 0$ definiert durch

$$f(x) := \frac{\sinh x - \sin x}{\cosh x - \cos x}$$

und an der Stelle $x = 0$ sinngemäß, d.h. durch $f(0) := \lim_{x \to 0} f(x)$. Berechne $f(0)$ und $f'(0)$. (*Hinweis:* Anfangsstücke der Taylor-Reihen von Zähler bzw. Nenner betrachten!)

13. Es sei
$$f(t) := \sin t + b\sin(2t) + c\sin(3t) \,,$$

wobei die Parameter b und c so festzulegen sind, daß die Ableitungen

$$f^{(k)}(0)\,, \qquad k = 0, 1, 2, \ldots\,,$$

bis zu möglichst hoher Ordnung verschwinden.

(a) Bestimme b und c.

(b) Es gilt dann
$$f(t) = t^r\big(A + o(1)\big) \qquad (t \to 0)\,.$$

Bestimme r und $A\ (\neq 0)$.

3.5. Differentialgleichungen I

Man erhält ein mathematisches Modell von einem realen, das heißt: in der
Natur frei vorkommenden System, indem man einige als wesentlich und in
ihrer Gesamtheit als ausreichend erachtete Zustandsgrößen (zum Beispiel:
Druck, Lage und Geschwindigkeit einzelner Komponenten, Stromstärken an
bestimmten Stellen eines Netzwerks usw.) herausgreift und sich überlegt,
wie diese Größen in ihrer zeitlichen Entwicklung aneinander gekoppelt sind.
Das Ergebnis dieser Überlegungen sind die sogenannten **konstituierenden
Gleichungen** des betreffenden Systems. Bei Systemen von endlich vielen
Freiheitsgraden sind das in aller Regel Differentialgleichungen oder Systeme
von Differentialgleichungen. Die Herleitung dieser Gleichungen gehört zur
Theorie des betreffenden realen Systems, die Mathematik stellt nur die Begriffe, wie "Ableitung", "Vektorraum", "periodisch" usw., zur Verfügung.
Es gibt über das Aufstellen eines mathematischen Modells keine "Metatheo-
rie" mit eigenen Lehrsätzen, die in entsprechenden Vorlesungen doziert werden könnte. Es ist vielmehr so, daß man nur an Hunderten von Beispielen
beobachten und nachvollziehen kann, wie das etwa vor sich geht.

① Eine radioaktive Substanz X wird durch Zerfall ihrer Atome abgebaut
zur Substanz Y, diese zur Substanz Z. Über den Zerfallsmechanismus macht
man sich folgende Vorstellungen: Die Wahrscheinlichkeit, daß ein einzelnes
zur Zeit t noch lebendes X-Atom in dem sehr kurzen Zeitintervall $[t, t + \Delta t]$
zerfällt, ist proportional zu Δt. Es gibt also eine Materialkonstante $\lambda > 0$
mit

$$P\big[\,\text{Zerfall in } [t, t + \Delta t]\,\big] \doteq \lambda \, \Delta t \, .$$

Im weiteren zerfallen die Atome unabhängig voneinander und unabhängig
von ihrer Vorgeschichte. Bezeichnet also $N(t)$ die Anzahl der zur Zeit t noch
lebenden X-Atome, so kann man erwarten, daß im Zeitintervall $[t, t + \Delta t]$
insgesamt

$$N(t) \cdot P\big[\,\text{Zerfall in } [t, t + \Delta t]\,\big]$$

Stück davon zerfallen. Folglich gilt

$$N(t + \Delta t) - N(t) \doteq -N(t)\,\lambda\,\Delta t \, . \tag{1}$$

Ein X-Atom hat die sehr kleine Masse m_X. Wir dürfen daher die zur Zeit t
vorhandene makroskopische Substanzmenge

$$x(t) := N(t)\,m_X$$

(= Totalmasse an Substanz X) als kontinuierliche Variable auffassen. Aus
(1) folgt sofort

$$x(t + \Delta t) - x(t) \doteq -x(t)\,\lambda\,\Delta t$$

und somit nach Division mit Δt:

$$\left(\dot{x}(t) \doteq\right) \quad \frac{x(t + \Delta t) - x(t)}{\Delta t} \doteq -\lambda\,x(t)\,,$$

wobei dieser Näherung eine sehr kurze Zeitspanne $\Delta t > 0$ zugrundeliegt. Nun kommt ein weiterer Gedankensprung: Wir "gehen zum Limes über" und erklären: Für die reellwertige Funktion $x(\cdot)$, die die Totalmasse an Substanz X modelliert, gilt *exakt*

$$\dot{x}(t) \;=\; -\lambda\,x(t)\,, \tag{2}$$

und zwar zu jedem Zeitpunkt t. In anderen Worten: Die unbekannte Funktion $x(\cdot)$ und ihre Ableitung $\dot{x}(\cdot)$ sind miteinander verknüpft durch die Gleichung

$$\dot{x} \;=\; -\lambda\,x\,.$$

Wir haben hier zum ersten Mal eine sogenannte **Differentialgleichung** vor uns. Die Unbekannte in dieser Gleichung ist nicht eine Zahl oder ein Vektor, sondern eine Funktion: Gesucht sind diejenigen Funktionen $t \mapsto x(t)$, die *identisch in* t die Gleichung (2) befriedigen.

Betrachten wir alle drei Substanzen gleichzeitig, so werden wir offenbar auf das Gleichungssystem

$$\left.\begin{array}{rclcl} x &=& -\lambda x & & \\ \dot{y} &=& \lambda x & -\mu y & \\ \dot{z} &=& & \mu y & \end{array}\right\} \tag{3}$$

geführt; dabei bezeichnet μ die Zerfallskonstante der Substanz Y. Ist $\mu < \lambda$, was wir im weiteren annehmen wollen, so zerfällt Y langsamer als X. Die Gleichungen (3) bilden die konstituierenden Gleichungen des betrachteten Substanzgemisches; sie gelten für alle Abläufe, bei denen diese drei Substanzen gleichzeitig im Spiel sind.

Ein real durchgeführtes Experiment beginnt zur Zeit $t := 0$ mit drei vorgegebenen Anfangsmengen

$$x(0) := x_0\,, \qquad y(0) := y_0\,, \qquad z(0) := z_0\,. \tag{4}$$

Die physikalische Anschauung sagt uns, daß der weitere Ablauf durch diese **Anfangsbedingungen** eindeutig bestimmt ist. Demnach ist zu erwarten, daß das System (3) a priori unendlich viele Lösungen besitzt und daß erst die Angaben (4) einen ganz bestimmten Ablauf

$$t \mapsto \big(x(t), y(t), z(t)\big)$$

aus dieser Lösungsgesamtheit $\mathcal{L}$ festlegen. In anderen Worten: Das **Anfangswertproblem** (3)$\wedge$(4) besitzt genau eine Lösung.

Wir wollen nun diese Lösung (auf unkomplizierte Weise) bestimmen. Als erstes erfüllt jedenfalls

$$x(t) := x_0\, e^{-\lambda t}$$

die auf $x(\cdot)$ allein bezüglichen Bedingungen. Für $y(\cdot)$ machen wir den naheliegenden Ansatz

$$y(t) = Ae^{-\lambda t} + Be^{-\mu t}\,,$$

wobei die Koeffizienten A und B noch bestimmt werden müssen. Es folgt

$$\dot{y}(t) = -A\lambda e^{-\lambda t} - B\mu e^{-\mu t}\,.$$

Aufgrund der zweiten Gleichung (3) ist nun dafür zu sorgen, daß *identisch in* t gilt:

$$-A\lambda e^{-\lambda t} - B\mu e^{-\mu t} = \lambda\,(x_0 e^{-\lambda t}) - \mu(Ae^{-\lambda t} + Be^{-\mu t})$$

bzw.

$$\big((\mu - \lambda)A - \lambda x_0\big)\, e^{-\lambda t} \equiv 0\,. \tag{5}$$

Falls es keine Lösung $y(t)$ der vorgeschlagenen Form gibt, so muß sich das jetzt herausstellen: Es ist dann unmöglich, die Gleichung (5) identisch in t zu befriedigen. Es geht aber: Mit

$$A = -\frac{\lambda x_0}{\lambda - \mu}$$

ist (5) erfüllt. Aufgrund der Anfangsbedingung für $y(\cdot)$ muß weiter $A+B = y_0$ sein, so daß wir

$$B = y_0 + \frac{\lambda x_0}{\lambda - \mu}$$

erhalten. Damit ist $y(\cdot)$ bestimmt zu

$$y(t) = y_0 e^{-\mu t} + \frac{\lambda x_0}{\lambda - \mu}(e^{-\mu t} - e^{-\lambda t})\,.$$

Für $z(\cdot)$ könnten wir ebenfalls einen geeigneten Ansatz mit unbestimmten Koeffizienten hinschreiben. Stattdessen bemerken wir, daß nach (3) gilt:

$$(x + y + z)^{\cdot} = \dot{x} + \dot{y} + \dot{z} = 0\,.$$

Hieraus folgt mit Satz **(3.8)**:

$$x(t) + y(t) + z(t) \equiv x_0 + y_0 + z_0 \qquad (t \in \mathbb{R})$$

("Erhaltung der Substanz"), und es ergibt sich

$$z(t) = x_0 + y_0 + z_0 - \big(x(t) + y(t)\big)$$

$$= z_0 + y_0(1 - e^{-\mu t}) + x_0\Big(1 - \frac{\lambda}{\lambda - \mu}e^{-\mu t} + \frac{\mu}{\lambda - \mu}e^{-\lambda t}\Big)\,.$$

Damit ist das Anfangswertproblem (3)$\wedge$(4) vollständig gelöst. Wie erwartet, gilt

$$\lim_{t\to\infty} x(t) = \lim_{t\to\infty} y(t) = 0\,, \qquad \lim_{t\to\infty} z(t) = x_0 + y_0 + z_0\,.$$

Figur 3.5.1 zeigt einen typischen Ablauf dieses Experiments. $\bigcirc$

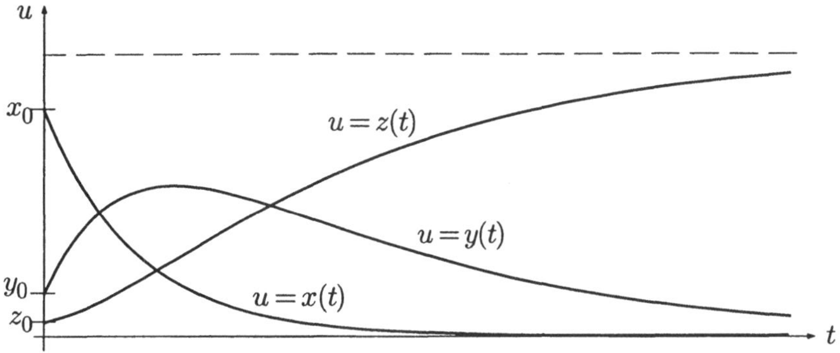

Fig. 3.5.1

② Wir betrachten das in Fig. 3.5.2 skizzierte mechanische System. Die
Feder übt (in beiden Richtungen) eine zum Ausschlag y proportionale Rück-
stellkraft aus, und die Dämpfung erzeugt eine zur Momentangeschwindigkeit
$\dot{y}$ proportionale Reibungskraft; überdies ist eine (zum Beispiel durch Ein-
und Ausschalten eines Magneten bewirkte) äußere Anregung ("Störkraft")
$K(t)$ vorgesehen, die als bekannt vorausgesetzt wird und auch $\equiv 0$ sein kann.
Es handelt sich hier um ein System mit einem einzigen Freiheitsgrad: Die
Aktion des Systems wird vollständig beschrieben durch das Verhalten der
einen Lagevariablen y.

In jedem Moment wirken auf den Massenpunkt drei Kräfte, die zusammen
eine Beschleunigung $\ddot{y}$ erzielen. Diese Vorstellung führt nach Newton auf die
Bewegungsgleichung

$$m\ddot{y} = -fy - b\dot{y} + K(t)$$

bzw.

$$m\ddot{y} + b\dot{y} + fy = K(t) \tag{6}$$

mit positiven Systemkonstanten m, b, f. Dies ist schon die konstituierende
Gleichung des vorliegenden Systems: Für jeden möglichen Ablauf $t \mapsto y(t)$
stehen die drei Funktionen $y(\cdot)$, $\dot{y}(\cdot)$ und $\ddot{y}(\cdot)$ in der Relation (6), und das
heißt: Es gilt *identisch in* t:

$$m\ddot{y}(t) + b\dot{y}(t) + fy(t) = K(t) \ . \tag{6'}$$

Die Gleichung (6) ist eine **lineare Differentialgleichung zweiter Ordnung mit
konstanten Koeffizienten**; sie ist **homogen**, falls $K(t) \equiv 0$ ist. Eine **Lösung**
dieser Gleichung ist eine Funktion $y(\cdot) : \mathbb{R} \curvearrowright \mathbb{R}$, die die Identität (6') realisiert.

Von den unendlich vielen möglichen Abläufen wird einer bestimmt, sobald
Anfangsbedingungen formuliert sind. Offenbar genügt es nicht, den Ausschlag zur Zeit $t = 0$ anzugeben, da verschiedene Anfangsgeschwindigkeiten

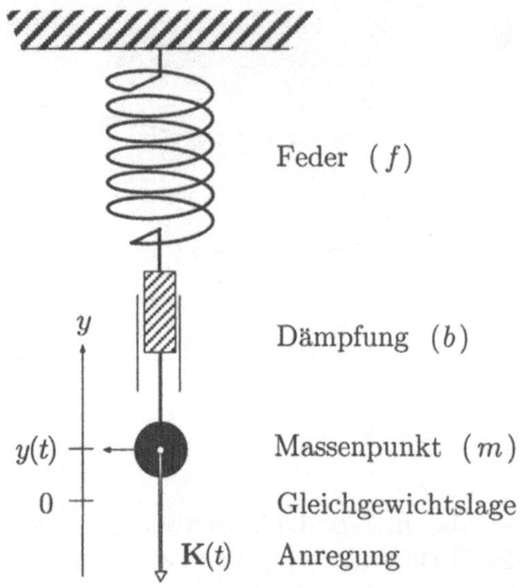

Fig. 3.5.2

zu ganz verschiedenen Abläufen führen. Die physikalische Anschauung sagt uns, daß folgender Satz von Anfangsbedingungen notwendig und hinreichend ist:

$$y(0) = y_0 \, , \qquad \dot{y}(0) = v_0 \, ; \tag{7}$$

dabei sind y_0 und v_0 vorgegebene Zahlen.

Eine allgemeine Methode zur Behandlung von (6) steht uns (noch) nicht zur Verfügung. Zur Vereinfachung beschränken wir uns im weiteren auf den homogenen ("ungestörten") Fall

$$m\ddot{y} + b\dot{y} + fy = 0 \, . \tag{8}$$

Die ähnliche, aber noch einfachere Gleichung

$$\dot{y} - ay = 0 \, , \qquad \text{bzw.} \qquad \dot{y} = ay$$

hat die Lösungen $y(t) = Ce^{at}$, $C \in \mathbb{R}$ beliebig. Wir versuchen daher für (8) den Lösungsansatz

$$y(t) := e^{\lambda t} \, ,$$

wobei wir uns die Wahl von λ noch vorbehalten. Wegen $\dot{y}(t) = \lambda e^{\lambda t}$, $\ddot{y}(t) = \lambda^2 e^{\lambda t}$ ist dieser Ansatz dann erfolgreich, wenn wir durch geeignete Wahl des (komplexen!) Parameters λ die "Einsetzung" in (8), also

$$m\lambda^2 e^{\lambda t} + b\lambda e^{\lambda t} + f e^{\lambda t} = 0 \qquad \text{bzw.} \qquad (m\lambda^2 + b\lambda + f)\, e^{\lambda t} = 0$$

identisch in t befriedigen können. Es zeigt sich, daß λ der quadratischen Gleichung

$$m\lambda^2 + b\lambda + f = 0 \tag{9}$$

genügen muß. Man nennt $\mathrm{chp}(\lambda) := m\lambda^2 + b\lambda + f$ das zu (8) gehörige **charakteristische Polynom**, (9) die **charakteristische Gleichung** und deren Lösungen die **Eigenwerte** von (8).

Eigenwerte sind die beiden (unter Umständen komplexen) Zahlen

$$\lambda_1 := \frac{-b + \sqrt{b^2 - 4fm}}{2m}\,, \qquad \lambda_2 := \frac{-b - \sqrt{b^2 - 4fm}}{2m}\,,$$

wobei wir für das weitere $b^2 - 4fm > 0$ annehmen wollen (starke Dämpfung), so daß λ_1 und λ_2 reell ausfallen, und zwar ist

$$\lambda_2 < \lambda_1 < 0\,.$$

Wir haben damit vorerst die beiden Lösungen

$$Y_1(t) := e^{\lambda_1 t}\,, \qquad Y_2(t) := e^{\lambda_2 t}\,.$$

Die Linearität und Homogenität der Gleichung (8) hat nun zur Folge, daß mit $Y_1(\cdot)$ und $Y_2(\cdot)$ von selbst auch jede **Linearkombination**

$$y(t) := c_1 Y_1(t) + c_2 Y_2(t)\,, \qquad c_1, c_2 \in \mathbb{R}\,, \tag{10}$$

eine Lösung von (8) ist:

$$\begin{aligned}
m\ddot{y} + b\dot{y} + fy &= m(c_1 Y_1 + c_2 Y_2)^{\cdot\cdot} + b(c_1 Y_1 + c_2 Y_2)^{\cdot} + f(c_1 Y_1 + c_2 Y_2) \\
&= c_1(m\ddot{Y}_1 + b\dot{Y}_1 + fY_1) + c_2(m\ddot{Y}_2 + b\dot{Y}_2 + fY_2) \\
&= 0\,.
\end{aligned}$$

Die zweiparametrige Funktionenschar (10) stellt schon die Gesamtheit $\mathcal{L}$ der Lösungen von (8) dar. Alle Lösungen nehmen mit $t \to \infty$ exponentiell ab (Fig. 3.5.3). Schreiben wir sie in der Form

$$\begin{aligned}
y(t) &= e^{\lambda_1 t}\left(c_1 + c_2 e^{(\lambda_2 - \lambda_1)t}\right) \\
&= e^{\lambda_1 t}\left(c_1 + o(1)\right) \qquad (t \to \infty)\,,
\end{aligned}$$

so sehen wir, daß die "Zeitkonstante" dieser Abnahme durch den grösseren Eigenwert λ_1 bestimmt ist, und weiter, daß es höchstens einen Nulldurchgang gibt, nämlich dann, wenn die monotone Funktion

$$t \mapsto c_1 + c_2 e^{(\lambda_2 - \lambda_1)t}$$

eine Nullstelle besitzt.

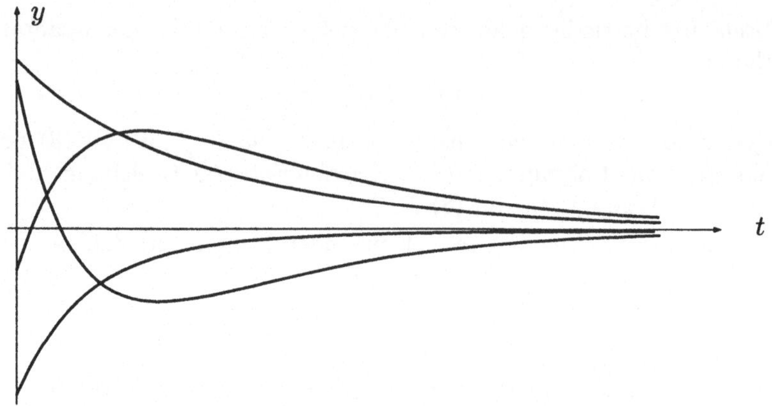

Fig. 3.5.3

Sind Anfangsbedingungen (7) vorgegeben, so werden dadurch die **Integrationskonstanten** c_1 und c_2 bestimmt. Wir müssen die Ausdrücke

$$y(t) = c_1 e^{\lambda_1 t} + c_2 e^{\lambda_2 t},$$
$$\dot{y}(t) = c_1 \lambda_1 e^{\lambda_1 t} + c_2 \lambda_2 e^{\lambda_2 t}$$

an der Stelle $t := 0$ betrachten und erhalten wegen $e^0 = 1$ das folgende Gleichungssystem:

$$\left.\begin{array}{rcrcl} c_1 & + & c_2 & = & y_0 \\ \lambda_1 c_1 & + & \lambda_2 c_2 & = & v_0 \end{array}\right\} \; .$$

Es folgt

$$c_1 = \frac{v_0 - \lambda_2 y_0}{\lambda_1 - \lambda_2}, \qquad c_2 = \frac{\lambda_1 y_0 - v_0}{\lambda_1 - \lambda_2},$$

so daß wir definitiv als Lösung des Anfangswertproblems (8)∧(7) erhalten:

$$y(t) = \frac{1}{\lambda_1 - \lambda_2} \left((v_0 - \lambda_2 y_0) e^{\lambda_1 t} + (\lambda_1 y_0 - v_0) e^{\lambda_2 t} \right) \; .$$

In diesen beiden einführenden Beispielen diente die Differentialgleichung zur Beschreibung eines gewissen zeitlichen Ablaufs; wir haben daher die unabhängige Variable mit t bezeichnet. Wir können aber auch geometrisch argumentieren; es geht dann um "Lösungskurven" in der (x, y)-Ebene.

Eine **Differentialgleichung erster Ordnung** hat allgemein folgende Form:

$$y' = f(x, y) \; ; \tag{11}$$

dabei ist die **rechte Seite** $f \colon \mathbb{R}^2 \curvearrowright \mathbb{R}$ eine *gegebene* Funktion mit einem gewissen Definitionsbereich $\Omega \subset \mathbb{R}^2$. Die Gleichung (11) definiert auf implizite Weise eine Kurvenschar in der (x,y)-Ebene, und zwar folgendermaßen: Für jedes $(x,y) \in \Omega$ stellt der Funktionswert $f(x,y)$ eine im Punkt (x,y) "angeschriebene" Steigung dar. Gefragt wird nach Funktionen

$$y(\cdot) \colon \quad x \mapsto y(x) \qquad (x \in I)\,,$$

mit Graphen $\mathcal{G}$, deren Tangentensteigung $y'(x)$ an jeder Stelle $(x_0, y_0) \in \mathcal{G}$ mit dem dort angeschriebenen f-Wert $f(x_0, y_0) = f\big(x_0, y(x_0)\big)$ übereinstimmt (Fig. 3.5.4). Diese Funktionen $y(\cdot)$ genügen also *identisch in x* der Beziehung

$$y'(x) = f\big(x, y(x)\big) \qquad (x \in I)\,.$$

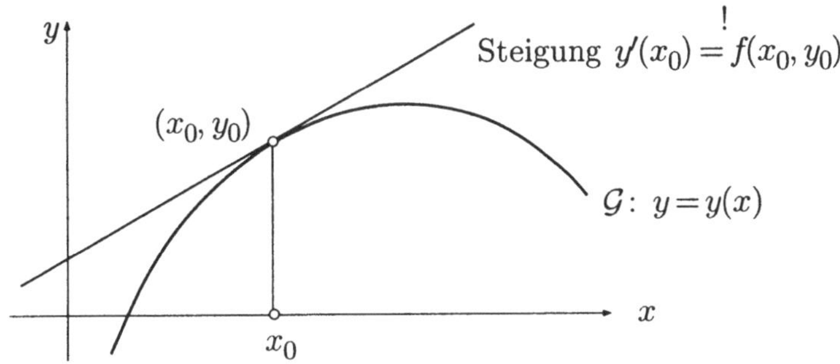

Fig. 3.5.4

In anderen Worten: Die Differentialgleichung (11) definiert ein **Richtungsfeld** in $\mathrm{dom}\,(f) = \Omega$ (Fig. 3.5.5). Gesucht sind diejenigen Kurven in Ω, die sich in jedem einzelnen Kurvenpunkt der dort gegebenen Richtung anschmiegen.

Anmerkung: In der Theorie der Differentialgleichungen ist es üblich, denselben Buchstaben als Koordinatenvariable *und* als Variable für Funktionen mit Werten in der betreffenden Koordinate zu nehmen, den Buchstaben y also als Koordinate in der (x,y)-Ebene und als Variable für Funktionen, deren Graph in der (x,y)-Ebene liegt.

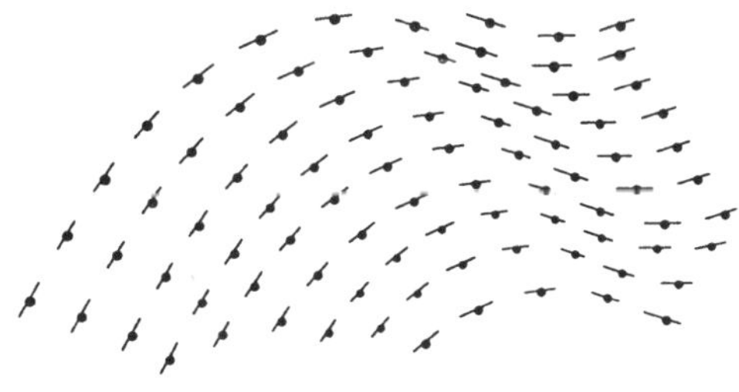

Fig. 3.5.5

In der allgemeinen Theorie der Differentialgleichungen werden die folgenden Grundtatsachen bewiesen:

(3.16) (a) *Ist $f\colon \Omega \to \mathbb{R}$ eine "vernünftige" Funktion, so bilden die Lösungen der Differentialgleichung $y' = f(x,y)$ eine einparametrige Funktionenschar*

$$y_c(\cdot)\colon \qquad x \mapsto y = y_c(x) \ .$$

(b) *Durch jeden Punkt $(x_0, y_0) \in \Omega$ geht genau eine Lösungskurve, in anderen Worten: Das* **Anfangswertproblem**

$$y' = f(x,y) \ , \qquad y(x_0) = y_0$$

besitzt eine eindeutig bestimmte Lösung

$$x \mapsto y(x) \qquad (x \in I) \ ,$$

wobei das Definitionsintervall I noch von (x_0, y_0) abhängen kann.

Für die Beweisidee verweisen wir auf Satz **(4.19)** und das daran anschließende Beispiel 4.6.①. — Zu (a): Der Parameter c "numeriert" sozusagen die einzelnen Lösungen.

③ Wir betrachten die Differentialgleichung

$$y' = -x/y \qquad (y > 0) \ .$$

Die im Punkt (x,y) vorgeschriebene Steigung

$$f(x,y) := -x/y$$

liefert die auf dem Ortsvektor (x,y) senkrecht stehende Richtung, denn $-x/y$ ist negativ reziprok zu y/x (Fig. 3.5.6). Die Lösungskurven sind offenbar Halbkreisbögen um O, und zwar geht durch jeden Punkt $(x_0, y_0) \in \mathrm{dom}\,(f)$ genau ein derartiger Bogen. Analytisch wird die Lösungsschar durch

$$y_c(x) = \sqrt{c^2 - x^2} \qquad (-c < x < c)$$

beschrieben. $\bigcirc$

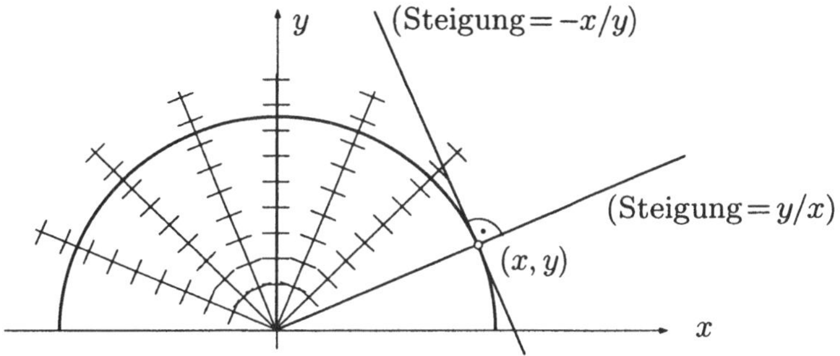

Fig. 3.5.6

④ Die Differentialgleichung

$$y' = 3\,|y|^{2/3}$$

besitzt die "ordentlichen" Lösungen

$$y_c(x) := (x - c)^3\,, \qquad c \in \mathbb{R}\,,$$

sowie die "außerordentliche" Lösung $y(x) :\equiv 0$; und wenn man will, kann man aus diesem Material weitere Lösungen fabrizieren (Fig. 3.5.7). Die zu den Punkten $(x_0, 0)$ gehörigen Anfangswertprobleme besitzen also mehrere Lösungen, in scheinbarem Widerspruch zu Satz (3.16). Dieses Phänomen hat folgenden Grund: Die rechte Seite $f(x, y) := 3|y|^{2/3}$ ist in den Punkten $(x_0, 0)$ nicht genügend "vernünftig" (genau: nicht lipstetig bezüglich y), denn die Differenzenquotienten

$$\left| \frac{f(x_0, y) - f(x_0, 0)}{y - 0} \right| = 3\,|y|^{-1/3}$$

sind für $y \to 0$ unbeschränkt.   ◯

Von der geometrischen Interpretation her kommt man auf das folgende einfache Verfahren zur numerischen Behandlung eines Anfangswertproblems

$$y' = f(x, y)\,, \qquad y(x_0) = y_0$$

(siehe die Fig. 3.5.8):

— Wähle eine Schrittweite $h > 0$.

— Für $k \geq 0$ setze rekursiv

$$x_{k+1} := x_k + h \qquad (\Longrightarrow\ x_n = x_0 + nh)\,,$$
$$y_{k+1} := y_k + f(x_k, y_k)\,h\,.$$

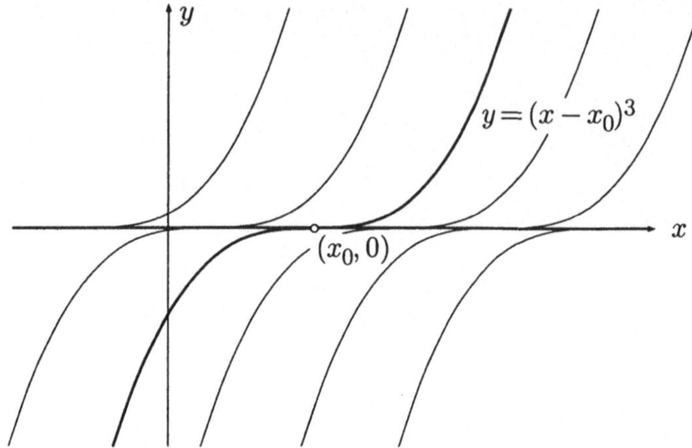

Fig. 3.5.7

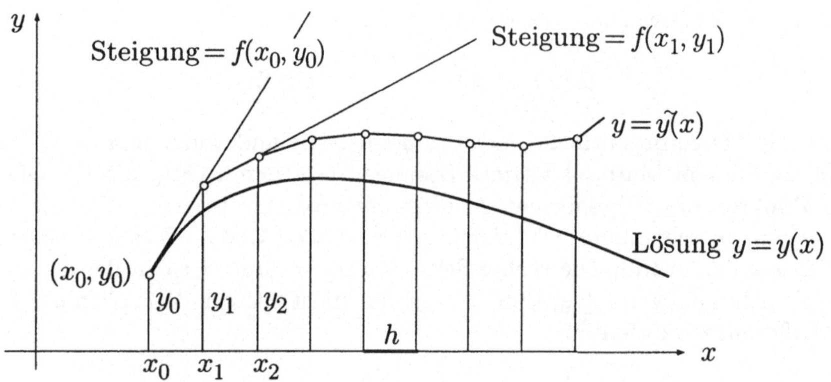

Fig. 3.5.8

Ist $y(\cdot)$ die tatsächliche Lösung des vorliegenden Anfangswertproblems, so liefert dieses sogenannte **Polygonverfahren** zunächst nur an diskreten Stellen x_k Näherungswerte y_k:

$$y(x_k) \;\dot=\; y_k \;.$$

Man kann aber die Punkte (x_k, y_k) durch einen Streckenzug oder auch durch eine glatte Kurve verbinden und erhält damit eine "angenäherte Lösung" $\tilde{y}(\cdot)$. Der Fehler $|\tilde{y}(x) - y(x)|$ ist natürlich um so kleiner, je kleiner die Schrittweite h gewählt wurde, und wächst im wesentlichen exponentiell mit der Distanz des Punktes x von x_0.

③ (Forts.) Wir behandeln das Anfangswertproblem

$$y' = -x/y \,, \qquad y(0) = 1$$

zunächst mit der Schrittweite $h := \frac{1}{16}$. Es ergibt sich

$$
\begin{aligned}
x_0 &= 0, & y_0 &= 1\,; \\
x_1 &= \tfrac{1}{16}, & y_1 &= y_0 + f(x_0, y_0)h = 1 - \tfrac{0}{1} \cdot \tfrac{1}{16} && = 1\,; \\
x_2 &= \tfrac{2}{16}, & y_2 &= y_1 + f(x_1, y_1)h = 1 - \tfrac{1/16}{1} \cdot \tfrac{1}{16} && = 0.9961\,; \\
x_3 &= \tfrac{3}{16}, & y_3 &= y_2 + f(x_2, y_2)h = 0.9961 - \tfrac{2/16}{0.9961} \cdot \tfrac{1}{16} = 0.9883\,; \\
&\ \ \vdots \\
x_8 &= \tfrac{8}{16}, & y_8 &= 0.8852\,.
\end{aligned}
$$

Damit erhalten wir den Näherungswert $y\left(\frac{1}{2}\right) \doteq 0.8852$. Wählen wir stattdessen $h := \frac{1}{256}$, so liefert die Rechnung

$$
y\left(\frac{1}{2}\right) \doteq y_{128} = 0.86726\,.
$$

Nun ist ja die wahre Lösung der Kreisbogen $y = \sqrt{1 - x^2}$. Der exakte Wert
an der Stelle $x := \frac{1}{2}$ ist somit

$$
y\left(\frac{1}{2}\right) = \sqrt{\frac{3}{4}} = 0.8660\,.
$$

Eine **Differentialgleichung zweiter Ordnung**

$$
y'' = f(x, y, y')
$$

definiert eine zweiparametrige Kurvenschar in der (x, y)-Ebene. Gefragt wird
nach denjenigen Funktionen

$$
x \mapsto y(x) \qquad (x \in I)\,,
$$

deren Graphen $\mathcal{G}$ an jeder Stelle $(x, y) \in \mathcal{G}$ die dort je nach Steigung y'
vorgeschriebene "Krümmung" $y'' = f(x, y, y')$ haben; siehe die Fig. 3.5.9.
(Die dort durch den Punkt (x_0, y_0) gehenden Lösungskurven sind je nach
Steigung verschieden stark gekrümmt.)

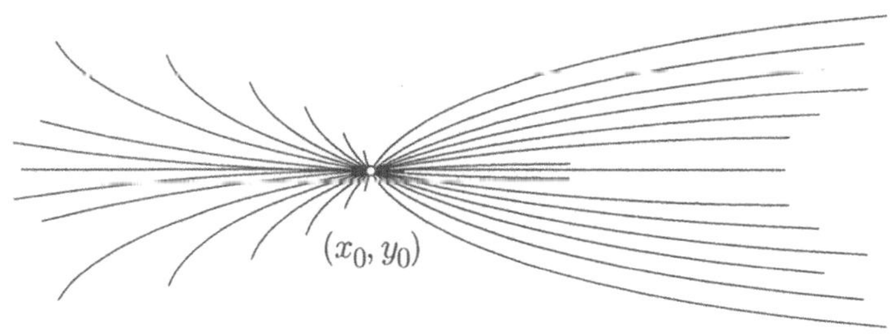

Fig. 3.5.9

Die Lösungsfunktionen $y(\cdot)$ genügen also *identisch in x* der Beziehung

$$y''(x) \; = \; f\big(x, y(x), y'(x)\big) \qquad (x \in I) \, .$$

Für eine Differentialgleichung zweiter Ordnung sieht ein korrekt gestelltes Anfangswertproblem folgendermaßen aus:

$$y'' = f(x, y, y') \, , \qquad y(x_0) = y_0 \, , \quad y'(x_0) = v_0 \, .$$

Hier ist $f \colon \mathbb{R}^3 \curvearrowright \mathbb{R}$ eine gegebene Funktion, und die Anfangswerte y_0, v_0 sind gegebene Zahlen (vgl. Beispiel ②).

In Wirklichkeit kommen Differentialgleichungen höherer als vierter Ordnung kaum vor, wohl aber **Systeme von** n ($\gg 1$) **Differentialgleichungen erster Ordnung** für n unbekannte Funktionen, siehe Beispiel ①. Ein derartiges System sieht allgemein folgendermaßen aus:

$$\left.\begin{aligned} \dot{x}_1 &= f_1(t, x_1, \ldots, x_n) \\ \dot{x}_2 &= f_2(t, x_1, \ldots, x_n) \\ &\;\;\vdots \\ \dot{x}_n &= f_n(t, x_1, \ldots, x_n) \end{aligned}\right\} \, . \tag{12}$$

Tritt die Variable t rechter Hand nicht in Erscheinung, so spricht man von einem **autonomen** ("sich selbst überlassenen") System. Die i-te Gleichung,

$$\dot{x}_i = f_i(t, x_1, \ldots, x_n) \qquad \text{bzw.} \qquad \dot{x}_i = f_i(x_1, \ldots, x_n),$$

drückt aus, in welcher Weise die zeitliche Änderungsrate der Grösse x_i (zum Beispiel des Drucks im Reaktorgefäß Nr. i) vom augenblicklichen Wert aller einbezogenen Größen x_1, ..., x_n und allenfalls von t-abhängigen äußeren Einflüssen abhängt.

Der Existenz- und Eindeutigkeitssatz **(3.16)**(b) wird von Anfang an für Systeme bzw. in vektorieller Form angesetzt und bewiesen. Es geht dann um Anfangswertprobleme der folgenden Gestalt:

$$\dot{\mathbf{x}} \; = \; \mathbf{f}(\mathbf{x}, t) \, , \qquad \mathbf{x}(t_0) = \mathbf{x}_0 \, .$$

Mit Hilfe eines einfachen Tricks lassen sich Differentialgleichungen höherer Ordnung in ein System der Form (12) verwandeln. Damit werden die für derartige Systeme entwickelten numerischen Methoden auch für Differentialgleichungen höherer Ordnung verfügbar. Es sei also eine Differentialgleichung

$$y^{(n)} \; = \; f\big(t, y, y', \ldots, y^{(n-1)}\big) \tag{13}$$

vorgelegt. Die Idee besteht darin, die unbekannte Funktion $y(\cdot)$ durch Übergang zur sogenannten **Jet-Extension**

$$\left(y, y', y'', \ldots, y^{(n-1)}\right) =: (x_0, x_1, \ldots, x_{n-1})$$

in ein n-komponentiges Objekt zu verwandeln, für das dann n Differentialgleichungen erster Ordnung hingeschrieben werden können. Diese n Differentialgleichungen lauten folgendermaßen:

$$\left.\begin{aligned}
\dot{x}_0 &= x_1 \\
\dot{x}_1 &= x_2 \\
&\ \ \vdots \\
\dot{x}_{n-2} &= x_{n-1} \\
\dot{x}_{n-1} &= f(t, x_0, x_1, \ldots, x_{n-1})
\end{aligned}\right\} \ . \tag{14}$$

Hier sorgen die ersten $n-1$ Gleichungen dafür, dass jedes x_k $(1 \leq k \leq n-1)$ die Ableitung seines Vorgängers x_{k-1} und folglich die k-te Ableitung von x_0 ist, und die letzte Gleichung garantiert

$$x_0^{(n)} = \frac{d}{dt} x_0^{(n-1)} = \dot{x}_{n-1} = f(t, x_0, x_1, \ldots, x_{n-1}) = f\left(t, x_0, x_0', \ldots, x_0^{(n-1)}\right) \ .$$

Ist also

$$t \mapsto \left(x_0(t), x_1(t), \ldots, x_{n-1}(t)\right)$$

eine Lösung des Systems (14) bzw. eines zugehörigen Anfangswertproblems, so ist $y(t) := x_0(t)$ eine Lösung der ursprünglichen Differentialgleichung (13).

Es gibt keinen Algorithmus, mit dem man jede formelmäßig vorliegende Differentialgleichung formelmäßig lösen ("integrieren") kann, genau so wenig, wie es einen Algorithmus gibt, der beliebige Gleichungen für eine unbekannte Zahl x, zum Beispiel

$$x^3 + \sin x - e^{-x} = 0 \, ,$$

akzeptiert und nach endlich vielen Operationen die exakte Lösung liefert. Es gibt hingegen wichtige Typen und Klassen von Differentialgleichungen, die formelmässig gelöst werden können; wir werden im folgenden einige davon behandeln. Das vollständigste Verzeichnis derartiger "lösbarer" Differentialgleichungen findet sich in

E. Kamke: Differentialgleichungen — Lösungsmethoden und Lösungen. 10. Auflage, 1983 (Teubner).

Aufgaben

1. Es sei $s > 0$ gegeben. Man bestimme die Differentialgleichung der Kurven γ: $y = y(x)$ im ersten Quadranten, die die Eigenschaft (a) bzw. (b) bzw. (c) besitzen.

   (a) Die Tangentenabschnitte zwischen Berührungspunkt und x-Achse besitzen alle dieselbe Länge s.

   (b) Die Tangentenabschnitte zwischen den beiden Koordinatenachsen besitzen alle dieselbe Länge s.

   (c) Die Dreiecke, begrenzt durch Tangente, Ordinate im Berührungspunkt und x-Achse, haben alle denselben Flächeninhalt s^2.

2. Bestimme die Differentialgleichung des freien Falls

   (a) in der Nähe der Erdoberfläche, unter Vernachläßigung des Luftwiderstands;

   (b) über der Erdoberfläche, wobei nun die Abnahme der Schwerkraft zu berücksichtigen ist;

   (c) im Erdinnern.

   An physikalischen Konstanten erscheinen nur die Erdbeschleunigung $g = 9.81$ m/sec^2 und der Erdradius R im Ergebnis. Für (c) muß man wissen, daß die den fallenden Körper umfassende Erdrinde keine Kraft auf ihn ausübt und die weiter innen liegende Erdmasse so wirkt, als ob sie im Erdmittelpunkt konzentriert wäre.

3. (a) Es sei
$$\Gamma : \qquad x^2 + (y - c)^2 = c^2 \quad (c \in \mathbb{R})$$

   die Schar der Kreise, die die x-Achse im Ursprung berühren. Leite mit Hilfe geometrischer Betrachtungen die Differentialgleichung $y' = f(x, y)$ dieser Schar her.

   (b) Eine **Orthogonaltrajektorie** der Schar Γ ist eine Kurve σ, die in jedem ihrer Punkte die Scharkurve γ durch den betreffenden Punkt senkrecht schneidet. Wie lautet die Differentialgleichung der Orthogonaltrajektorien?

   (c) Zeichne einige Kreise der Schar Γ sowie einige Orthogonaltrajektorien. Die Figur bringt einen auf eine plausible Vermutung betreffend die Orthogonalschar $\Gamma^{\perp}$. Beweise diese Vermutung elementargeometrisch.

   (d) Verifiziere, daß die in (c) geometrisch ermittelten Orthogonaltrajektorien in der Tat Lösungen der in (b) gefundenen Differentialgleichung sind.

4. (a) Zeichne das Richtungsfeld der Differentialgleichung
$$y' = \min\{y, 1\} \ .$$

(b) Bestimme explizit die beiden Lösungen $y_1(x)$, $y_2(x)$ mit den Anfangs-
punkten

$$P_1 := (0, -1), \qquad P_2 := \left(0, \frac{1}{e}\right).$$

5. Ⓜ Das Anfangswertproblem

$$y' = y^2 - x^2, \qquad y(0) = 1$$

besitzt eine Lösung der Form $y(x) = c_0 + c_1 x + c_2 x^2 + \ldots$, womit eine
Potenzreihe gemeint ist. Bestimme $c_0, \ldots, c_4$.

3.6. Differentialgleichungen II

Nach den vorbereitenden Beispielen und allgemeinen Bemerkungen des vorangehenden Abschnitts sind wir reif für die formale Behandlung einer wichtigen Klasse von Differentialgleichungen. Die betreffenden Differentialgleichungen werden nicht mit Hilfe der Integralrechnung "integriert", sondern mit Hilfe eines geeigneten Ansatzes. Die in Beispiel 3.5.② behandelte Gleichung (8) gehört zu dieser Klasse und letzten Endes auch das System (3) von Beispiel 3.5.①. — Die nun folgende Theorie ist eine schöne Anwendung der linearen Algebra auf die Analysis.

Wir bezeichnen die unabhängige Variable wieder mit t und verwenden den Buchstaben y, auch mit Index, als Variable für beliebig oft differenzierbare reell- oder komplexwertige Funktionen von t:

$$y: \quad \mathbb{R} \to \mathbb{R} \quad \text{bzw.} \quad \mathbb{R} \to \mathbb{C}, \qquad t \mapsto y(t) \ .$$

Die Gesamtheit dieser Funktionen bezeichnen wir mit C^∞. — Eine Differentialgleichung der Form

$$y^{(n)} + a_{n-1} y^{(n-1)} + \ \ldots \ + a_1 y' + a_0 y \ = \ 0 \tag{1}$$

mit reellen oder komplexen a_i heißt **homogene lineare Differentialgleichung mit konstanten Koeffizienten**. Sind die a_i reell, so werden reellwertige Lösungen gewünscht, sind die a_i komplex, so dürfen auch die Lösungen komplex sein.

Es ist in diesem Zusammenhang üblich, die Ableitungsoperation mit D zu bezeichnen:

$$D: \quad y \mapsto Dy := y' \ .$$

In dieser Auffassung ist D ein **linearer Operator**, nämlich eine lineare Abbildung von C^∞ nach C^∞. Dieser Operator akzeptiert C^∞-Funktionen als Input und produziert C^∞-Funktionen als Output, und für beliebige y_1, $y_2 \in C^\infty$, $\alpha \in \mathbb{C}$ gilt

$$D(y_1 + y_2) = Dy_1 + Dy_2 , \qquad D(\alpha y) = \alpha \, Dy \ .$$

Sind A und B zwei derartige Operatoren (zum Beispiel Potenzen von D, es gibt aber auch andere), so ist ihre Summe $A + B$ (wie die Summe von zahlenwertigen Funktionen) in naheliegender Weise definiert durch

$$(A + B)\, y \ := \ Ay + By \ ,$$

analog das α-fache von A durch

$$(\alpha A)\, y \ := \ \alpha \, (Ay) \ .$$

Diese Vereinbarungen setzen uns instand, die linke Seite von (1) in wesentlich kompakterer Form zu schreiben:

$$
\begin{aligned}
y^{(n)} + a_{n-1}y^{(n-1)} &+ \ldots + a_1 y' + a_0 y \\
&= D^n y + a_{n-1} D^{n-1} y + \ldots + a_1 D y + a_0 y \\
&= (D^n + a_{n-1} D^{n-1} + \ldots + a_1 D + a_0)\, y \\
&= L\, y \; .
\end{aligned}
$$

In dem **Differentialoperator**

$$
L := D^n + a_{n-1} D^{n-1} + \ldots + a_1 D + a_0 \tag{2}
$$

sind sämtliche vorzunehmenden Differentiationen eingespeichert, so daß nunmehr (1) die suggestive Form

$$
L\, y \; = \; 0 \tag{1'}
$$

erhält.

Das mit den Koeffizienten von (1) "rein formal" gebildete Polynom

$$
\mathrm{chp}\,(\lambda) \; := \; \lambda^n + a_{n-1}\lambda^{n-1} + \ldots + a_1 \lambda + a_0
$$

in der (komplexen) Hilfsvariablen λ heißt **charakteristisches Polynom** der Differentialgleichung (1); es wird in unserer Theorie eine zentrale Rolle spielen. Mit Hilfe dieses Polynoms können wir jedenfalls die Definition (2) von L in der folgenden Form schreiben:

$$
L \; := \; \mathrm{chp}\,(D) \; . \tag{2'}
$$

Wir benötigen noch einen Begriff aus der linearen Algebra: Eine endliche Kollektion $\{y_1, y_2, \ldots, y_r\}$ von Funktionen $y_k \in C^\infty$ heißt **linear unabhängig**, wenn keine dieser Funktionen eine Linearkombination der übrigen ist.

Bsp: Die Funktionen exp, cos, sin sind linear unabhängig, die Funktionen exp, cosh, sinh aber nicht, denn es ist

$$
e^t \; \equiv \; \cosh t + \sinh t \; .
$$

Die Gesamtheit der Lösungen von (1) bzw. (1') bezeichnen wir mit $\mathcal{L}$. Diese Lösungsmenge $\mathcal{L}$ ist nicht einfach ein Sack voll Funktionen, sondern besitzt eine bestimmte algebraische Struktur:

(3.17) *$\mathcal{L}$ ist ein n-dimensionaler (reeller oder komplexer) Vektorraum; das heißt:*

(a) *Sind y_1, y_2 und y Lösungen, so sind auch $y_1 + y_2$ und αy $(\alpha \in \mathbb{R}$ bzw. $\in \mathbb{C})$ Lösungen.*

(b) *Es gibt in $\mathcal{L}$ eine Basis von n linear unabhängigen Lösungen y_0, y_1, ...,
y_{n-1}. Insbesondere ist jede Lösung $y \in \mathcal{L}$ in der Form*

$$y = c_0 y_0 + c_1 y_1 + \ldots + c_{n-1} y_{n-1}$$

mit geeigneten Koeffizienten $c_k \in \mathbb{R}$ bzw. $\in \mathbb{C}$ darstellbar.

Nach diesem Satz kennen wir alle Lösungen, wenn wir n linear unabhängige
Lösungen kennen. Beachte, daß die Basis von $\mathcal{L}$ (wie immer in der linearen
Algebra) nicht eindeutig bestimmt ist.

$\ulcorner$ Unser $L\colon C^\infty \to C^\infty$ ist ein linearer Operator. Aus y_1, y_2, $y \in \mathcal{L}$ folgt
daher

$$L(y_1 + y_2) = Ly_1 + Ly_2 = 0\,, \qquad L(\alpha y) = \alpha\,(Ly) = 0\,,$$

das heißt: $y_1 + y_2 \in \mathcal{L}$, $\alpha y \in \mathcal{L}$. Dies beweist (a).

Zum Beweis von (b) lösen wir n verschiedene Anfangswertprobleme, nämlich
für jedes $r \in \{0, 1, 2, \ldots, n-1\}$ das Problem

$$\mathrm{AWP}_r : \quad \left\{ \begin{array}{rl} Ly &= 0\,; \\[4pt] y^{(k)}(0) &= 0 \qquad (0 \le k \le n-1,\ k \ne r)\,, \\[4pt] y^{(r)}(0) &= 1\,. \end{array} \right.$$

Jedes dieser n Probleme besitzt nach Satz **(3.16)**(b) (bzw. dessen Analogon
für Differentialgleichungen n-ter Ordnung) eine wohlbestimmte Lösung $y_r(\cdot)$.
Die n Funktionen $y_0(\cdot)$, $y_1(\cdot)$, ... $y_{n-1}(\cdot)$ sind linear unabhängig, denn jedes
$y_r(\cdot)$ besitzt eine Eigenschaft, die von keiner Linearkombination der übrigen
produziert werden kann: Es ist $y_r^{(r)}(0) = 1$, aber $y_k^{(r)}(0) = 0$ für alle $k \ne r$.
Es sei $\tilde{y} \in \mathcal{L}$ eine beliebige Lösung, und es seien $c_k := \tilde{y}^{(k)}(0)$ $(0 \le k \le n-1)$
ihre Ableitungswerte bis zur Ordnung $n-1$ an der Stelle 0. Dann ist

$$\tilde{y} = c_0 y_0 + c_1 y_1 + \ldots + c_{n-1} y_{n-1}\,;$$

denn beide Seiten dieser Gleichung sind Lösungen desselben Anfangswertproblems

$$Ly = 0\,, \qquad y^{(k)}(0) = c_k \quad (0 \le k \le n-1)\,,$$

nämlich $\tilde{y}$ nach Definition der c_k und die rechte Seite wegen der besonderen
Anfangswerte $y_r^{(k)}(0) = \delta_{rk}$. Hiernach bilden die n Funktionen $y_0(\cdot)$, ...,
$y_{n-1}(\cdot)$ eine Basis von $\mathcal{L}$. $\lrcorner$

Die Basis von $\mathcal{L}$, die wir im folgenden explizit angeben werden, ist allerdings nicht die Kollektion y_0, y_1, ..., y_{n-1} von Satz **(3.17)**, sondern besteht aus n anderen Funktionen Y_k $(1 \le k \le n)$, die mit der Zerlegung des charakteristischen Polynoms in Linearfaktoren zusammenhängen. Die Bestimmung der bei einem vorgelegten Anfangswertproblem waltenden Konstanten c_k ist dann allerdings nicht mehr gratis wie bei den $y_r(\cdot)$ von Satz **(3.17)**, sondern erfordert die Auflösung eines linearen Gleichungssystems; siehe den Schluß von Beispiel 3.5.②.

Angelpunkt der ganzen Theorie ist der folgende Sachverhalt: Für jedes $k \ge 0$ gilt

$$D^k(e^{\lambda t}) \;=\; \lambda^k\, e^{\lambda t}\,,$$

und durch Linearkombination folgt für ein beliebiges Polynom $p(\cdot)$:

$$p(D)(e^{\lambda t}) \;=\; p(\lambda)\, e^{\lambda t}\,.$$

Versuchen wir daher, die Gleichung (1) mit dem Ansatz

$$y(t) \;:=\; e^{\lambda t}$$

zu befriedigen, so muß gelten:

$$Ly = \mathrm{chp}\,(D)(e^{\lambda t}) = \mathrm{chp}\,(\lambda)\, e^{\lambda t} \overset{!}{\equiv} 0\,,$$

und dies ist wegen $e^{\lambda t} \ne 0$ genau dann erfüllt, wenn

$$\big(\,\mathrm{chp}\,(\lambda) =\big) \qquad \lambda^n + a_{n-1}\lambda^{n-1} + \ldots + a_1\lambda + a_0 \;=\; 0 \qquad (3)$$

ist $\big($vgl. Beispiel 3.5.②!$\big)$. Die Gleichung (3) wird als **charakteristische Gleichung** von (1) bezeichnet; ihre n reellen oder komplexen Lösungen λ_1, λ_2, ..., λ_n sind die **Eigenwerte**, die Menge $\{\lambda_1, \ldots, \lambda_n\} =:\ \mathrm{spec}\,L$ ist das **Spektrum** des Operators $L := \mathrm{chp}\,(D)$.

Besitzt (3) n verschiedene Lösungen λ_1, ..., $\lambda_n \in \mathbb{R}$ oder meinetwegen $\in \mathbb{C}$, so sind wir fertig. Es ist nämlich plausibel, daß dann die n Funktionen

$$Y_k(t) \;:=\; e^{\lambda_k t} \qquad (4)$$

linear unabhängig sind (sie wachsen mit $t \to \infty$ ganz verschieden rasch an) und somit eine Basis des Lösungsraums $\mathcal{L}$ bilden. Die Sache hat zwei Haken:

(a) Die charakteristische Gleichung kann komplexe Nullstellen λ_k haben, obwohl die Koeffizienten a_i reell sind. Die zugehörigen Funktionen (4) sind dann komplexwertig und werden vom Auftraggeber unter Umständen nicht akzeptiert.

(b) Die charakteristische Gleichung kann mehrfache Nullstellen haben, so
     daß es weniger als n verschiedene Eigenwerte und zugehörige Eigenfunk-
     tionen (4) gibt.

Zu (a):   Sind die Koeffizienten a_i von chp *reell*, so bringt die Anwendung
des Operators $L := \text{chp}\,(D)$ auf eine komplexe Funktion $z(\cdot)$ die Real- und
Imaginärteile nicht durcheinander. Ist $z(\cdot)$ eine komplexe Lösung von (1),
so müssen demnach der Realteil und der Imaginärteil von $z(\cdot)$ je für sich die
Gleichung (1) befriedigen; das heißt: $\operatorname{Re} z$ und $\operatorname{Im} z$ sind dann automatisch
reelle Lösungen der Differentialgleichung (1).

Es sei jetzt (bei reellen Koeffizienten a_i) die Zahl

$$\lambda_0 \;:=\; \mu_0 + i\nu_0\,, \qquad \nu_0 \neq 0\,,$$

ein echt komplexer Eigenwert. Nach Beispiel 1.7.② ist dann die konjugiert
komplexe Zahl $\bar\lambda_0 = \mu_0 - i\nu_0$ ebenfalls ein Eigenwert (der gleichen Vielfach-
heit), und wir haben die beiden (wesentlich verschiedenen!) komplexwertigen
Eigenfunktionen (also Lösungen)

$$Z_0(t) \;:=\; e^{\lambda_0 t}\,, \qquad \bar Z_0(t) \;:=\; e^{\bar\lambda_0 t}\,.$$

Nach dem oben Gesagten sind in diesem Fall die Funktionen

$$Z_1(t) \;:=\; \operatorname{Re} Z_0(t) = e^{\mu_0 t}\cos(\nu_0 t)\,,$$
$$Z_2(t) \;:=\; \operatorname{Im} Z_0(t) = e^{\mu_0 t}\sin(\nu_0 t)\,,$$

(zwar keine Eigenfunktionen, aber) linear unabhängige reelle Lösungen von
(1), die sozusagen im Verein die beiden Eigenwerte λ_0 und $\bar\lambda_0$ gepachtet haben
(die analoge Zerlegung von $\bar Z_0(\cdot)$ bringt nichts Neues).

① Betrachte für ein festes $\omega > 0$ die Differentialgleichung zweiter Ordnung

$$y'' + \omega^2 y = 0\,.$$

Es handelt sich um die **Differentialgleichung der** (ungedämpften) **harmonischen Schwingung**. Ihre charakteristische Gleichung

$$\lambda^2 + \omega^2 = 0$$

besitzt die beiden Lösungen $\lambda_1 := i\omega$, $\lambda_2 := -i\omega$. Die allgemeinste komplexwertige Lösung $z(\cdot)$ der Schwingungsgleichung ist daher

$$z(t) \;:=\; c_1 e^{i\omega t} + c_2 e^{-i\omega t}\,, \qquad c_1, c_2 \in \mathbb{C}\,,$$

und läßt sich als elliptische Bewegung in der komplexen Ebene auffassen.
Man kann nämlich $z(\cdot)$ in der Form

$$z(t) = (c_1 + c_2)\cos(\omega t) + i(c_1 - c_2)\sin(\omega t)$$

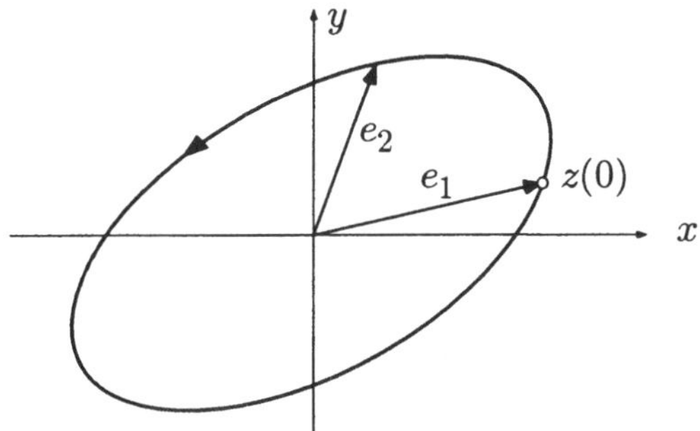

Fig. 3.6.1

schreiben und erkennt die Vektoren $e_1 := c_1 + c_2$ und $e_2 := i(c_1 - c_2)$ als konjugierte Halbmesser (Fig. 3.6.1).

Der Raum der *reellen* Lösungen $x(\cdot)$ der Schwingungsgleichung wird aufgespannt von den beiden Funktionen

$$Z_1(t) := \mathrm{Re}\,(e^{i\omega t}) = \cos(\omega t)\,,$$

$$Z_2(t) := \mathrm{Im}\,(e^{i\omega t}) = \sin(\omega t)\,;$$

die allgemeinste reelle Lösung ist daher die harmonische Schwingung

$$x(t) = a\cos(\omega t) + b\sin(\omega t)\,, \qquad a, b \in \mathbb{R}\,.$$

Hieran schließen wir noch die folgenden Bemerkungen:

Eine homogene lineare Differentialgleichung erster Ordnung mit konstanten reellen Koeffizienten bringt keine Oszillationen zustande, sondern immer nur exponentielle Zu- bzw. Abnahme. Etwas anderes ist es bei einem System von zwei Differentialgleichungen erster Ordnung, zum Beispiel

$$\left.\begin{array}{rcl} \dot{x} &=& -y \\ \dot{y} &=& x \end{array}\right\}\,.$$

Dieses besonders einfache System besitzt die Lösungen

$$\left.\begin{array}{rcl} x(t) &:=& A\cos(t+\alpha) \\ y(t) &:=& A\sin(t+\alpha) \end{array}\right\}\,.$$

Die Behandlung allgemeiner derartiger Systeme führt auf Eigenwertaufgaben im Sinn der linearen Algebra. So können wir das System (3) von Beispiel 3.5.① auf folgende Weise in Matrizenform schreiben:

$$\begin{bmatrix} \dot{x} \\ \dot{y} \\ \dot{z} \end{bmatrix} = \begin{bmatrix} -\lambda & 0 & 0 \\ \lambda & -\mu & 0 \\ 0 & \mu & 0 \end{bmatrix} \begin{bmatrix} x \\ y \\ z \end{bmatrix}\,.$$

Dieses System besitzt die drei Eigenwerte $-\lambda$, $-\mu$ und 0. $\bigcirc$

Zu (b): Hier müssen wir weiter bohren. Die einfachste Differentialgleichung (1) mit mehrfachen Eigenwerten lautet offenbar

$$D^m y = 0 \; . \tag{5}$$

Die zugehörige charakteristische Gleichung

$$\lambda^m = 0$$

besitzt die m-fache Nullstelle 0. Die Lösungen von (5) sind leicht zu erraten: Es sind die Polynome vom Grad $< m$; das heißt, die allgemeine Lösung ist

$$y(t) \; := \; c_0 + c_1 t + \ldots + c_{m-1} t^{m-1} \; , \qquad c_k \in \mathbb{R} \; (\text{bzw.} \in \mathbb{C}) \; . \tag{6}$$

Wir müssen daher auch im allgemeinen Fall damit rechnen, daß Polynome ins Spiel kommen, und einen entsprechenden Ansatz bereithalten. Wir nehmen also an, $\lambda_0 \in \mathbb{C}$ sei eine m-fache Nullstelle von chp; dann ist

$$\mathrm{chp}\,(\lambda) = \hat{p}(\lambda)\,(\lambda - \lambda_0)^m$$

für ein gewisses Polynom $\hat{p}(\cdot)$. In Anlehnung an (4) und (6) machen wir den Lösungsansatz

$$y(t) \; := \; q(t)\,e^{\lambda_0 t} \; , \tag{7}$$

dabei ist

$$q(t) \; := \; c_0 + c_1 t + \ldots + c_{m-1} t^{m-1}$$

ein beliebiges Polynom vom Grad $< m$. Dann gilt

$$\begin{aligned}
(D - \lambda_0)\,y &= D\big(q(t)e^{\lambda_0 t}\big) - \lambda_0\,\big(q(t)e^{\lambda_0 t}\big) \\
&= q'(t)e^{\lambda_0 t} + q(t)\lambda_0 e^{\lambda_0 t} - \lambda_0 q(t)e^{\lambda_0 t} \\
&= q'(t)e^{\lambda_0 t} \; .
\end{aligned}$$

Wird dieser Prozeß m-mal wiederholt, so ergibt sich

$$(D - \lambda_0)^m\,y \underset{(*)}{=} q^{(m)}(t)\,e^{\lambda_0 t} \equiv 0 \, ,$$

da $q(\cdot)$ einen Grad $< m$ hat. Hieraus folgt aber

$$\mathrm{chp}\,(D)\,y = \big(\hat{p}(D) \cdot (D - \lambda_0)^m\big)\,y \underset{(*)}{=} \hat{p}(D)\,\big((D - \lambda_0)^m\,y\big) = \hat{p}(D)\,0 = 0 \, ,$$

das heißt: Die Funktionen (7) sind tatsächlich Lösungen von (1). — An den Stellen (*) haben wir stillschweigend benutzt, daß dem Produkt zweier

Polynome die Hintereinanderschaltung der entsprechenden Differentialoperatoren entspricht. Dieser Umstand ist ein wesentliches Ingredienz der ganzen Theorie. Es genügt, ihn für zwei Monome

$$p_1(\lambda) := \lambda^r, \qquad p_2(\lambda) := \lambda^s$$

und ihr Produkt $p := p_1 \cdot p_2$ zu verifizieren: Es ist $p(\lambda) = \lambda^{r+s}$ und somit

$$p(D)\,y = D^{r+s}\,y = D^r(D^s\,y) = p_1(D)\big(p_2(D)\,y\big)\,.$$

Wir haben also zu einem m-fachen Eigenwert λ_0 auch m linear unabhängige Lösungen gefunden, nämlich die Funktionen

$$e^{\lambda_0 t},\ \ t\,e^{\lambda_0 t},\ \ t^2\,e^{\lambda_0 t},\ \ \dots,\ \ t^{m-1}e^{\lambda_0 t}\,.$$

Da die charakteristische Gleichung nach dem Fundamentalsatz der Algebra genau n Lösungen besitzt (mehrfache mehrfach gezählt), sind wir folglich imstande, n linear unabhängige Lösungen explizit anzugeben, und sind damit nach Satz **(3.17)** im Besitz aller Lösungen von (1).

② Gesucht sind die allgemeine Lösung der Differentialgleichung

$$y^{(4)} + 2y'' - 8y' + 5y = 0$$

sowie speziell die Lösungen, die den Bedingungen

$$y(0) = 1\,, \qquad y'(0) = 3\,, \qquad \lim_{t\,\to\,\infty} y(t) = 0 \tag{8}$$

genügen.

Die charakteristische Gleichung lautet

$$\lambda^4 + 2\lambda^2 - 8\lambda + 5 = 0$$

und besitzt ersichtlich die Nullstelle $\lambda_1 := 1$. Wir reduzieren:

$$(\lambda^4 + 2\lambda^2 - 8\lambda + 5) : (\lambda - 1) = \lambda^3 + \lambda^2 + 3\lambda - 5$$

und sehen, daß das reduzierte Polynom immer noch die Nullstelle 1 besitzt, also: $\lambda_2 := 1$. Weiter ist

$$(\lambda^3 + \lambda^2 + 3\lambda - 5) : (\lambda - 1) = \lambda^2 + 2\lambda + 5\,,$$

und Auflösung der quadratischen Gleichung $\lambda^2 + 2\lambda + 5 = 0$ liefert die beiden letzten Eigenwerte

$$\lambda_3 := -1 + 2i\,, \qquad \lambda_4 := -1 - 2i\,.$$

Damit erhalten wir die vier reellen Basislösungen

$$Y_1(t) := e^t, \quad Y_2(t) := t\,e^t, \quad Y_3(t) := e^{-t}\cos(2t), \quad Y_4(t) := e^{-t}\sin(2t),$$

von denen die zwei ersten mit $t \to \infty$ "explodieren" und die beiden andern gedämpfte Schwingungen darstellen. Die allgemeine Lösung lautet:

$$y(t) = (c_1 + c_2 t)e^t + \big(c_3\cos(2t) + c_4\sin(2t)\big)e^{-t} \ .$$

Was nun die Zusatzbedingungen (8) betrifft, so folgt aus $\lim_{t\to\infty} y(t) = 0$ schon $c_1 = c_2 = 0$. Es bleibt also

$$y(t) = \big(c_3\cos(2t) + c_4\sin(2t)\big)e^{-t}$$

mit der Ableitung

$$y'(t) = \big((-c_3 + 2c_4)\cos(2t) + (-2c_3 - c_4)\sin(2t)\big)e^{-t} \ .$$

Evaluation an der Stelle $t := 0$ führt mit (8) auf das Gleichungssystem

$$\left.\begin{array}{rcl} c_3 & = & 1 \\ -c_3 \ +2c_4 & = & 3 \end{array}\right\} \ .$$

Es gibt daher genau eine Lösung, die die Zusatzbedingungen erfüllt, nämlich

$$y(t) = \big(\cos(2t) + 2\sin(2t)\big)e^{-t} \ . \qquad\bigcirc$$

Soviel zum homogenen Fall. Wir betrachten nun die **inhomogene lineare Differentialgleichung mit konstanten Koeffizienten**:

$$y^{(n)} + a_{n-1}y^{(n-1)} + \ldots + a_1 y' + a_0 y = K(t) \ . \tag{9}$$

Wir verwenden weiter die Abkürzungen

$$\mathrm{chp}\,(\lambda) := \lambda^n + a_{n-1}\lambda^{n-1} + \ldots + a_1\lambda + a_0 \ ,$$
$$L := \mathrm{chp}\,(D)$$

und schreiben (9) kurz in der Form

$$Ly = K(t) \ ; \tag{9'}$$

dabei ist $K(\cdot)$ eine gegebene Funktion von t. Diese Differentialgleichung modelliert zum Beispiel ein nach Maßgabe seiner Systemparameter a_i ($0 \le a_i \le n-1$) schwingendes elektrisches oder mechanisches System, dem von außen eine willkürlich von der Zeit abhängende Anregung (oder "Störkraft") $K(\cdot)$ aufgeprägt wird, siehe Beispiel 3.5.②. Die Differentialgleichung (9) ist dermaßen wichtig und verbreitet, daß im Lauf der Zeit verschiedene Lösungsverfahren ersonnen worden sind, unter anderen:

(a) spezieller Lösungsansatz für spezielle Anregungen $K(\cdot)$,

(b) Methode der Variation der Konstanten,

(c) Laplace-Transformation.

Bevor wir uns der "primitivsten" und nicht für beliebige $K(\cdot)$ anwendbaren Methode (a) annehmen, beweisen wir:

(3.18) *Es sei* $\big(Y_1(\cdot), \ldots, Y_n(\cdot)\big)$ *eine Basis des Lösungsraums der h o m o g e - n e n Differentialgleichung* $Ly = 0$, *und es sei* $y_p(\cdot)$ *eine irgendwie gefundene Lösung der i n h o m o g e n e n Differentialgleichung* $Ly = K(t)$. *Dann ist die allgemeine Lösung* $y(\cdot)$ *der i n h o m o g e n e n Differentialgleichung gegeben durch*

$$y(t) := c_1 Y_1(t) + \ldots + c_n Y_n(t) + y_p(t) \, .$$

$\lceil$ Ist

$$y = \sum_{k=1}^{n} c_k Y_k + y_p \, ,$$

so folgt wegen $LY_k = 0$:

$$Ly = L\left(\sum_{k=1}^{n} c_k Y_k\right) + Ly_p = \sum_{k=1}^{n} c_k \, LY_k + K(\cdot) = K(\cdot) \, .$$

Umgekehrt: Ist $\tilde{y}$ eine beliebige Lösung von $(9')$, so ist

$$L(\tilde{y} - y_p) = L\tilde{y} - Ly_p = K(\cdot) - K(\cdot) = 0 \, ,$$

das heißt: $\tilde{y} - y_p$ ist eine Lösung der homogenen Gleichung. Hieraus folgt mit Satz **(3.17)**(b):

$$\tilde{y} = (\tilde{y} - y_p) + y_p = \sum_{k=1}^{n} c_k Y_k + y_p$$

für geeignete Konstanten c_k. $\qquad\qquad\qquad\qquad\qquad\qquad\qquad\qquad\qquad\rfloor$

(3.19) *Ist* y_1 *eine Lösung der Differentialgleichung* $Ly = K_1(t)$ *und analog* y_2 *eine Lösung von* $Ly = K_2(t)$, *so ist* $y_1 + y_2$ *eine Lösung der Differentialgleichung*

$$Ly = K_1(t) + K_2(t) \, .$$

$\lceil$ Es ist $L(y_1 + y_2) = Ly_1 + Ly_2 = K_1 + K_2$. $\qquad\qquad\qquad\qquad\qquad\rfloor$

Da wir die allgemeine Lösung der homogenen Gleichung $Ly = 0$ explizit angeben können, haben wir nach diesem Satz das inhomogene Problem (9) vollständig gelöst, wenn wir (außer den Lösungen $Y_1, \ldots, Y_n$ des homogenen Problems) eine einzige sogenannte **partikuläre Lösung** y_p von (9) gefunden haben. Hierzu dienen die oben genannten Methoden (a)–(c).

Die Methode (a) ist anwendbar, falls die Anregung $K(\cdot)$ selber Lösung einer geeigneten *homogenen* linearen Differentialgleichung mit konstanten Koeffizienten sein kann. $K(\cdot)$ muß also von der Form

$$K(t) \; := \; t^r\, e^{\lambda t}\,, \qquad r \in \mathbb{N}\,, \quad \lambda \in \mathbb{C}\,,$$

oder eine Linearkombination von Funktionen dieser Art sein.

Bsp: $\qquad 1\,, \quad b_0 + b_1 t + \ldots + b_r t^r\,, \quad \cos(\omega t)\,, \quad e^{-\delta t} \sin(\omega t)\,, \quad t^r\, e^{-t}\,.$

In diesem Fall hilft ein geeigneter Ansatz mit unbestimmten Koeffizienten. Die Grundregel lautet (ohne Beweis):

(3.20) *Ist*

$$K(t) \; := \; q(t)\, e^{\lambda_0 t}\,,$$

mit einem Polynom $q(\cdot)$ vom Grad r und ist λ_0 ein m-facher Eigenwert von L, so erhält man eine partikuläre Lösung von (9) durch den Ansatz

$$y_p(t) \; := \; (A_0 + A_1 t + \ldots + A_r t^r)\, t^m\, e^{\lambda_0 t}$$

mit unbestimmten Koeffizienten A_k.

Dieser Ansatz ist in die Differentialgleichung (9) einzubringen, worauf die A_k durch Koeffizientenvergleich so bestimmt werden können, daß (9) identisch in t erfüllt ist. — Satz **(3.20)** handelt vom schlimmstmöglichen Fall. Im allgemeinen sind wenigstens zwei der drei Zahlen r, m, λ_0 gleich 0, und alles wird viel einfacher. Ist $m > 0$, das heißt: $\lambda_0 \in \operatorname{spec} L$, so sind wir im **Resonanzfall**: Die Anregung $K(\cdot)$ besitzt die gleiche Frequenz wie eine Eigenschwingung des ungestörten Systems. Dies führt bekanntlich zu besonderen Effekten.

Ist die Anregung $K(\cdot)$ eine Superposition von Termen $K_j(t) := q_j(t)e^{\lambda_j t}$ mit verschiedenen λ_j, so ist für jeden derartigen Term ein $y_{p,j}$ gemäß **(3.20)** anzusetzen, und die zu $K := \sum_j K_j$ gehörige partikuläre Lösung ist dann nach **(3.19)** gegeben durch

$$y_p = \sum_j y_{p,j}\,.$$

Bsp: Bei dem "trigonometrischen Monom" $K(t) := \cos(\omega t)$ sind die beiden Frequenzen $i\omega$ und $-i\omega$ angeregt, und die zugehörige partikuläre Lösung wird im allgemeinen $e^{i\omega t}$- und $e^{-i\omega t}$-Terme enthalten. Ist alles reell (und $\pm i\omega$ kein Eigenwert von L), so wird man daher von vorneherein

$$y_p(t) := A \cos(\omega t) + B \sin(\omega t)$$

ansetzen.

Weitere Beispiele findet man in der folgenden Tabelle.

$K(t)$	Spektralbedingung	Ansatz für $y_p(t)$
t^r	$0 \notin \operatorname{spec} L$	$A_0 + A_1 t + \ldots + A_r t^r$
	$0 \in \operatorname{spec} L$, m-fach	$A_0 t^m + A_1 t^{m+1} + \ldots + A_r t^{m+r}$
$b_0 + b_1 t + \ldots + b_r t^r$, $b_i \in \mathbb{R}$	$0 \notin \operatorname{spec} L$	$A_0 + A_1 t + \ldots + A_r t^r$
$e^{\lambda_0 t}$, $\lambda_0 \in \mathbb{C}$	$\lambda_0 \notin \operatorname{spec} L$	$A e^{\lambda_0 t}$
	$\lambda_0 \in \operatorname{spec} L$, m-fach	$A t^m e^{\lambda_0 t}$
$\cos(\omega t)$, $\sin(\omega t)$	$\pm i\omega \notin \operatorname{spec} L$	$A \cos(\omega t) + B \sin(\omega t)$
	$\pm i\omega \in \operatorname{spec} L$, einfach	$t\big(A \cos(\omega t) + B \sin(\omega t)\big)$
$t^2 e^{-t}$	$-1 \notin \operatorname{spec} L$	$(A_0 + A_1 t + A_2 t^2)e^{-t}$

③   Die Differentialgleichung

$$y'' + \omega^2 y = \cos(\omega t) \tag{10}$$

beschreibt den resonant angeregten ungedämpften harmonischen Oszillator. Die allgemeine reelle Lösung der zugehörigen homogenen Gleichung $y'' + \omega^2 y = 0$ ist gegeben durch

$$y(t) = a \cos(\omega t) + b \sin(\omega t), \qquad a, b \in \mathbb{R}$$

(siehe Beispiel ①). Für eine partikuläre Lösung von (10) machen wir den Ansatz

$$y_p(t) := t\big(A \cos(\omega t) + B \sin(\omega t)\big),$$

wobei die Koeffizienten A und B so festzulegen sind, daß die in (10) eingebrachte Funktion y_p diese Gleichung identisch in t erfüllt. Wir berechnen zunächst

$$y_p'(t) = (A + B\omega t)\cos(\omega t) + (B - A\omega t)\sin(\omega t),$$
$$y_p''(t) = (2B\omega - A\omega^2 t)\cos(\omega t) + (-2A\omega - B\omega^2 t)\sin(\omega t).$$

Damit erhalten wir

$$y_p''(t) + \omega^2 y_p(t) = 2B\omega \cos(\omega t) - 2A\omega \sin(\omega t),$$

und nach (10) sollte dies $\equiv \cos(\omega t)$ sein. Es folgt

$$A = 0, \qquad B = \frac{1}{2\omega}.$$

Aufgrund von Satz **(3.18)**(a) lautet demnach die allgemeine Lösung von (10):

$$y(t) = a\cos(\omega t) + b\sin(\omega t) + \frac{t}{2\omega}\sin(\omega t) .$$

Wir beobachten eine Schwingung der Kreisfrequenz ω, deren Amplitude unabhängig von den Anfangsbedingungen im wesentlichen linear mit der Zeit zunimmt (Fig. 3.6.2).

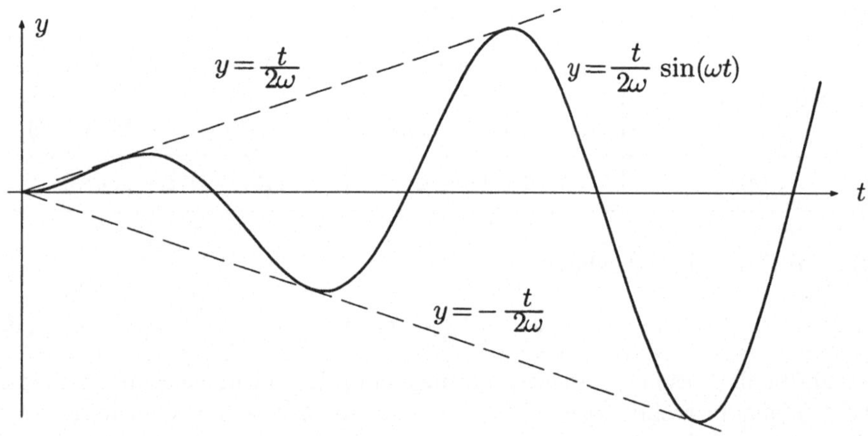

Fig. 3.6.2

④ (Forts. von Beispiel 3.5.②) Bevor wir unser Federpendel wieder in Bewegung setzen, soll dargetan werden, daß zum Beispiel ein einfacher Schwingkreis (Fig. 3.6.3) zu der gleichen Differentialgleichung Anlaß gibt wie das Federpendel. Die beiden Systeme besitzen also formal dieselbe Theorie, und weiter: Die Vorgänge in dem betrachteten mechanischen System können in einem Schwingkreis mit passend gewählten Elementen "analog" reproduziert (**simuliert**) werden.

Jedes "Element" in dem Schwingkreis wird durch eine konstituierende Gleichung charakterisiert, wobei es üblich ist, die "Konstante" eines Elements mit demselben Buchstaben zu bezeichnen wie das betreffende Element selbst.

Element	konstituierende Gleichung
Kapazität C	$u_C = q/C$
Induktivität L	$u_L = L\frac{di}{dt}$
Widerstand R	$u_R = R\,i$

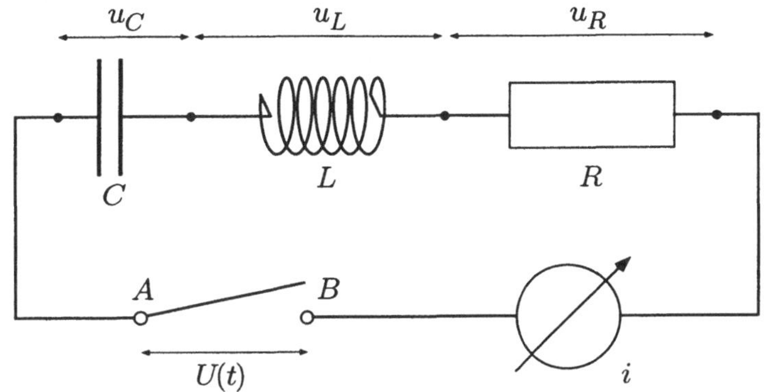

Fig. 3.6.3

Dabei bezeichnen u_C, u_L, u_R die über den betreffenden Elementen gemessenen Spannungen, q die auf C sitzende Ladung und i den in dem Stromkreis fliessenden Strom. Es gilt

$$i = \dot{q} \,. \tag{11}$$

Wird der Schalter über den Klemmen A und B geschlossen, so gilt nach dem zweiten Kirchhoffschen Gesetz:

$$u_L + u_R + u_C = 0 \,;$$

allgemein: Wird an die Klemmen A und B eine willkürlich modulierte Fremdspannung $U(t)$ angelegt, so gilt

$$u_L + u_R + u_C = U(t) \,.$$

Aufgrund der konstituierenden Gleichungen der einzelnen Elemente haben wir daher

$$L \frac{di}{dt} + Ri + q/C = U(t) \,.$$

Die Stromstärke i ist die in diesem Zusammenhang interessierende Zustandsvariable. Wir differenzieren die letzte Gleichung nach t und erhalten wegen (11):

$$L \frac{d^2 i}{dt^2} + R \frac{di}{dt} + \frac{1}{C} i = \dot{U}(t) \,.$$

Dies ist die konstituierende Gleichung unseres Schwingkreises und stimmt bis auf die Bezeichnung der Systemparameter überein mit der Gleichung 3.5.(6), die wir hier nocheinmal hinschreiben:

$$m\ddot{y} + b\dot{y} + fy = K(t) \,.$$

Wir kehren nun zu dem in Fig. 3.5.2 dargestellten mechanischen System zurück; allerdings soll es jetzt nur noch schwach gedämpft sein. Es sei also $b^2 - 4fm < 0$; dann werden die beiden Eigenwerte

$$\lambda = \frac{-b \pm \sqrt{b^2 - 4fm}}{2m} = -\frac{b}{2m} \pm \sqrt{-\left(\frac{f}{m} - \frac{b^2}{4m^2}\right)}$$

komplex. Setzen wir zur Abkürzung

$$\delta := \frac{b}{2m}, \qquad \omega_0 := \sqrt{\frac{f}{m}}, \qquad \omega_* := \sqrt{\omega_0^2 - \delta^2}, \tag{12}$$

so kommt

$$\lambda_1 = -\delta + i\omega_*, \qquad \lambda_2 = -\delta - i\omega_* .$$

Die allgemeine reelle Lösung der zugehörigen homogenen Gleichung 3.5.(8) ist somit gegeben durch

$$y(t) = e^{-\delta t} \big(a \cos(\omega_* t) + b \sin(\omega_* t)\big) \tag{13}$$

und stellt (unter beliebigen Anfangsbedingungen) eine gedämpfte Schwingung dar. Der Systemparameter δ ist die **Dämpfungskonstante**, und ω_* heißt **Eigen-Kreisfrequenz** des betrachteten Systems. Aus (12) geht hervor, daß ω_* im Fall $\delta = 0$ (keine Dämpfung) den Wert $\omega_0 = \sqrt{f/m}$ besitzt und mit zunehmender Dämpfung abnimmt.

Wir wollen weiter untersuchen, was beim Vorliegen einer harmonisch oszillierenden Anregung $K(\cdot)$ geschieht. Hierzu betrachten wir die spezielle inhomogene Differentialgleichung

$$m\ddot{y} + b\dot{y} + fy = K_0\, e^{i\omega t} \tag{14}$$

mit einem frei wählbaren Parameter $\omega > 0$. Wir haben $K(\cdot)$ komplex angesetzt, um die Phasenlage der entstehenden Schwingungen leichter beurteilen zu können. — Im weiteren sei $\delta > 0$, so daß $i\omega$ jedenfalls kein Eigenwert der homogenen Gleichung ist. Nach Satz **(3.20)** ist daher eine partikuläre Lösung $y_s(\cdot)$ in der Form

$$y_s(t) := c\, e^{i\omega t}$$

anzusetzen, das heißt: als harmonische Schwingung mit der komplexen Amplitude c. Setzen wir $y_s(\cdot)$ und seine Ableitungen

$$\dot{y}_s(t) = i\omega c e^{i\omega t}, \qquad \ddot{y}_s(t) = -\omega^2 c e^{i\omega t}$$

in (14) ein, so ergibt sich durch Koeffizientenvergleich für c die Bedingung

$$-m\omega^2\, c + bi\omega\, c + fc = K_0 .$$

Damit ist c bestimmt zu

$$c = \frac{K_0}{(f - m\omega^2) + ib\omega} = \frac{K_0}{m} \frac{1}{\omega_0^2 - \omega^2 + 2i\delta\omega} \,.$$

Wir erhalten die allgemeine Lösung von (14), indem wir $y_s(\cdot)$ zur allgemeinen Lösung (13) der homogenen Gleichung addieren. Da alle Funktionen (13) mit $t \to \infty$ exponentiell abklingen, bleibt nach Beendigung dieses Einschwingvorgangs nur noch der (von den Anfangsbedingungen unabhängige) Summand $y_s(\cdot)$ übrig. Man nennt daher $y_s(\cdot)$ die **stationäre Lösung** von (14).

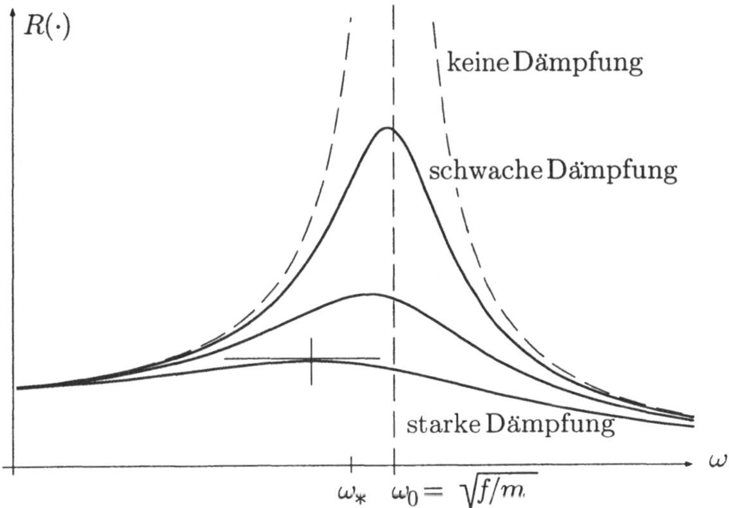

Fig. 3.6.4

Die stationäre Lösung $y_s(\cdot)$ schwingt mit derselben (von den Systemparametern ω_0 und δ unabhängigen) Frequenz wie die Anregung $K(\cdot)$. Wir untersuchen nun ihre komplexe Amplitude c etwas genauer. Der Betrag

$$|c| = \frac{K_0}{m} \frac{1}{\sqrt{(\omega_0^2 - \omega^2)^2 + 4\delta^2\omega^2}} =: R(\omega)$$

stellt die Amplitude der effektiv beobachteten Schwingung $\operatorname{Re} y_s(\cdot)$ dar und hängt in charakteristischer Weise von der Anregungsfrequenz ω ab (siehe die Fig. 3.6.4). Man nennt $R(\cdot)$ die **Resonanzfunktion** des betrachteten Systems. $R(\omega)$ ist maximal für diejenige Anregungsfrequenz ω, die den Radikanden

$$(\omega_0^2 - \omega^2)^2 + 4\delta^2\omega^2 = \left(\omega^2 - (\omega_0^2 - 2\delta^2)\right)^2 + 4\delta^2(\omega_0^2 - \delta^2)$$

zu einem Minimum macht, und das ist ersichtlich der Fall, wenn die große
Klammer verschwindet, das heißt für

$$\omega = \sqrt{\omega_0^2 - 2\delta^2} \,,$$

also nicht für $\omega := \omega_0$ oder $\omega = \omega_*$, wie man vielleicht erwarten würde.

Um die Phase von $y_s(\cdot)$ bezüglich $K(\cdot)$ zu bestimmen, schreiben wir c in der
Form
$$c = \frac{K_0}{m} \frac{\omega_0^2 - \omega^2 - 2i\delta\omega}{(\omega_0^2 - \omega^2)^2 + 4\delta^2\omega^2} \,.$$

Mit $\omega_0^2 - \omega^2 - 2i\delta\omega =: c'$ folgt

$$\arg c = \arg c' = \arg(\omega_0^2 - \omega^2, -2\delta\omega)$$

(Fig. 3.6.5). Hiernach ist $-\pi < \arg c < 0$. Das bedeutet physikalisch: $y_s(\cdot)$
eilt der Anregung $K(\cdot)$ nach. Ist $\omega = \omega_0$, so ist $\arg c = -\pi/2$, und für $\omega \to \infty$
strebt $\arg c$ gegen $-\pi$. $\bigcirc$

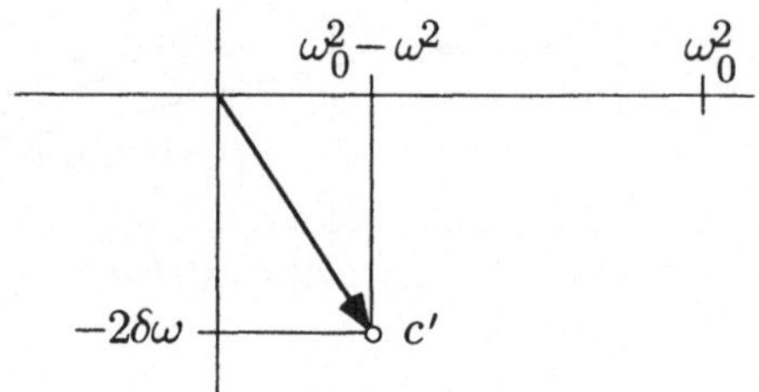

Fig. 3.6.5

Den linearen Differentialgleichungen mit konstanten Koeffizienten liegt eine
gewisse Translationsinvarianz der betrachteten Phänomene zugrunde: Man
kann den Schwingungsversuch mit gleichen Anfangsdaten auf morgen ver-
schieben und wird dasselbe einen Tag später beobachten. In gewissen geometrischen Situationen liegt statt der Translationsinvarianz eine "Streckungs-
invarianz" vor, die ebenfalls zu linearen Differentialgleichungen von einem
bestimmten Typ führt. Wir bezeichnen hierzu die unabhängige Variable mit
r und lassen für r von vornherein nur positive Werte zu, so daß Potenzen
r^α mit beliebigen reellen Exponenten α definiert sind.

Eine Differentialgleichung vom Typ

$$y^{(n)} + \frac{b_{n-1}}{r}y^{(n-1)} + \ldots + \frac{b_1}{r^{n-1}}y' + \frac{b_0}{r^n}y = 0 \qquad (r > 0) \qquad (15)$$

mit reellen oder komplexen Koeffizienten b_i wird (homogene) **Eulersche Diffe-rentialgleichung** genannt. Die Sätze **(3.17)**–**(3.19)** gelten für beliebige line-are Differentialgleichungen n-ter Ordnung, also auch hier. Man kann (15) mit Hilfe der Substitution

$$r = e^t \qquad (-\infty < t < \infty)$$

und längeren Rechnungen in eine Differentialgleichung mit konstanten Ko-effizienten überführen. Rascher kommt man mit dem richtigen Ansatz zum Ziel; er lautet:

$$y(r) := r^\alpha , \tag{16}$$

wobei der Exponent α noch geeignet zu bestimmen ist. Zunächst folgt

$$y'(r) = \alpha\, r^{\alpha-1} , \qquad y''(r) = \alpha(\alpha - 1)\, r^{\alpha-2} , \ \dots .$$

Mit der Abkürzung

$$\alpha^{(k)} \; := \; \begin{cases} 1 & (k = 0) , \\ \alpha(\alpha - 1) \cdot \dots \cdot (\alpha - (k - 1)) & (k \geq 1) \end{cases} \qquad (k \ \text{Faktoren!})$$

erhalten wir allgemein

$$y^{(k)}(r) \; = \; \alpha^{(k)}\, r^{\alpha-k} \qquad (k \geq 0) .$$

Setzen wir das in (15) ein, so ergibt sich für die linke Seite der Ausdruck

$$\alpha^{(n)} r^{\alpha-n} + \frac{b_{n-1}}{r} \alpha^{(n-1)} r^{\alpha-(n-1)} + \dots + \frac{b_1}{r^{n-1}} \alpha r^{\alpha-1} + \frac{b_0}{r^n} r^\alpha$$
$$= \left(\alpha^{(n)} + b_{n-1}\alpha^{(n-1)} + \dots + b_1\alpha + b_0 \right) r^{\alpha-n}$$
$$= \operatorname{inp}(\alpha)\, r^{\alpha-n} .$$

Dabei bezeichnet

$$\operatorname{inp}(\alpha) := \alpha^{(n)} + b_{n-1}\alpha^{(n-1)} + \dots + b_1\alpha + b_0$$

das sogenannte **Indexpolynom** der Gleichung (15); $\operatorname{inp}(\cdot)$ besitzt den genauen Grad n. Die angesetzte Funktion (16) ist genau dann eine Lösung der Euler-schen Differentialgleichung (15), wenn der zuletzt erhaltene Ausdruck

$$\operatorname{inp}(\alpha)\, r^{\alpha-n}$$

identisch in r verschwindet, und das ist genau dann der Fall, wenn

$$\operatorname{inp}(\alpha) = 0 \tag{17}$$

ist. Hieraus folgt: Besitzt die **Indexgleichung** (17) n verschiedene reelle Lösungen α_1, α_2, ..., α_n, so bilden die n (linear unabhängigen) Funktionen

$$Y_k(r) := r^{\alpha_k} \qquad (1 \leq k \leq n)$$

eine Basis des Lösungsraums $\mathcal{L}$ von (15). Die allgemeine Lösung ist dann gegeben durch

$$y(r) := c_1 r^{\alpha_1} + c_2 r^{\alpha_2} + \ldots + c_n r^{\alpha_n} .$$

⑤ Die Eulersche Differentialgleichung

$$y''' + \frac{3}{r} y'' - \frac{3}{r^2} y' = 0$$

besitzt das Indexpolynom

$$\operatorname{inp}(\alpha) = \alpha(\alpha - 1)(\alpha - 2) + 3\alpha(\alpha - 1) - 3\alpha = \alpha^3 - 4\alpha = \alpha(\alpha + 2)(\alpha - 2)$$

mit Nullstellen $\alpha_1 := 0$, $\alpha_2 := 2$, $\alpha_3 := -2$. Die allgemeine Lösung der vorgelegten Differentialgleichung lautet daher:

$$y(r) := c_1 + c_2 r^2 + c_3 \frac{1}{r^2} .$$

$\bigcirc$

Wir untersuchen nicht, was bei komplexen Nullstellen des Indexpolynoms zu tun ist, gehen aber noch kurz auf den Fall mehrfacher Nullstellen ein. Die genauere Analyse liefert folgendes: Ist α_0 zum Beispiel eine zweifache Nullstelle des Indexpolynoms, so sind

$$Y_1(r) := r^{\alpha_0} , \qquad Y_2(r) := r^{\alpha_0} \log r$$

zwei zugehörige linear unabhängige Lösungen von (15). Dies war aufgrund der Verwandtschaft von (1) und (15) zu erwarten.

⑥ Untersucht man stationäre Temperaturverteilungen auf einer Kreisscheibe oder auf Kreisringen, so wird man auf folgende Differentialgleichung geführt:

$$y'' + \frac{1}{r} y' - \frac{k^2}{r^2} y = 0 ; \tag{18}$$

dabei ist der Parameter k eine beliebige natürliche Zahl. Das Indexpolynom

$$\operatorname{inp}(\alpha) = \alpha(\alpha - 1) + \alpha - k^2 = \alpha^2 - k^2$$

besitzt für $k > 0$ die zwei reellen Nullstellen $\alpha_1 := k$, $\alpha_2 := -k$, und die allgemeine Lösung von (18) lautet in diesem Fall:

$$y(r) = c_1 r^k + c_2 \frac{1}{r^k} .$$

Ist jedoch $k = 0$, so besitzt das Indexpolynom die doppelte Nullstelle $\alpha_0 := 0$, und wir erhalten als allgemeine Lösung von (18):

$$y(r) = c_1 + c_2 \log r .$$

$\bigcirc$

Aufgaben

1. Bestimme eine möglichst einfache lineare homogene Differentialgleichung mit konstanten reellen Koeffizienten, welche die Funktion

$$f(x) := x\,e^{-2x}\,\cos x$$

als eine Lösung hat.

2. Für diejenigen der folgenden Funktionen, die Lösung einer homogenen linearen Differentialgleichung mit konstanten Funktionen sein können, gebe man je eine derartige Differentialgleichung an.

   (a) $\phi_1(t) := \cosh t$,   (b) $\phi_2(t) := t^{3/2}$ $(t > 0)$,

   (c) $\phi_3(t) := \sin(t+1)$,   (d) $\phi_4(t) := t + \cos t$,

   (e) $\phi_5(t) := t^{1/\log t}$ $(t > 0)$.

3. (M) Man bestimme die allgemeine Lösung der folgenden Differentialgleichungen:

   (a) $y^{(4)} - 2y''' + 2y'' - 2y' + y = 0$,

   (b) $y^{(4)} - 2y''' + 2y'' - 2y' + y = e^{2x}$,

   (c) $y^{(4)} - 2y''' + 2y'' - 2y' + y = e^{x}$.

4. (M) Bestimme die allgemeine Lösung der Differentialgleichung

$$y'' - y = \cosh t$$

sowie die Lösung, die den Anfangsbedingungen $y(0) = 1$, $y'(0) = -1$ genügt.

5. (M) Betrachte ein gedämpftes Federpendel mit Masse $m := 2.00$ kg, Federkonstante $f := 300$ N/m und Dämpfungskonstante $b := 60$ kg/sec. Der Anfangsausschlag beträgt $y(0) := 0.50$ m.

   (a) Wie groß darf die nach unten gerichtete Anfangsgeschwindigkeit $v(0)$ höchstens sein, wenn kein Nulldurchgang eintreten soll?

   (b) Man untersuche und zeichne den Bewegungsverlauf für $v(0) = -15.0$ m/sec.

6. (M) Bestimme die allgemeine reelle Lösung der folgenden inhomogenen linearen Differentialgleichungen:

   (a) $\ddot{y} - 4y = te^{-t}$,   (b) $\ddot{y} + \omega^2\dot{y} = t^2\big(1 + \cos(\omega t)\big)$.

7. Für welche Werte des *komplexen* Parameters α besitzt die Differentialgleichung

$$\dddot{y} + \alpha y = 0$$

nichttriviale 2π-periodische Lösungen?

8. Ein Federpendel (Fig. 3.5.2) besitzt die Federkonstante $f := 1$, die Dämpfung $b := 2$ und eine frei wählbare Masse $m > 0$. Ist m hinreichend groß, so führt das angestoßene und dann losgelassene Pendel gedämpfte Schwingungen aus. In welchem Bereich läßt sich die Schwingungsdauer T durch Wahl von m variieren? (*Hinweis:* Es geht um die Eigenwerte der Differentialgleichung $m\ddot{y} + 2\dot{y} + y = 0$. Die Kreisfrequenz ω und T sind verknüpft durch $T \cdot \omega = 2\pi$.)

9. Die Bevölkerung eines Dorfes hat sich von 1820 bis 1920 exponentiell auf 1000 Personen verdoppelt. Ab 1920 wurde dieses natürliche Wachstum überlagert durch einen jährlich konstanten Wanderungsgewinn, und 1970 waren es bereits 2000 Einwohner. Wieviele Personen sind in dieser Zeit jährlich zugezogen? (*Hinweis:* Betrachte die Einwohnerzahl als kontinuierliche Variable. Verwende die Angaben über die erste Phase zur Bestimmung der Wachstumskonstanten α und setze hierauf die während der zweiten Phase geltende Differentialgleichung an.)

10. Betrachte den Oszillator

$$\ddot{y} + (2 + \cos\alpha + \sin\alpha)\,\dot{y} + 3y = 0$$

für verschiedene Werte des reellen Parameters α.

    (a) Zeige: Sämtliche Lösungen sind gedämpfte harmonische Schwingungen, und das für jeden Wert von α.

    (b) Lege α so fest, daß diese Schwingungen für $t \to \infty$ möglichst rasch abklingen.

11. Gesucht sind die sämtlichen für $t \to \infty$ exponentiell gedämpften Lösungen der Differentialgleichung $\ddot{y} + i\,y = 0$. $(i^2 = -1)$

12. Ⓜ Ein ungedämpfter harmonischer Oszillator befindet sich zunächst in Ruhestellung. In einem gewissen Moment wird eine auslenkende Kraft eingeschaltet, die mit der Zeit exponentiell nachläßt. Es geht also um das Anfangswertproblem

$$\ddot{y} + \omega^2 y = e^{-\delta t}, \qquad y(0) = 0, \quad \dot{y}(0) = 0\,.$$

Langfristig, das heißt: nach dem Einschwingvorgang, verbleibt eine stationäre harmonische Schwingung. Berechne deren (reelle) Amplitude.

13. Wird durch das Zentrum der Erde ein Tunnel gebohrt und läßt man einen Stein in diesen Tunnel fallen, so pendelt der Stein in dem Tunnel harmonisch hin und her (ist nicht zu beweisen). Man berechne die Schwingungsdauer T, ausgedrückt durch den Erdradius R ($\doteq 6400$ km) und die Erdbeschleunigung g ($\doteq 10$ m/sec^2) und gebe auch einen ungefähren Zahlenwert in Stunden an. (*Hinweis:* Überlege, wie Amplitude, Schwingungsdauer und Beschleunigung im Kulminationspunkt aneinander gekoppelt sind.)

14. Versuche einen naheliegenden Ansatz zur Lösung der inhomogenen Eulerschen Differentialgleichung

$$y'' - \frac{4}{r}y' + \frac{6}{r^2}y = r^5 \, .$$

Sachverzeichnis